photogrammetry

사진측량학

제대로 이해하기

오재홍 저

도서출판
구미서관

서문 PREFACE

사진측량이라는 용어는 마치 전문적이고 어려운 용어처럼 느껴지지만, 우리는 일상 생활에서 사진측량을 하고 있다. 연예인 사진을 보고 키가 얼마로 보인다, 비율이 좋다, 인물이 좋다 등의 평가를 하는 것이 그 예이다. 사진측량은 카메라가 발명된 1816년 이후부터 시작되었고, 1, 2차 세계대전, 냉전 시대 등을 거치며 급속한 기술 개발이 이루어졌으나, 민간에 친숙해지기 시작한 것은 10여 년 전부터 급속도로 퍼지게 된 드론의 영향이 크지 않나 싶다. 드론에 장착된 카메라의 성능이 좋아지고 개인들이 항공 영상을 손쉽게 촬영하게 되면서 촬영된 영상의 활용에 관한 관심이 증대된 영향이 큰 것이다. 또한 촬영된 다수의 영상을 자동화 기반으로 손쉽게 처리하기 위한 중저가의 소프트웨어들 또한 많은 발전을 이룬 것도 사진측량에 대한 관심이 늘어나는 데에 큰 영향을 미쳤다.

일반적으로 촬영된 영상을 그냥 사진이나 동영상으로만 볼 것이 아니라, 측정, 3차원 모형 생성, 지도 제작 등 정밀한 정보를 도출하기 위해 사용한다면 빛, 카메라, 촬영 기하, 좌표계 등에 관한 공부와 이해가 필요하다. 그런데 대부분의 이용자는 상용 소프트웨어의 사용법에만 관심을 두고 사용하고 있다. 그러다 보면 많은 입력 변수, 다양한 요소 등에 대한 이해 없이 소프트웨어에서 제공하는 자동화 기법 이외 기능의 사용에는 한계를 느끼게 되는 것이 일반적이다. 따라서 사진측량에 대한 이해 없이 여러 조합에 대해 시도 및 결과 분석(trial and error) 만에 한정되게 되고, 이유는 알 수 없으나 나름 좋은 결과를 얻는 것에 그냥 만족해야 하는 상황에 부딪힌다.

국내외 사진측량 전문교재를 살펴보면 소프트웨어 사용에 그치는 수준, 또는 대학원 레벨의 전문 원서 등으로 극단적으로 수준 차이가 나는 것을 알 수 있었고, 따라서 학부 수준에서 사용 가능한 정도의 교재가 필요하다는 것을 10여 년 이상 많이 느껴왔다. 또한 다른 학교에서 사진측량을 가르치는 교수님들도 학부생들이 이해하고 배울만한 정도의 수준으로 깊이를 맞추되, 대학원 석사 정도에서도 사용 가능한 수준의 교재가 필요함을 많이 호소하였다. 특히, 기사 시험 등에서도 실무와는 동떨어진 아날로그 사진측량의 개념 위주로 시험이 출제되는 등 학문 발전 속도와 비교해 실제적인 사진측량의 개념을 이해시키는 데는 여러 가지 문제점이 많이 발견되었다. 따라서 이러한 요구에 바탕을 두어 저자는 사진측량을 전공하고 관련한 프로그램을 개발하며 느꼈던 바를 기반으로 사진측량을 더 제대로 이해하고 활용할 수 있도록 교재를 집필해보았다. 되도록 그림을 많이 넣어 꼭 필요한 수식과 함께 설명하였고,

특히 전통적으로 아날로그 사진에 국한하여 출제되는 기사 시험 문제 등의 한계를 극복하고자 디지털 사진을 중심으로 설명을 진행하고자 하였다. 또한 사진측량 기하의 기본이 되는 공선조건식을 보다 잘 이해하고 활용할 수 있도록 사진측량의 엔진이라는 항목으로 공선조건식을 소개하고 유도하여 쉬운 예제와 함께 설명하여 친숙해질 수 있도록 하였다.

이에 추가하여 이론의 설명만으로는 상용 소프트웨어를 사용하는 사람에게는 어느 부분의 이론과 상용 소프트웨어와의 접점이 이루어지는지 모를 수 있으므로, 상용 소프트웨어를 예를 들어 어떠한 부분의 매개변수가 어떤 항목의 사진측량 기하에 해당하는지 연계하여 설명하도록 하였다.

아무쪼록 본 교재의 충분한 이해를 통해 외산 소프트웨어가 장악하고 있는 국내 시장에 다양한 애플리케이션은 국내기술로 개발되는 날이 오길 바라며, 열심히 공부하는 후학들이 생기는 즐거운 상상을 해본다.

마지막으로 본 교재를 검토해주신 서울과학기술대 이창노 교수님, 경기대학교 이병길 교수님, 순천대학교 이효성 교수님, 충북대학교 최재완 교수님께 감사의 말씀을 올린다.

오 재 홍

목차 CONTENTS

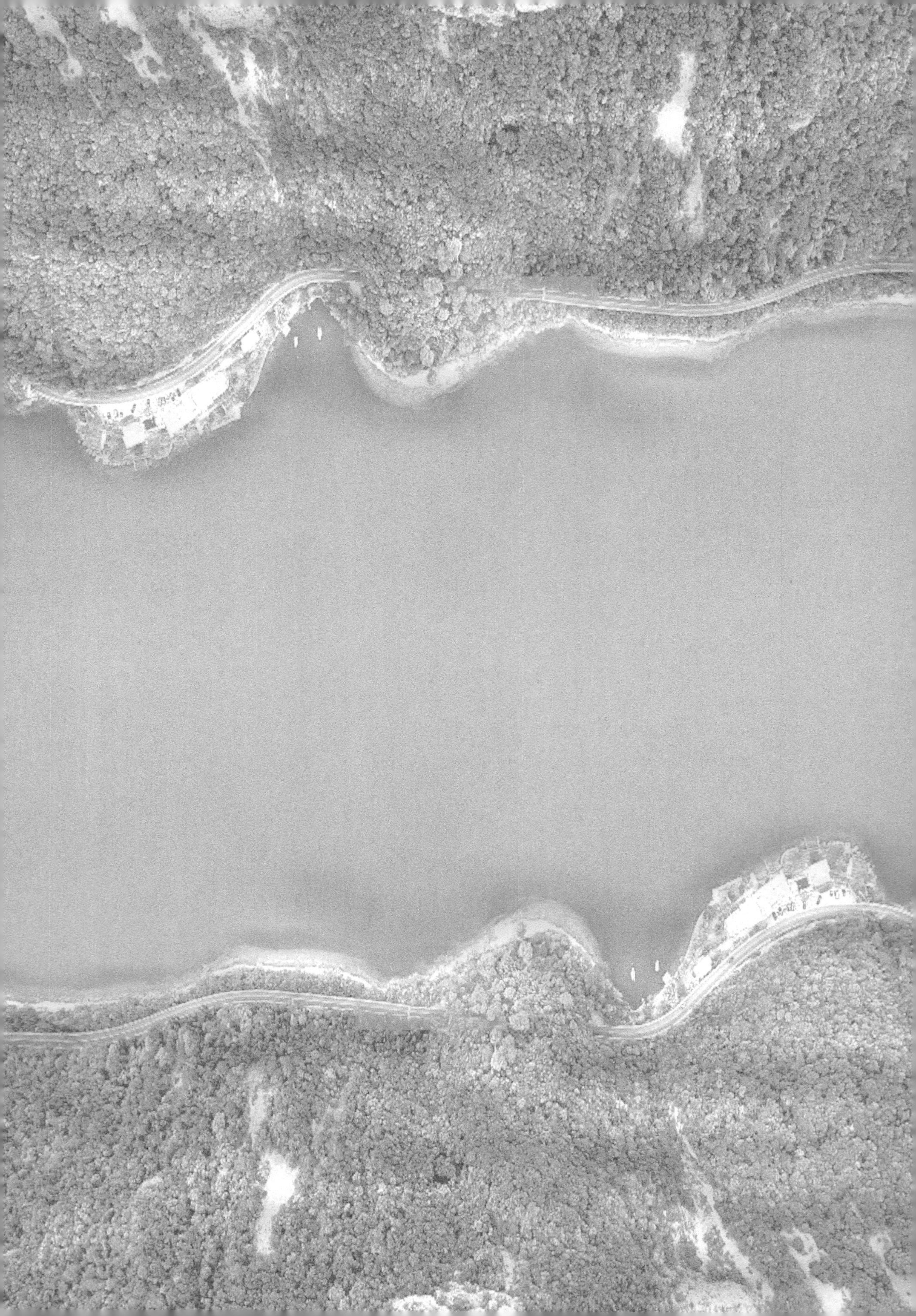

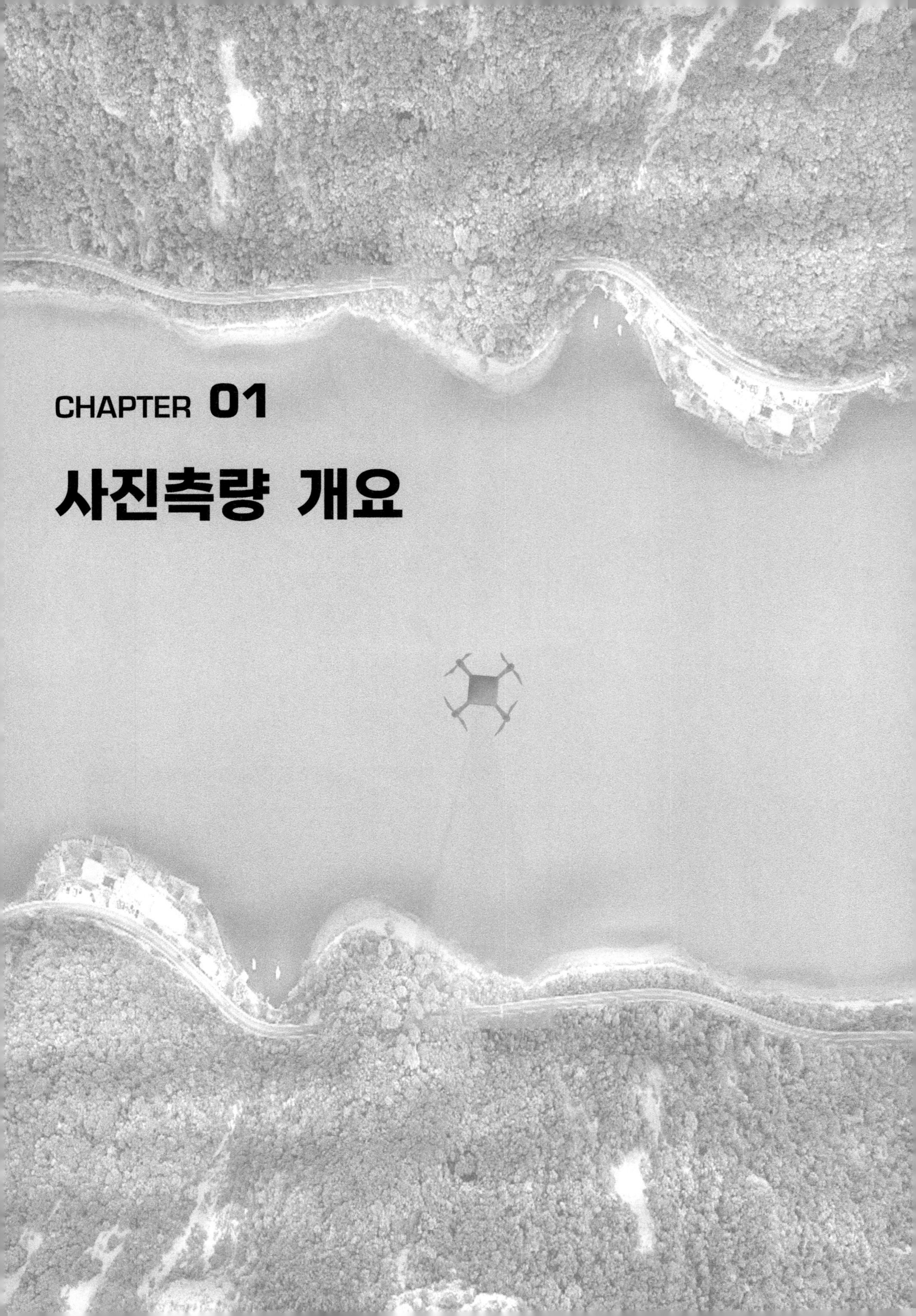

CHAPTER **01**

사진측량 개요

CHAPTER 01 사진측량 개요

1. 사진측량이란

사진측량(Photogrammetry)을 사진학(Photography)과 혼동하는 경우가 있다. 사진학은 Photo(빛)과 graph(그림)의 합성으로 "빛으로 그린 그림"이라는 뜻으로서 대상체를 어떻게 하면 사진으로 정확하게 또는 아름답게 담아낼지를 연구하는 학문이다. 사진측량이란 사진학과 반대로 생각할 수가 있는데, 사진학은 3차원 실세계를 어떻게 하면 사진으로 잘 촬영하여 담아낼 수 있을지 예술의 관점에서 접근하는 것이라면, 사진측량은 잘 촬영된 사진으로부터 3차원 실세계의 정보(위치, 크기, 모양, 속성 등)를 정확히 해석하기 위한 기법이라고 볼 수 있다.

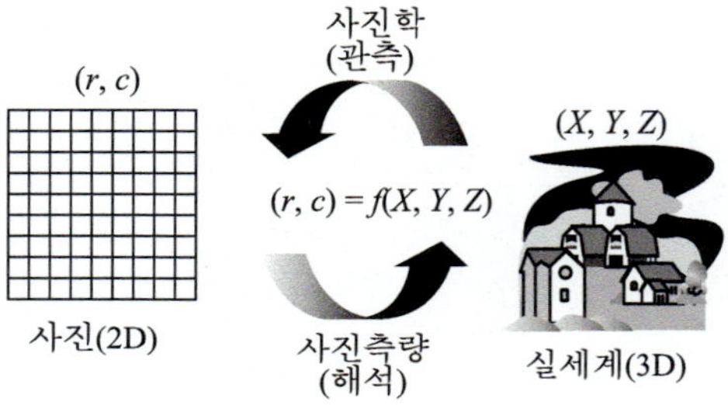

그림 1. 사진학 VS 사진측량

사진측량이란 촬영된 사진으로부터 사진 속의 관심 물체의 정보를 도출해내기 위한 학문으로서, 물체의 정보란 위치, 크기, 넓이, 체적 모양 등에 대한 기하학적인 정보 및 색상, 재질 등 속성 정보를 모두 포함한다. 특히 대상 물체를 접촉하지 않고 측정할 수 있는 비접촉식 원격 측정 기법이다. 사진측량을 영어로는 Photogrammetry라고 부르는데, Photos(빛), Grammer(기록), Metron(측정)의 합성어이다.

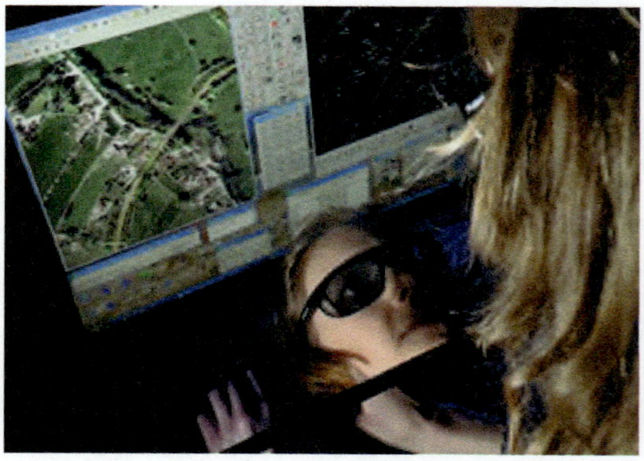

그림 2. 사진으로부터 정보를 추출

사진측량은 일반적인 측량 장비인 토탈스테이션이나 GNSS측량과 비교했을 때 몇 가지 장단점이 존재하는데 아래 표와 같이 정리할 수 있다. 먼저 기존 측량 장비는 대상체의 위치 등을 1회 관측당 한 점씩만 관측할 수 있지만, 사진측량은 촬영된 사진에 포함되는 대상물을 동시에 기록하고 관측할 수 있는 장점이 있다. 또한 사진에 기록된 대상체는 모두 유사한 정확도로 정보 추출이 가능하다. 기존 측량 장비의 경우 접근하기 어려운 대상체의 경우 측량이 제한되나, 사진측량은 이러한 제약에서 상대적으로 자유로우며, 현장감이 높은 장점이 있다. 사진측량은 촬영 등의 작업 시에만 바깥에서 작업하고 나머지는 실내에서 작업하게 되므로 날씨 등에 영향을 덜 받고, 작업을 나누어 분업할 수도 있는 장점이 있다. 비디오 등을 활용하면 움직이는 물체의 추적 또한 가능하여 동체 추적, 변위 분석 등에 활용이 가능하다.

그러나 단점도 존재하는데, 사진 내에 그림자가 심하거나 사각 지역이 존재하면 물체의 식별이 어려워 측량, 측정이 제한되는 경우가 있고, 대상체가 소규모일 경우 기존의 측량기법에 따른 정보 취득이 훨씬 효율적일 수도 있다.

표 1. 사진측량의 장단점

장점	광범위한 대상물의 동시 기록 가능
	정확도의 균일성
	접근하기 어려운 대상물 측정이 가능
	현장감 높음
	움직이는 물체의 추적이 가능
	촬영 및 기준점 측정 이외에는 대부분 실내작업으로서 날씨 및 계절에 영향을 덜 받음
단점	그림자, 사각 지역 등으로 식별이 불가능한 물체의 측정이 불가
	측정 대상체가 아주 소규모일 경우 효율적이지 않음

2. 사진측량의 역사

사진측량은 카메라와 사진이 발명되면서 시작되었다. 최초의 사진은 1816년 프랑스의 Niépce(니엡스)에 의해 발명되었고, 1839년 프랑스 Daguerre(대게라)에 의해 실용적 카메라가 발전되었으며, 1840년 프랑스 Laussedat(루씨다)에 의해 처음으로 지도 제작에 활용된 것이 사진측량의 시초로 볼 수 있다. 그러나 급격한 개념적, 기술발전이 이루어진 것은 항공기의 발명 그리고 1, 2차 세계대전을 거치며 사진측량 기법에 기반한 정찰을 수행하면서 부터이다. 이 시기에 정밀한 기계식 도화기(기계에 의한 사진측량 지도제작 장비)가 개발되어 널리 활용되기 시작하였다. 도화(圖化)기란 지도를 그린다는 의미로 이해하면 되겠다.

이후, 1960~70년대 사진 왜곡, 기하, 조정 계산식의 발달과 함께 해석 사진측량 기법(수학식에 기반한 정밀한 조정기법)이 확립되었고 다수의 사진을 정확히 처리하여 모델링하기 위한 **번들조정 기법** 또한 개발되어 활용되기 시작하였다.

2000년대 들어서는 디지털시대가 시작되며, 필름 카메라 및 아날로그 방식의 해석 도화기(기계 형태)가 모두 디지털카메라와 컴퓨터로 대체되기 시작하였고, 컴퓨터의 성능향상, 자동화 등을 위한 복잡한 수식의 효율적 처리가 가능하여 현재 우리가 사용하고 있는 것과 같이 다양하고 정밀한 사진측량을 개인 컴퓨터에서도 편리하게 수행할 수 있게 되었다.

표 2. 사진측량의 역사

시기	특징
사진측량의 태동 (1839~1900)	- 카메라의 발명(1816년 Niepce, 1839년 프랑스 Daguerre) - 사진을 이용한 첫 지형도 제작(1840년 프랑스 Laussedat) - 항공기 발명(1889년 라이트형제)
기계식 사진측량 시대 (1900~1970)	- 1, 2차 세계대전을 통한 광학기계의 급속한 발전 - 기계식 장비 및 도화기(지도제작) 개발
해석 사진측량 시대 (1970~2000)	- 컴퓨터 연산 성능 향상 - 번들조정 기법 등의 개발
디지털 사진측량 시대 (2000~현재)	- 디지털 카메라 확산 - 컴퓨터 영상처리 성능의 향상 - 자동화 기능
드론 사진측량 시대 (2010~현재)	영상 촬영의 유용성 무인 항공 영상 촬영 개인에 의한 영상 획득 가능

그림 3. 1차 세계대전 시 정찰용 사진측량

최근에서는 군사용 정찰이나 지도제작 분야와 같은 전통적인 활용 분야 이외에 토목, 건축, 문화재 보존, 로봇 내비게이션, 산업시설물 계측, 사고 현장 감식, 관광용 VR (Virtual Reality) 등의 분야에서 사진측량이 다양하게 활용되고 있다. 특히 중저가 드론의 확산으로 여러 분야에서 사진측량의 적용이 활발해지고 있다.

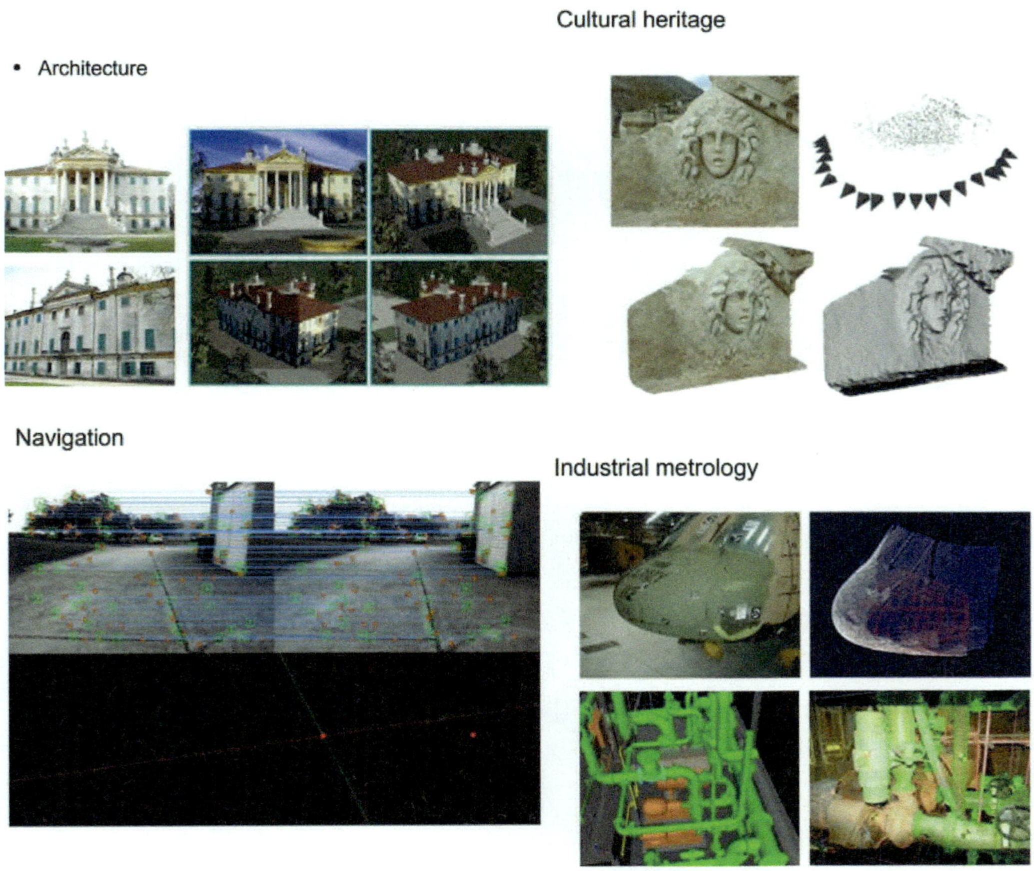

그림 4. 다양한 사진측량 응용 분야

우리나라에 한정하여 사진측량의 역사를 살펴보면, 1945년 광복 이후 미군정에 의해 처음으로 1/50,000 축척의 군사지도를 제작한 것이 시초라 볼 수 있다. 그러나 실질적으로 우리나라 기술진에 의해 사진측량을 실시한 것은, 1966년에 네덜란드와 항공사진측량 기술협정을 맺어 국내 기술자를 위탁교육 시켰고, 국립지리원(현재 국토지리정보원)에서 처음으로 1/50,000 및 1/25,000 기본도를 제작한 것이 처음이다. 현재 우리나라의 국가기본도는 비접근 지역을 제외하고는 모두 사진측량기법을 통해 제작되고 있다.

3. 사진측량 개념

사진측량의 기본 개념을 이해하기 위해 먼저 사진 촬영의 경우를 살펴보자. 사진 촬영 시 3차원인 대상체 공간의 빛이 렌즈로 모였다가 2차원 센서가 위치한 센서면(영상 공간)에 맺히게 된다. 이러한 과정을 투영이라고 하며, 렌즈 중심에 빛이 모였다가 다시 센서면에 뿌려지므로 **중심 투영**(Perspective Projection)이라고 한다.

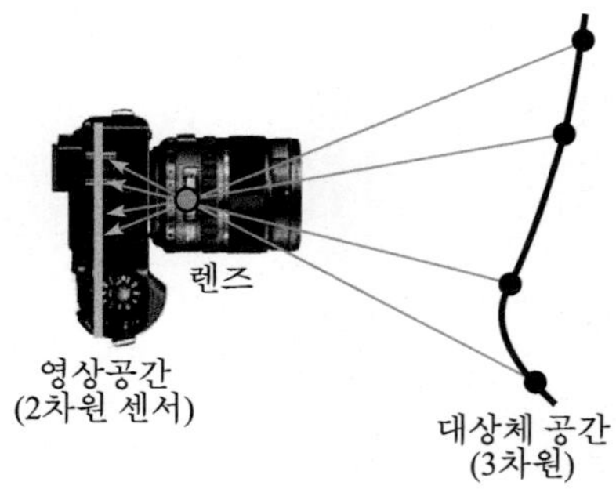

그림 5. 사진 촬영 (대상체 공간에서 카메라 센서면으로 투영)

사진측량은 이렇게 촬영된 사진이 존재하고 사진 내의 빛이 다시 공간으로 뻗어나가는 과정으로 이해하면 되는데, 그림 6에서 보는 것과 같이 사진 센서면의 한 점 a가 렌즈를 거쳐 다시 공간으로 빛이 나가는 것 즉 **광선(light ray)**을 볼 수 있다. 그런데 이때 촬영된 사진만 보유하고 있으며, 대상체 공간에 대한 정보가 없으므로(이 대상체 공간에 대한 정보를 알아내는 것이 사진측량의 목적이다.) 해당 광선은 공간상에서 어느 곳에 위치한 점인지 위치를 알 수가 없게 된다.

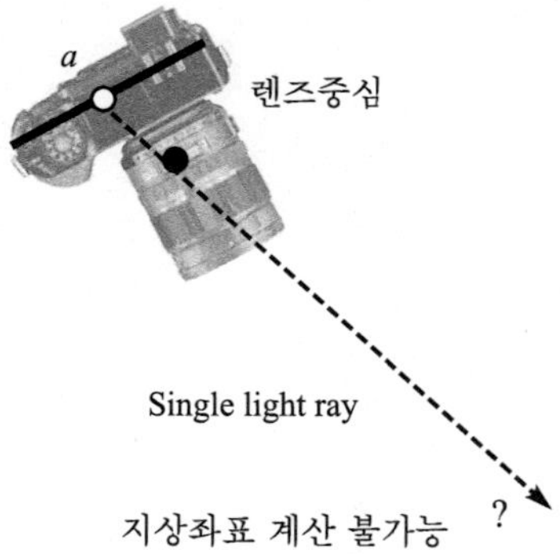

그림 6. 사진센서면에서 대상체 공간으로의 투영

그런데 만약 중복촬영된 사진이 존재할 경우 그림 7과 같이 두 광선이 교차하는 점을 대상 위치로 특정할 수가 있게 되는 것을 알 수 있는데, 따라서 **대상의 3차원 위치를 구하기 위해서는 중복촬영된 사진이 필요**함을 알 수 있다. 그러나 여기서 조금 더 자세히 생각해보면 두 카메라의 위치와 자세가 달라지면 두 광선이 한점에서 만나지 않고 공간상에서 어긋날 것을 예상해볼 수 있다. 따라서 정확한 사진측량을 위해서는 촬영된 당시의 두 카메라 **위치와 자세**를 정확히 알고 있어야지만 대상체의 위치를 정확히 알아낼 수 있음을 이해하자.

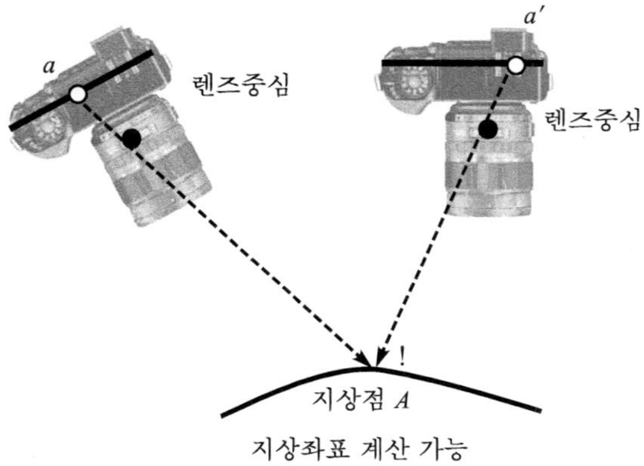

그림 7. 중복촬영된 사진을 통한 사진측량

기사시험 문제

1 **항공사진측량의 특성에 대한 설명으로 틀린 것은?**

① 축척변경이 용이하다.
② 동체관측에 의한 보존이용이 가능하다.
③ 분업화에 의해 능률적이다.
④ 대축척일수록 경제적이다.

2 **사진측량의 특징에 대한 설명으로 옳지 않은 것은?**

① 피사체에 대한 식별이 어려우므로 현장작업으로서 보완할 필요도 있다.
② 움직이는 대상물의 상태를 분석할 수 있으며 낙하하는 돌의 추적같은 4차원 측정도 가능하다.
③ 정량적, 정성적인 측정을 할 수 있으므로 환경 및 자원조사, 기상조사, 도서의 발전상황들도 판단할 수 있다.
④ 사진측량은 작업이 간편하고 신속하여 촬영만으로 대상물체의 특성 및 정량적인 분석을 정밀하게 할 수 있다.

3 **항공사진측량의 특징으로 옳은 것은?**

① 축척변경이 불가능하다.
② 정량적 및 정성적 측정이 가능하다.
③ 초기 시설비가 적게 들고 외업이 많다.
④ 비교적 좁은 지역의 세밀한 측량에 적합하다.

4 **항공사진의 투영원리로 옳은 것은?**

① 정사투영 ② 평행투영 ③ 등적투영 ④ 중심투영

5 **다음 중 사진측량의 특징으로 옳지 않은 것은?**

① 정밀도가 균일하다.
② 4차원 측량이 가능하다.
③ 근접하기 어려운 대상물을 측정하기 용이하다.
④ 일괄적인 연속작업으로 처리되므로 분업화가 어렵다.

6 **항공사진측량에 대한 설명으로 옳지 않은 것은?**

① 소규모 지역을 대상으로 하는 경우에는 소요비용이 증가할 수 있다.
② 행정경계, 지명, 도로명, 지번 등의 정보는 현장측량을 통해 보완해야 한다.
③ 시간의 변화에 따른 대상물의 변화와 같은 4차원 정보 취득에는 적용이 곤란하다.
④ 구름, 바람, 조도, 적설 등의 영향이 있다.

정답 [01] ④ [02] ④ [03] ② [04] ④ [05] ④ [06] ③

개념 정립 문제

1 **과거 촬영된 사진을 현상하여 기계에 장착한 후 지도를 제작하던 장비를 무엇이라 하는가?**

2 **과거 기계식으로 이루어지던 사진측량을 수학식에 의한 엄밀하고 정확한 연산기법으로 처리하게 된 사진측량 기법을 무엇이라 하는가?**

3 **사진측량을 통해 대상체의 3차원 정보를 알아내기 위해 필요한 조건은?**

정답
[1] 기계식 도화기
[2] 해석(analytic) 사진측량
[3] 서로 다른 두 촬영 위치에서 중복 촬영하고 각각의 촬영 위치와 자세를 알아내야 함

CHAPTER **02**

빛과 카메라

CHAPTER 02 빛과 카메라

1. 빛의 이해

사진 및 사진측량은 빛을 카메라로 받아들여 이를 영상으로 제작하고 이를 활용하는 기술이다. 즉, 빛을 기반으로 하며 빛에 대한 어느 정도의 지식이 필요하다.

우선 절대온도(0도K = 섭씨 -273도)보다 1도라도 높은 물체는 빛을 내뿜는데, 체온이 약 36도인 사람도 우리 눈에는 보이지 않으나 빛을 내뿜고 있다. 자연에서 가장 쉽게 관찰할 수 있는 빛은 표면온도가 대략 섭씨 6,173도인 태양빛이다. 온도에 따라 다른 종류의 빛을 내뿜게 되는데, 높은 온도의 태양은 가시광선을 내뿜고 있어 사람의 눈으로 관찰할 수 있지만, 낮은 온도의 사람은 가시광선을 내뿜지 않아 밤이 되면 사람의 눈으로 감지할 수가 없다.

태양은 가시광선뿐 아니라 우리가 싫어하는 자외선 등 다양한 빛을 내뿜는데 아래 그림 8의 굵은 선에서 보는 것과 같이 다양한 **파장대(wavelength)**의 빛을 내보내고 있음을 알 수 있다. 참고로 횡축(가로축)은 여러 파장대역을 마이크로미터 단위로 나타낸 것이고, 종축(세로축)은 1제곱미터 단위면적당 그리고 해당파장대역(μm)에 대한 에너지(kW)로 이해하면 된다. 그림 8에서 점선은 태양빛이 대기를 통과한 후 지구표면에서 관찰 가능한 빛을 표현한 것으로서 대기의 흡수로 인해 y축의 에너지량이 줄어든 것을 확인할 수 있다.

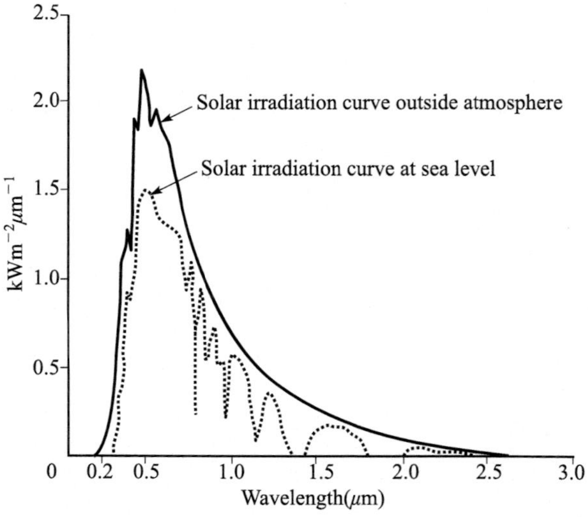

그림 8. 태양빛의 파장대역별 에너지

이제 빛의 종류에 대해서 알아보자. 빛의 종류를 이해하려면 **μm(마이크로미터 또는 마이크론) 단위**에 대해서 익숙해져야 하는데, 미터(m)를 1000으로 나누면 밀리미터(mm)이며, 이를 한번 더 1000으로 나누면 마이크로미터(μm)이다. 즉 미터를 백만(1,000,000)으로 나누면 마이크로미터이다.

μm ➡ 1000배 ➡ mm ➡ 1000배 ➡ m ➡ 1000배 ➡ km

참고로 사람의 머리카락 굵기가 약 50~100 마이크론 가량 되며, 적혈구가 약 8마이크론, 박테리아는 약 2마이크론 정도 된다. 우리가 요즘 민감한 초미세먼지 PM2.5가 2.5마이크론보다 작은 사이즈라는 것을 의미한다.

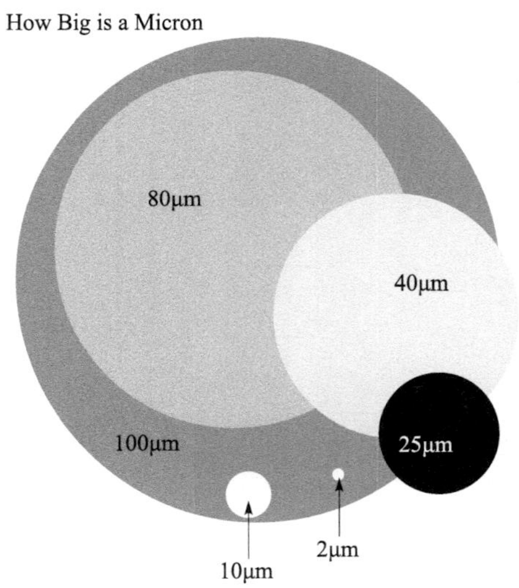

그림 9. 마이크로미터 크기 이해하기

아래 그림 10에서 우리가 익숙한 **가시광선(visible)은 대략 0.4μm~0.75μm정도의 영역대**에 위치하고 있다. 긴쪽(0.75μm)부터 짧은쪽(0.4μm)까지 빨주노초파남보 무지개 순서로 나타남을 알 수 있고, 파란빛(Blue)이 붉은빛(Red)보다는 짧은 파장인 것을 알 수 있다. 오후 늦은 시간에는 직진성을 가진 짧은 파장인 파란빛은 일찍 차단되고, 긴 파장대인 붉은빛이 굴절하여 늦게까지 도달하므로 붉은 빛의 노을이 관찰되게 된다.

보라색(violet) 보다 짧으면 자외선(ultra-violet), 빨강(red) 보다 길면 **적외선(infra-red)**이다. 적외선의 경우 가시광선에 가까우면 근적외선(near infrared), 그리고 약 10마이크론 근처로 넘어가면서 중적외선, 열적외 영역대를 갖게 된다. 최근 많이 활용되고 있는 열영상 카메라의 경우 해당 열적외선 영역대를 감지할 수 있는 센서를 장착한 카메라이다.

다시 상기 그림 8로 가서 가시광선 영역대(0.4~0.75μm)를 살펴보자. 해당 영역에 태양빛의 에너지가 최고치를 보이고 있는 것을 확인할 수 있다. 즉, 이러한 많은 태양에너지 영역대를 활용하고자 우리의 눈이 가시광선을 인지하도록 진화되었을 가능성이 높다.

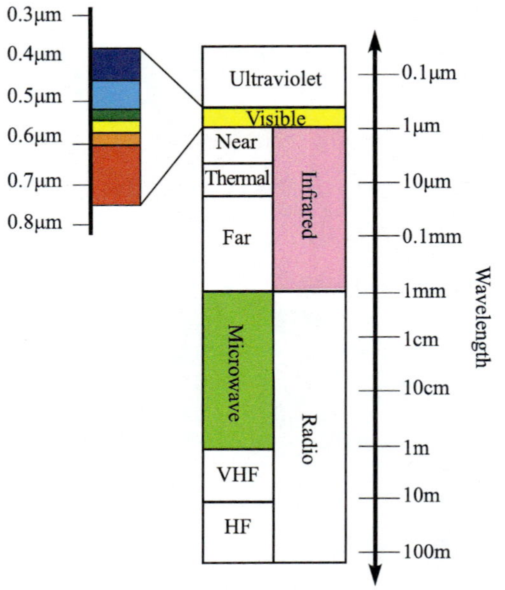

그림 10. 빛의 종류

2. 카메라 구조

카메라는 그림 11과 같이 핸드폰 카메라로부터, DSLR카메라, 항공 카메라까지 다양한 카메라가 활용되고 있다.

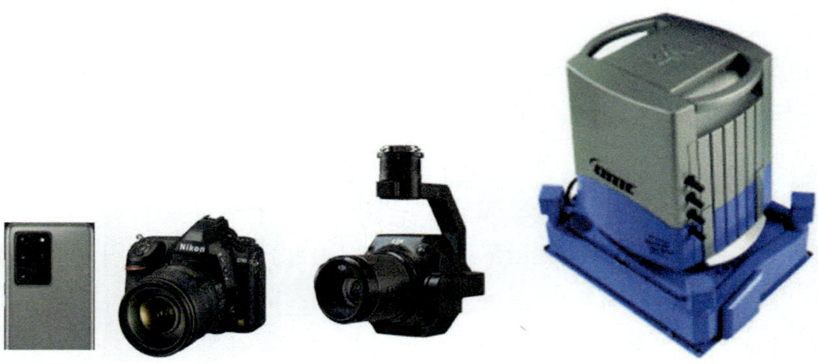

그림 11. 다양한 카메라 (스마트폰, DSLR, 드론카메라, 항공촬영 카메라)

카메라를 통해 영상을 만드는 과정을 간략히 살펴보면, 그림 12와 같이 햇빛이나 조명이 비추고 있는 피사체(대상물)에서 반사된 빛의 밝기값이 렌즈를 통해 카메라 센서에서 감지되고 감지된 값을 이미지 프로세서가 디지털화하여 우리에게 익숙한 jpg와 같은 영상 파일의 형태로 만들게 된다.

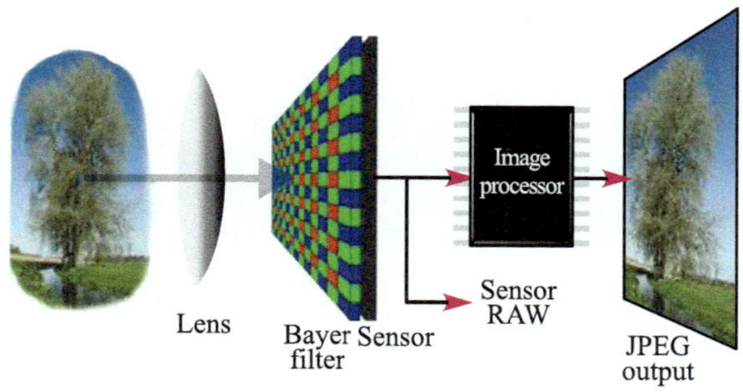

그림 12. 카메라를 통한 영상 생성 원리

그러면 카메라의 구조에 대해 보다 자세히 알아보자. 사진측량을 이해하기 위해 아래의 용어들은 알아두도록 하자.

- **렌즈(Lens)** : 햇빛이나 조명이 대상체에서 반사되어 들어오는 빛을 센서로 모아주는 기능
- **센서(Sensor)** : 과거 필름의 역할을 하며, 카메라로 들어오는 빛에 따라 반응하여 이미지를 생성해 내는 역할. 많이 알려진 디지털 센서의 경우 CCD와 CMOS가 있는데, 최근 대부분의 카메라는 상대적으로 가격이 저렴하고 집적도를 높이기에 유리한 CMOS 타입이다.
- **조리개(Aperture)** : 카메라로 들어오는 빛의 양을 조절해주는 기능
- **셔터(Shutter)** : 카메라 센서가 카메라로 들어오는 빛에 노출되는 시간을 조절하는 기능. 셔터가 눌려있는 동안 조리개를 열어 센서를 빛에 노출시킨다.

그림 13. DSLR 카메라 구조

3. 렌즈

먼저 렌즈에 대해 간단히 살펴보면, 카메라의 전면에서 빛을 모아 카메라 내부에 있는 센서에 빛을 뿌려주는 역할을 하는 것으로서, 여러 장의 렌즈를 종합하여 더 정밀한 렌즈의 역할을 하도록 제작된다. 그림 14에서 여러 장의 렌즈를 통해 가상의 중심점이 생기는데 이 점을 빛이 모여진 **투영 중심점(Focal point)**라고 하고 여기서부터 센서면까지의 최단거리(수직거리)를 **초점거리(Focal Length)**라고 한다. 초점거리가 긴 카메라는 먼 거리에 있는 대상체를 확대해 볼 수 있는 망원효과가 있고, 초점거리가 짧은 카메라는 넓은 화각을 갖는 어안(Fisheye)효과를 보이는 특징이 있다. 참고로 사람의 눈은 약 50mm렌즈와 유사하다.

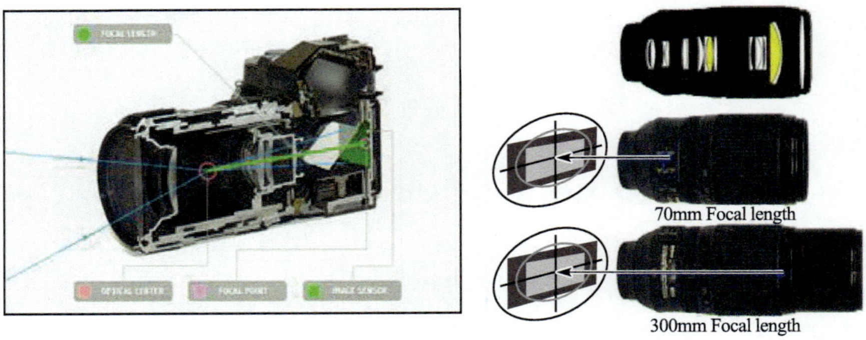

그림 14. 카메라 렌즈

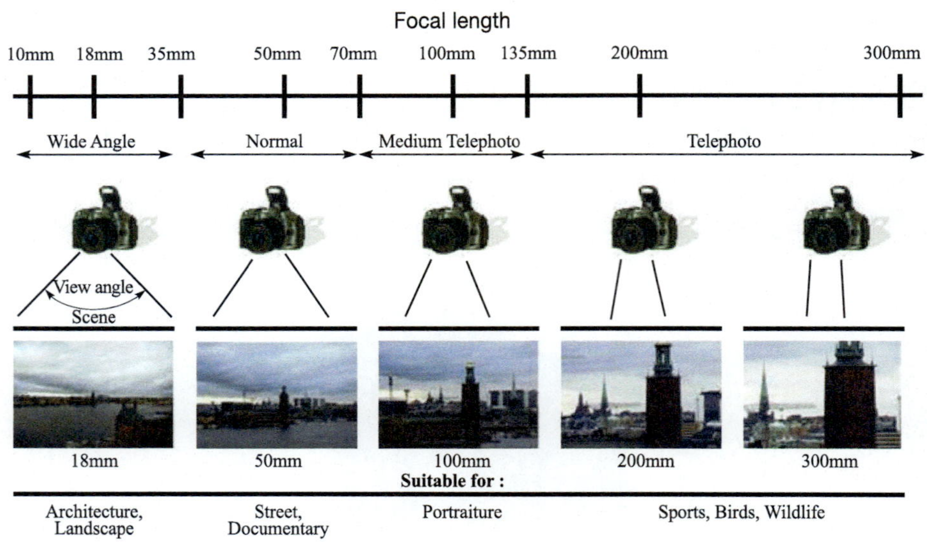

그림 15. 초점거리에 따른 렌즈의 활용
(출처: https://www.anbg.gov.au/photo/photography-techniques/lens-focal-length.html)

4. 센서

두 번째로 센서의 경우 과거 필름을 사용했으나 최근 디지털카메라는 해당 위치에 CMOS센서를 장착하여 활용하고 있다. 해당 센서가 몇 픽셀의 영상을 생성하느냐에 따라 몇백만 화소, 몇천만 화소 등으로 규격을 표시한다 (예, 1000×1000픽셀 ➡ 총 1백만 픽셀 ➡ 백만화소).

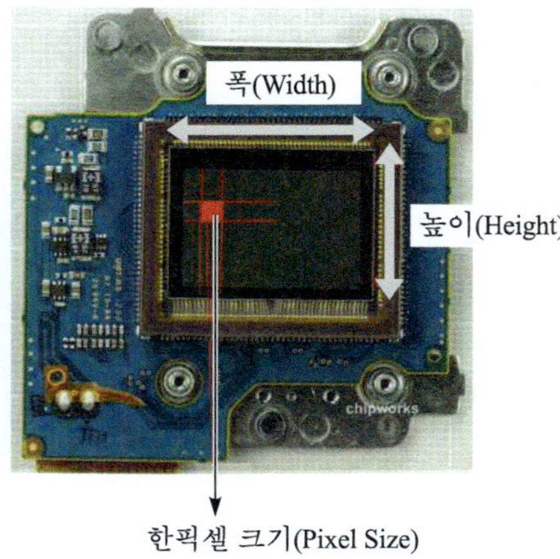

그림 16. 일반적 디지털카메라에 장착되는 CMOS 센서

센서의 크기는 사진의 품질에 직결되는데, 일반적으로 센서의 크기가 클수록 카메라로 들어오는 빛을 충분히 영상 제작에 활용하게 되므로 높은 품질의 영상을 만들어낼 수 있다. 우리가 주변에서 자주 활용하는 카메라에서 사용되는 센서의 크기를 살펴보자. 일반적으로 500원 동전과 크기가 유사하거나 그 보다 작은데, 스마트폰 카메라의 경우 대부분 1/3인치 정도의 크기(그림 17 상단))이며, 핸드헬드 카메라(DSLR이나 미러리스 카메라)의 경우 보급형의 센서는 세 번째 줄의 포서드, 크롭사이즈, APS-C 사이즈이며, 고급형은 35mm 필름과 동일한 사이즈를 갖는다.

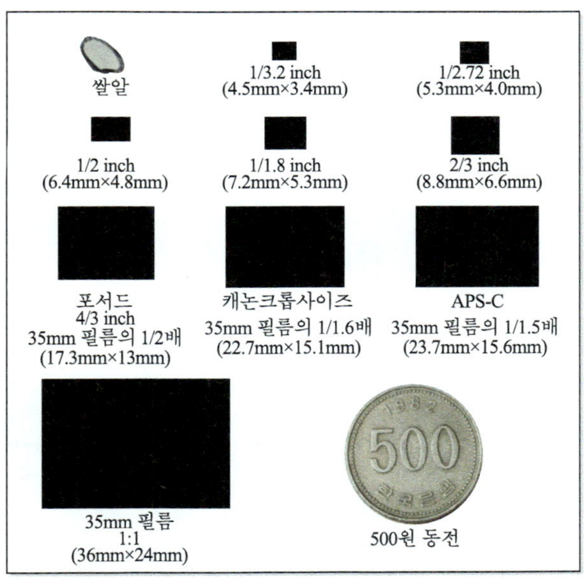

그림 17. 여러 CMOS센서의 크기
(출처: https://yang-soo-photo.tistory.com/)

5. 조리개, 셔터, ISO

조리개는 카메라 렌즈를 통과할 수 있는 빛의 양을 조절하기 위한 장치로서 우리 눈의 홍채와 같은 역할을 한다. 일반적으로 '**F-넘버**'로 나타내는데, F-넘버는 렌즈의 초점거리를 렌즈의 구경으로 나눈 비율로 결정되며 조리개가 작을수록(F값이 클수록) 빛이 덜 들어오게 되고, 조리개가 크면(F값이 작을수록) 더 많은 빛이 들어온다. 최대 조리개(일부 렌즈 F/1.4)일 때 빛이 가장 많이 들어오고, F/16, F/32 정도는 조리개가 아주 작은 조리갯값을 의미한다.

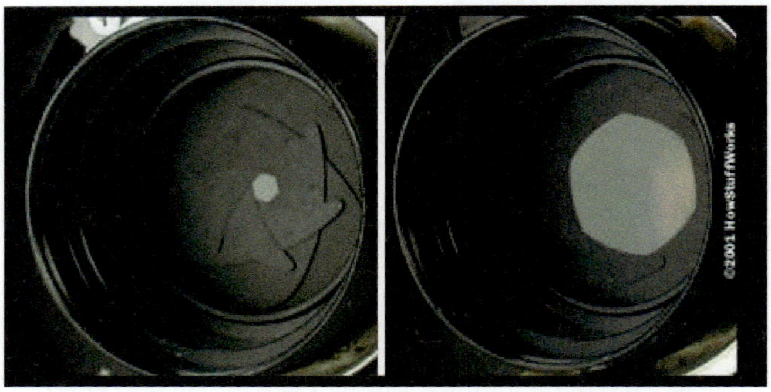

그림 18. 조리개의 조절 (좌: 작은 조리개, 우: 큰 조리개)

카메라 셔터 또한 빛의 양을 조절하는 장치이나, 조리개와의 차이는 렌즈의 구경을 조절하는 것이 아니라 빛에 노출되는 시간을 조절하는 장치이다. 방식에는 글로벌 셔터와 롤링셔터 방식이 있는데, 글로벌 셔터는 말 그대로 센서 전체를 설정된 스피드만큼 빛에 노출했다 닫는 형식이고, 롤링 셔터는 아래 그림 19와 같이 셔터를 일부 열어서 노출시키는 방식이다. 롤링 셔터 방식의 경우 빠른 시간 설정을 가능케 하나 아주 빨리 움직이는 물체 (예, 자동차 바퀴, 헬리콥터 프로펠러 등) 등에 촬영 시 찌그러진 형태의 영상이 얻어지는 등의 문제가 발생하기도 한다.

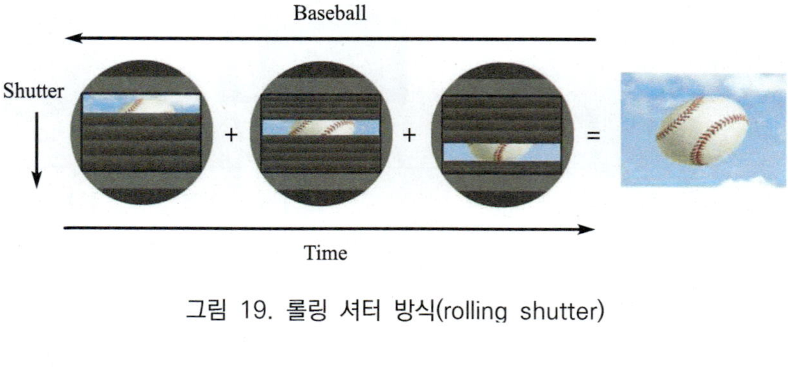

그림 19. 롤링 셔터 방식(rolling shutter)

마지막으로 센서의 감도인 ISO(International Organization for Standardization)는 센서가 얼마나 빛에 민감하게 반응하도록 설정해주는 수치이며, **ISO가 높을수록 감도가 증가**하여 어두운 곳에서도 촬영이 가능하나 **노이즈가 발생**하는 단점이 있다.
조리개, 셔터스피드, ISO 사이의 관계를 그림 20으로 이해할 수 있다. 조리개 F넘버가 작을수록 조리개가 커져 빛을 많이 받아들일 수 있으나 영상에서는 심도(멀리 있고 가까이 있는 것이 같은 사진에서 또렷이 나오는지)가 얕아지는 단점이 생긴다. 반대로 조리개 F넘버가 클수록 조리개가 작아져서 빛을 조금밖에 받아들일 수는 없으나 영상에서는 심도가 깊어진다. 셔터스피드의 경우 1/1000과 같이 빠르게 여닫으면 빛은 적게 들어오지만 움직이는 물체의 찰나를 촬영할 수 있고, 1/2와 같이 느리게 설정하면 빛은 많이 받아들일 수 있지만, 움직이는 물체의 경우 빛 번짐이 발생한다. ISO는 표준값이 100정도인데, 높이게 되면 어두운 곳에서도 영상을 촬영할 수 있으나 노이즈가 많아진다.

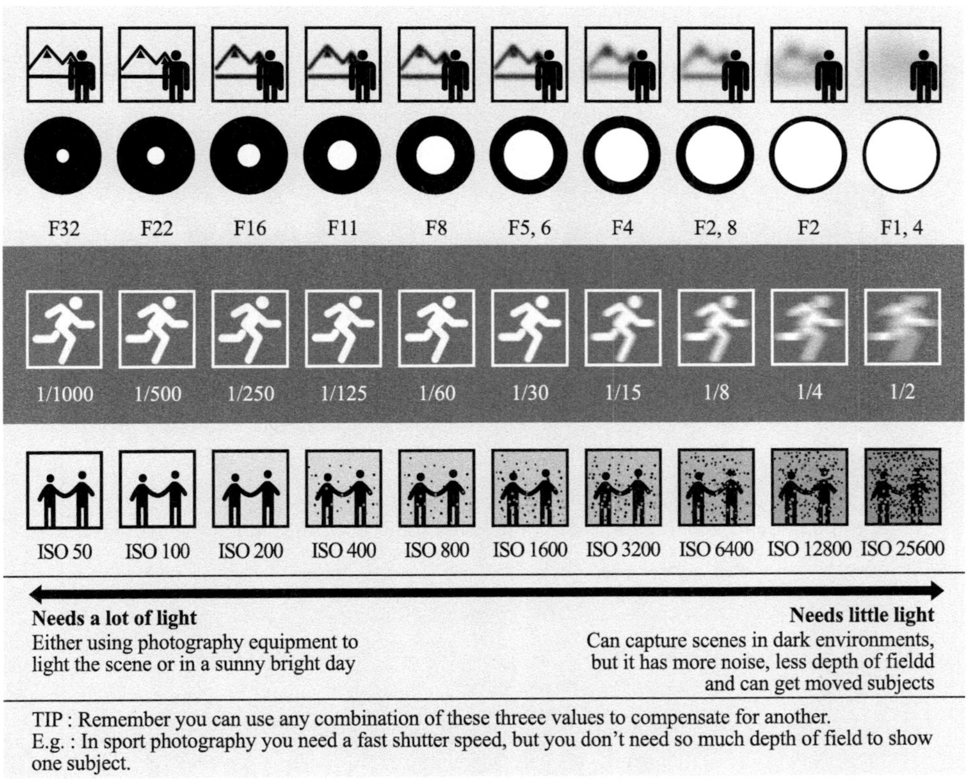

그림 20. 조리개 F넘버, 셔터스피드, ISO 이해하기 (출처: https://www.slrlounge.com/)

6. 미러방식 vs. 미러리스방식

최근 디지털카메라는 아래와 같은 두 가지의 대표적인 구조를 갖는데, **미러방식과 미러리스방식**이 존재한다. 미러방식의 경우 잠망경과 유사한 원리를 갖는 카메라로서, 빛이 렌즈를 통해 들어오면 중앙 및 상단에 위치한 거울(미러)를 통해 빛을 반사시켜 뷰파인더를 통해 사용자가 사진 촬영 전에 해당 구도를 잡을 수 있도록 해주고, 촬영하기 위해 촬영 버튼을 누르면 중앙에 위치한 거울이 접혀 올라가고 들어오던 빛이 거울 뒷면에 위치한 영상 CMOS센서를 비추며 영상을 생성한다. 거울이 접혀 올라가는 순간 찰칵하는 소리를 내고 이때 뷰파인더에서는 영상을 볼 수가 없게 된다. 미러리스 방식의 경우 거울이 없고 렌즈를 통해 들어오는 빛이 지속적으로 센서를 비추게 되고 사용자는 센서를 통해 생성된 영상을 확인하며 사진 촬영을 수행하게 된다. 참고로 미러리스 방식이 미러방식에 비해 상대적으로 가볍고, 촬영 시 미러의 기계적인 움직임에 의한 진동이 적은 장점이 있다.

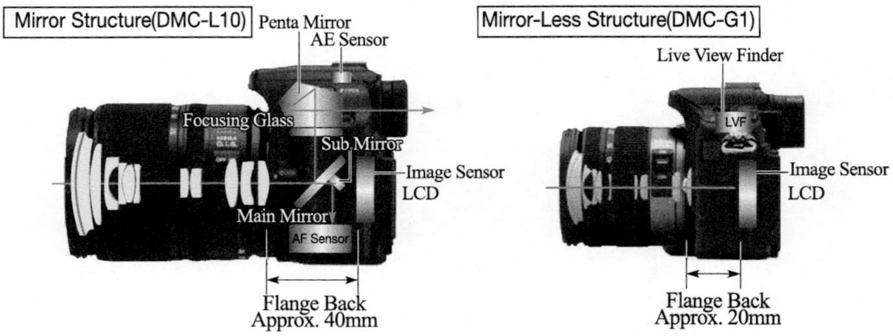

그림 21. 디지털카메라의 대표적 타입: 미러방식 vs. 미러리스방식

(출처)
https://m.blog.naver.com/PostView.naver?isHttpsRedirect=true&blogId=chsmanager&logNo=140208232333)

기사시험 문제

1 **전자기파의 파장대를 파장이 짧은 것부터 순서대로 나열한 것은?**

① 청색 → 녹색 → 적색 → 자외선
② 적색 → 녹색 → 청색 → 자외선
③ 자외선 → 청색 → 녹색 → 적색
④ 자외선 → 적색 → 녹색 → 청색

2 **다음의 전자파 파장 중에서 가시광선 영역에 속하는 것은?**

① 0.3㎛ ~ 0.4㎛　　② 0.3mm ~ 0.4mm
③ 0.4㎛ ~ 0.7㎛　　④ 0.4mm ~ 0.7mm

3 **다음 ( )안에 알맞은 말로 짝지어진 것은?**

촬영고도가 같은 경우 광각사진이 보통각사진보다 축적은 (　　　　　), 한 장의 사진이 포함하는 면적은 (　　　　　).

① 크고, 작다.　　② 크고, 크다.
③ 작고, 작다.　　④ 작고, 크다.

4 **카메라 중 동일한 촬영고도에서 촬영했을 때 가장 많은 대상물을 포함할 수 있는 카메라는?**

① 협각카메라　　② 보통각카메라　　③ 광각카메라　　④ 초광각카메라

정답 [01] ③ [02] ③ [03] ④ [04] ④

개념 정립 문제

1 카메라 렌즈를 통과할 수 있는 빛의 양을 조절하기 위한 장치인 조리개의 열림량은 어떠한 수치로 나타내는가?

2 센서의 감도인 ISO를 높일수록 어떠한 특징이 발생하는가?

3 70 마이크론인 머리카락 굵기는 몇 mm인가?

4 무지개 색깔을 빛의 파장길이가 짧은 것부터 긴 순으로 나열해보라.

5 빨간색보다 긴 파장으로서 식생의 활력도나 열영상 등을 얻도록 해주는 빛의 파장대는?

6 **카메라 구조에서 셔터와 조리개의 관계에 대해 설명하라.**

정답 (1) F-넘버

(2) 센서의 감도가 증가하여 어두운 곳에서도 밝은 영상을 얻을 수 있으나 노이즈가 증가

(3) 0.07mm

(4) 보남파초노주빨

(5) 적외선

(6) 셔터를 빠르게 동작할수록 빛이 들어오는 시간이 줄어들고, 조리개는 닫을수록 빛의 양이 줄어든다. 따라서 셔터를 빠르게 하려면 반대로 조리개를 열어 빛의 양을 조절해줘야 한다.

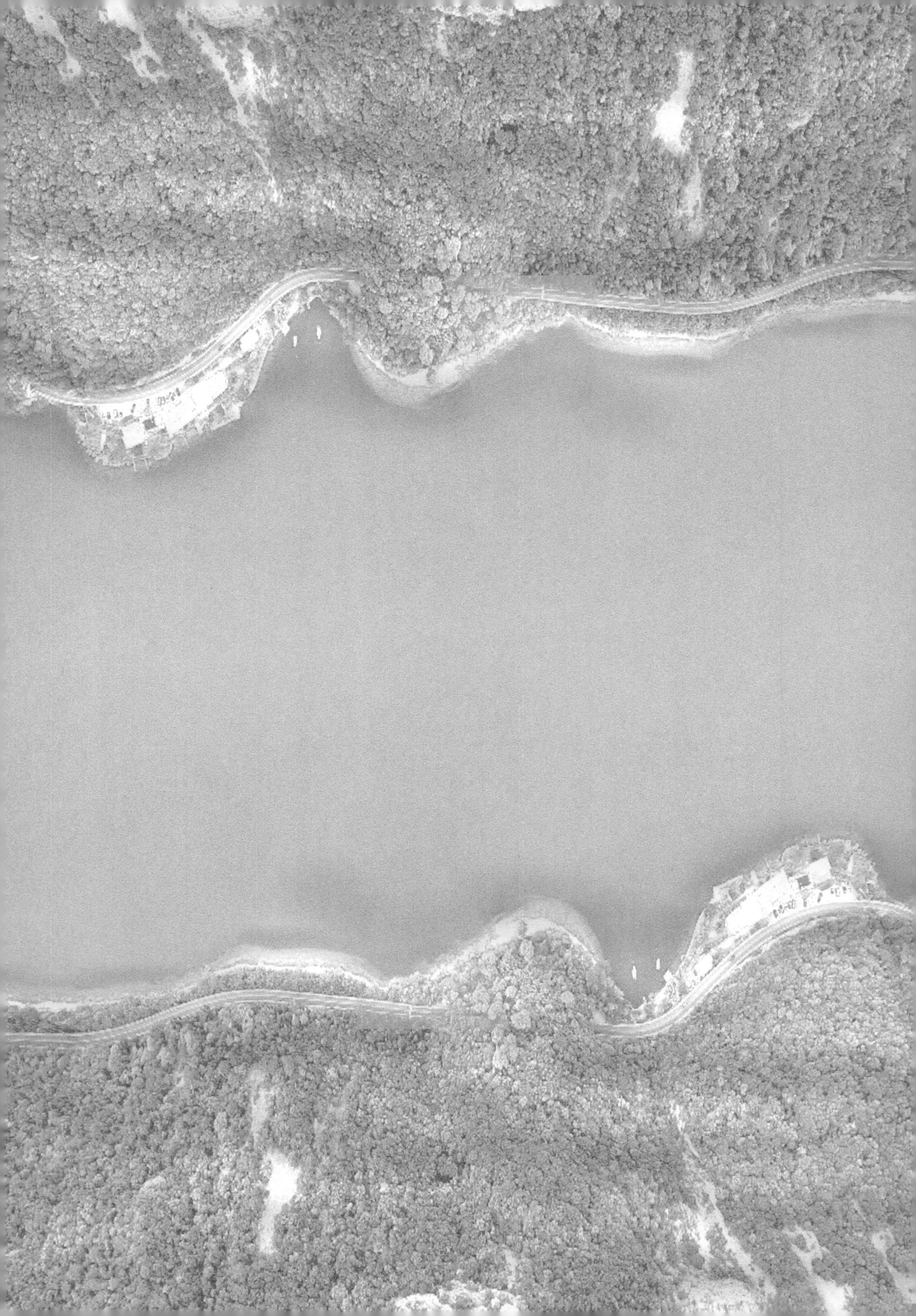

CHAPTER **03**

사진측량 기하 기초

CHAPTER 03 사진측량 기하 기초

1. 사진 촬영 기하

사진측량을 보다 잘 이해하기 위해 사진 촬영 기하에 대하여 먼저 알아보자. 그림 22와 같이 사진이 촬영되면 대상공간(object space)는 렌즈의 중심을 거쳐 이미지 공간(image space)로 투영되게 된다. 즉, 렌즈의 중심을 거쳐 투영되는 **중심투영(perspective projection)**이다. 카메라의 렌즈를 중심으로 대상공간과 이미지공간이 서로 반대 방향에 위치해 있어서 대상공간에 존재하는 A,B,C,D 네 개의 지점이 d,c,b,a로 역으로 이미지화 되는 것을 볼 수 있다. 과거 필름 사진을 사용해본 사람이라면 필름이 대상물의 위치가 바뀌는 **음화(negative)**이었던 것을 기억할 것이다.

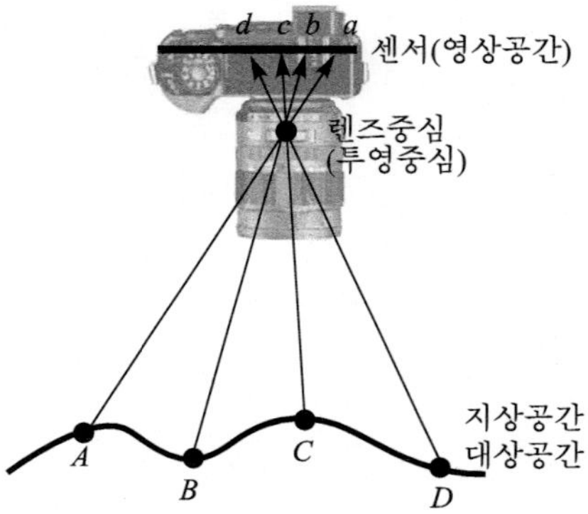

그림 22. 사진 촬영 시 투영

이렇게 역으로 영상이 맺히게 되므로 사진 기하를 설명할 때 매번 역으로 생각해야 하는 불편함이 있다. 따라서 그림 23과 같이 렌즈를 중심으로 초점거리만큼 반대로 **가상의 센서면(양화 diapositive)**을 생성하여 활용하게 되면 역상이 아닌 동일 방향으로 촬영된 것과 같은 영상으로 설명할 수 있게 되므로 편리하다. 그림 23에서 보는 것과 같이 양화에서는 A,B,C,D 네 개의 지점이 a,b,c,d로 동일한 방향으로 이미지화되는 것을 볼 수 있다. 따라서 사진의 기하를 설명할 때 어떤 경우 음화로, 어떤 경우에는 양화로 설명할 경우가 발생하는데 그 차이에 대해서 잘 이해해두도록 하자.

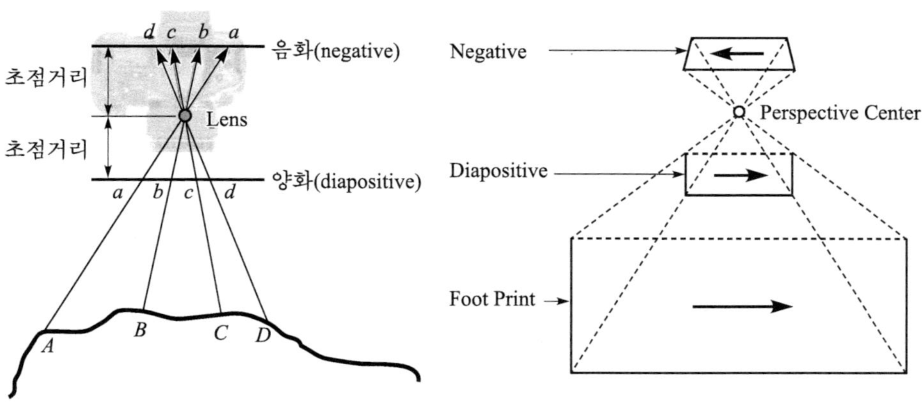

그림 23. 음화(negative) VS 양화(diapositive)

2. 중심 투영 vs. 정사 투영

사진측량은 중심투영이라고 언급하였다. 우리가 많이 사용하고 있는 지도의 경우에는 **정사투영**(orthogonal projection)인데, 중심투영과의 차이점을 그림 24와 25로 이해해야 한다. 정사투영이라 함은 지형을 수직방향(연직방향)으로 투영함으로써 동일한 수평위치 대상체는 지도 상에서 동일한 위치에 나타내게 된다. 예를 들어, 높낮이를 갖는 건물의 모서리를 살펴보면, 정사투영의 경우 건물 모서리의 아래와 꼭대기가 동일한 위치에 표현되게 되지만, 사진과 같은 중심투영의 경우 건물 꼭대기가 촬영 시 카메라에 가까이에 있다 보니 원근이 발생하여 다른 위치에 나타나게 된다.

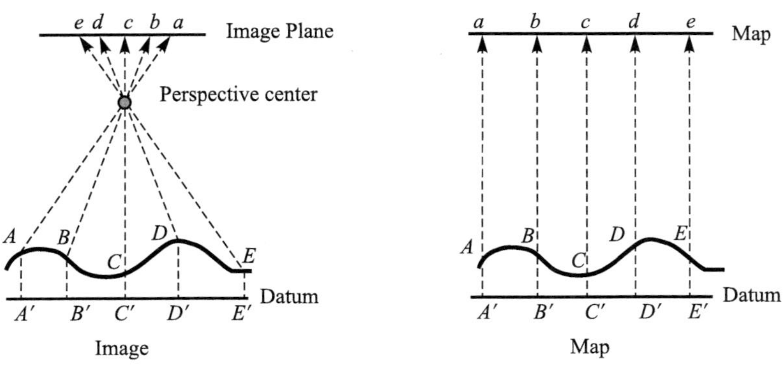

그림 24. 중심투영 vs. 정사투영

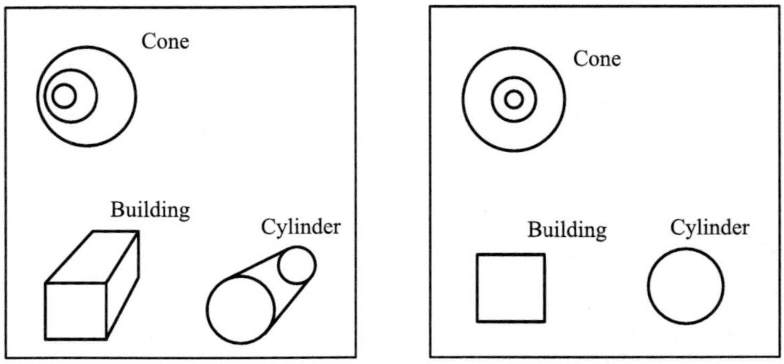

그림 25. 중심투영과 정사투영 시 지형지물의 표현 형태

3. 수직사진, 수평사진, 경사사진

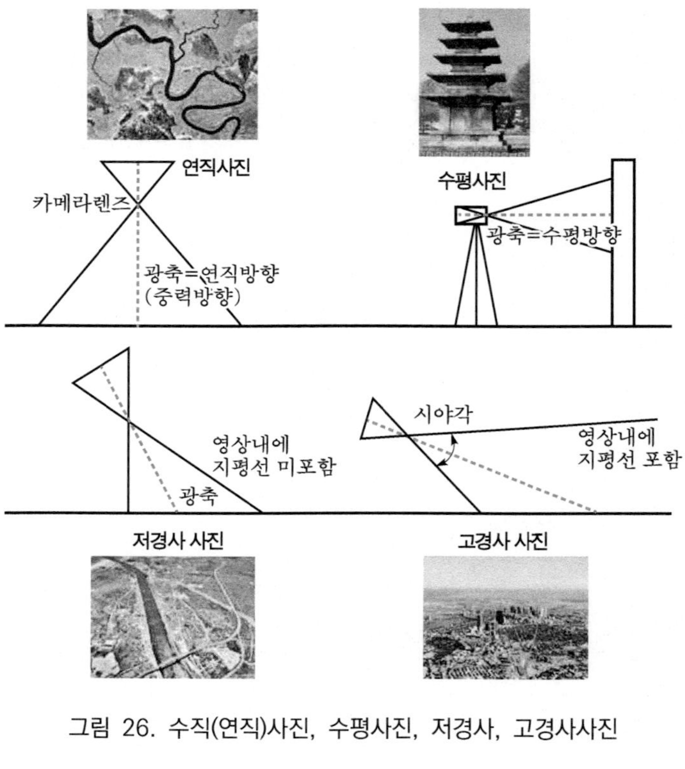

그림 26. 수직(연직)사진, 수평사진, 저경사, 고경사사진

사진 촬영의 방향에 따라 **수직(연직)사진**(vertical photo), **수평사진**, **경사사진**(oblique photo) 등으로 나뉠 수 있다. 수직사진이란 수직이라는 말로 유추해볼 수 있듯이 수직방향 즉 중력방향으로 촬영한 사진을 말하며, 수평사진은 수평방향(중력에 수직)으로 촬영한 사진이다. 수직, 수평 사이의 방향으로 촬영한 사진을 경사사진이라고 하며 사진 내

에 지평선이 포함되는지의 여부에 따라 저경사사진, 고경사 사진으로 나뉠 수 있다.
수직사진과 경사사진을 각도로 구분하는 경우도 있는데, 이때는 촬영방향(광축)과 중력방향(연직선) 사이의 각이 3° 이하일 때 수직사진으로 구분한다.
일반적으로 지도제작 등을 위해서는 연직사진으로 촬영하는 경우가 대부분이며, 건축, 구조물 변위 탐지, 문화재 복원 등의 목적으로는 수평사진을 촬영한다. 드론 등을 이용하여 정밀한 3차원 모델을 생성하기 위해서는 저경사 사진을 촬영하여 건물의 옆면 등에 대한 고품질의 영상을 획득하고, 관광용 VR영상 등을 제작하기 위해서는 고경사 사진을 촬영하여 활용하는 경우가 많다.

4. 지상 좌표계 (3차원)

지상좌표계는 일반적으로 지도좌표계를 많이 사용하며, 동/북/표고로 이루어진 X(E)/Y(N)/Z(h) 좌표계 표현을 가장 많이 사용한다. 주의할 점은 측량의 경우 북쪽 방향을 X좌표계로 표현하는 경우가 있으므로 헷갈리지 않도록 해야 한다. 지상좌표계의 단위는 m를 가장 많이 사용하게 되는데, 경위도를 사용하는 경우에는 도/분/초를 사용하게 되므로 주의한다.
그러나 지도좌표계를 이용하는 것이 의무는 아니며, 해당 영역에서 원점과 좌표축을 임의로 잡아서 사용해도 전혀 문제가 되지 않는다.

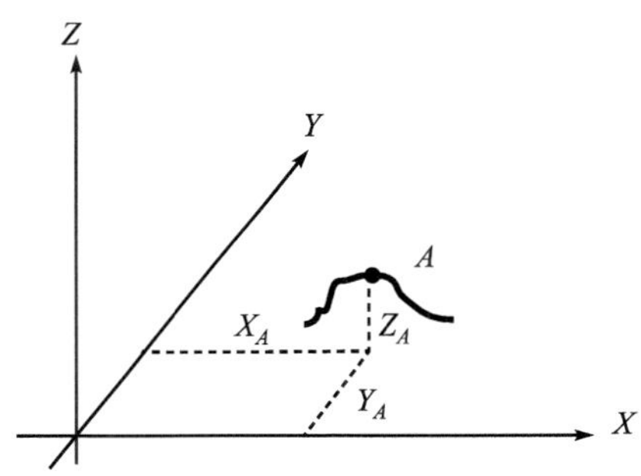

그림 27. 3차원 지상좌표계

우리나라에서 가장 많이 사용하고 있는 지도좌표계의 경우는 보다 자세히 이해할 필요가 있으므로 다음을 학습하도록 하자.
우리는 종이이든 컴퓨터 모니터이든 평면에 그려져 있는 지도에 익숙해 있다. 또한 단위는 경위도의 도/분/초 보다는 미터(m)가 사용하기에도 훨씬 편리하다. 이를 위해 지도 좌표계를 만들게 되는데 이는 타원체(곡면)상의 위치를 평면으로 투영하여 만든 좌표계이다. **남북을 N축(또는 X), 동서를 E축(또는 Y)로 나타내는 격자(Grid)시스템**이다. 여기서 왜 북쪽을 Y라 하지 않고 X라고 했냐고 하면, **방위각을 북쪽을 기준으로 시계방향**으로 재기 때문에, 기준이 되는 축을 X라고 두었기 때문이다. 우리가 고등학교 때 배운 회전각을 기억해보면 가로축을 X축으로 두고 시계반대방향(양의 Y축방향)으로 각도를 재었던 것을 기억해보라. 그러나 요즘에는 동서방향을 X로 남북방향을 Y로 사용하는 경우가 많으므로 좌표를 읽을 때는 X, Y가 가리키는 방향을 잘 숙지한 후 좌표값을 활용해야 한다.
3차원인 실제 지형을 적절한 축척의 2차원 평면지도로 바꾸는 것, 다른 말로 곡면인 지구표면을 평면상으로 변환하는 방법은 투명한 지구본 안에 광원을 두고서 지구본 곁에 위치시킨 종이에 비춰진 그림자를 지도로 생각하면 된다.

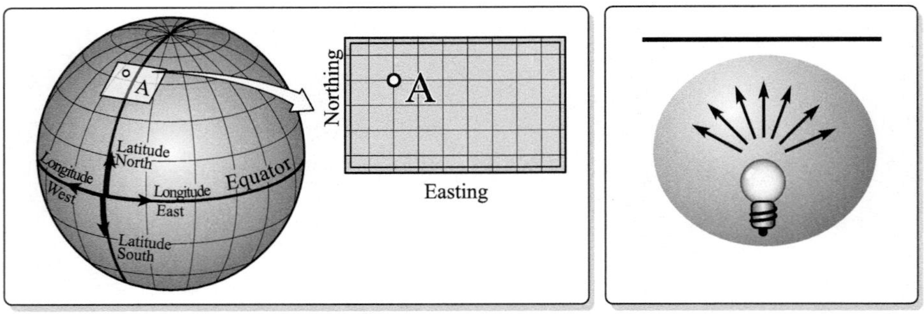

그림 28. 지도 투영

그런데 사실 곡면인 지구표면을 평면상으로 변환하는 것은 그림 29와 같이 귤껍질을 평면에 완벽하게 펼치고자 하는 것과 같이 불가능하다. 그래서 어느 정도의 오차를 가질 수밖에 없는 데, 이를 최소화 하고자 여러 가지 투영법이 존재하게 된다. 원통도법은 비춰질 종이를 원통 형태로 말아서 지구본에 갖다 댄 모양으로 생각하면 되고, 방위도법은 종이를 평면그대로 갖다 대는 모양, 원추도법은 종이를 고깔형태로 말아서 갖다 댄 개념으로 생각하면 된다.

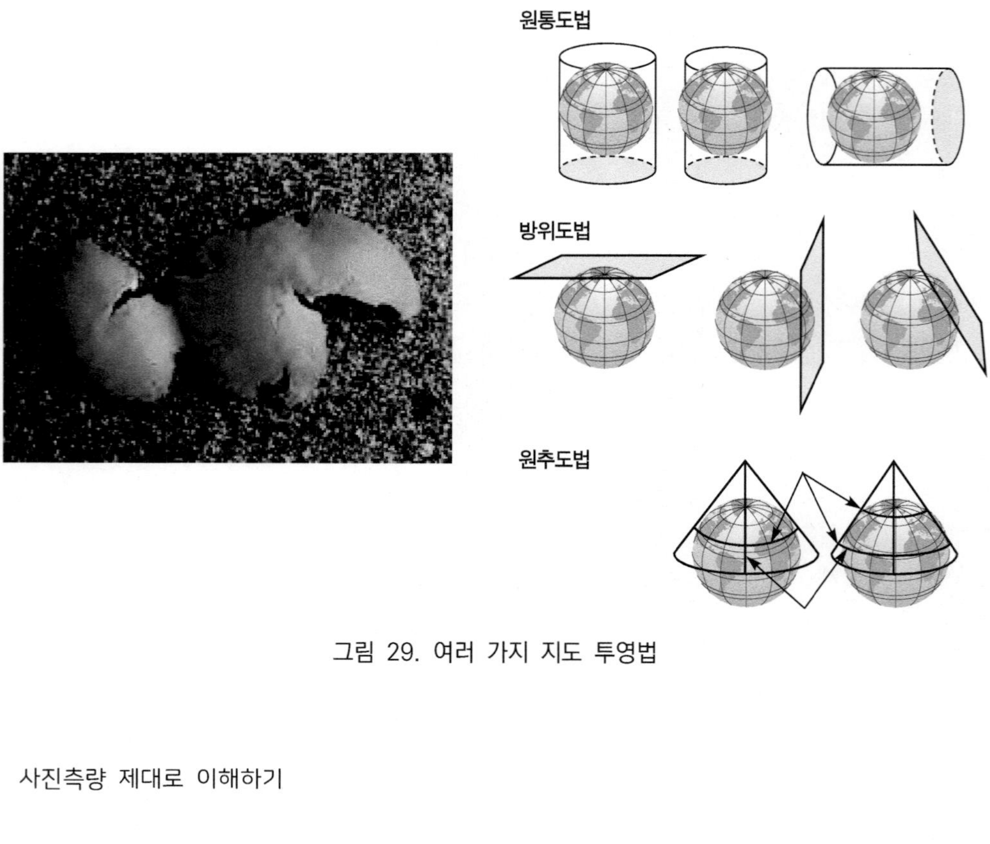

그림 29. 여러 가지 지도 투영법

이 중 우리나라에서 쓰는 방식은 <u>TM(Transverse Mercator)</u>라 불리는 원통도법인데, 원통도법을 그대로 쓰지 않고 원통을 90도 회전시켜 중앙 자오선이 원기둥면에 접하도록 하는 투영하는 방식이다. 즉, 자오선에 직각으로 원통을 씌우고 그 원통에 지표면을 투영하여 이를 평면으로 펼친 투영법이다. 자오선을 따라서는 투영 왜곡이 없고 자오선에서 멀어질수록 왜곡이 커지는 특성을 보이는데, 동서가 좁고 남북이 긴 지역에 적합하여 **<u>우리나라의 국가기본도 등의 대·중축척 지형도에 사용</u>**되고 있다.

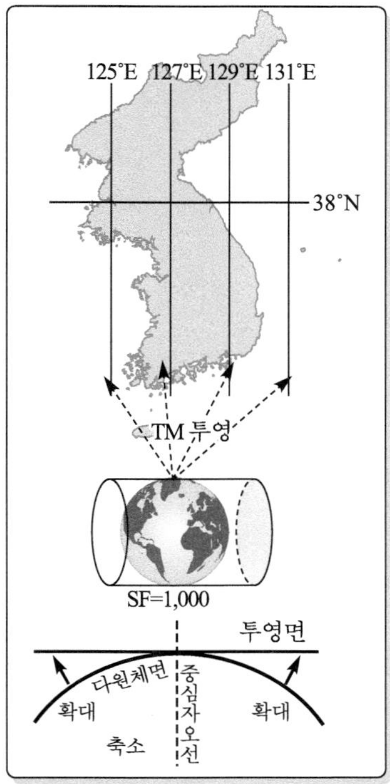

그림 30. TM투영법 (자오선에서 멀어질수록 오차가 증가)

그러나 지구타원체와 원통이 맞닿아 있는 부분은 투영 왜곡이 전혀 없는 반면, 멀어질수록 투영오차가 커지게 되므로 우리나라와 같이 남북이 길다 하더라도 동서의 폭이 어느 정도 존재하기 때문에, 4개의 자오선을 선택하여 각각 투영하여 투영 오차를 줄인다. 즉 지역에 따라 경도 <u>125도(서부), 127도(중부), 129도(동부), 131도(동해)</u>로 나누어 각각 사용하게 되는데, **<u>서울이나 대전, 광주 등은 중부원점을, 부산이나 대구 등은 동부 원점</u>**을, 울릉도 등은 동해 원점을 사용한다.

또한 **<u>북위 38도</u>** 선을 투영의 기준으로 삼기 때문에, 북위 38도 보다 남쪽에 위치하고 투영에 사용된 경도보다 서쪽에 위치할 경우 음(-)의 좌표값이 나오게 되므로 이를 방지하기 위해 **<u>동서 방향으로 +200,000m, 남북 방향으로 +600,000m</u>**를 더하여 지도좌표계의 원점을 제주도보다 남쪽으로 옮겨 활용하게 된다.

과거 2010년 이전에는 동서 방향으로 +200,000m, 남북 방향으로 +500,000m을 더하여 사용하여 제주도의 경우 좌표값이 음의 값을 가지게 되었고, 따라서 제주도만 특별히 남북 방향으로 +550,000m을 더해주기도 하였다.

우리나라의 인터넷 지도나 우리나라의 수치지도 등은 대부분 TM 좌표계로 되어 있으므로 해당 좌표계를 이해하는 것이 아주 중요하다. 즉, 아래 표와 같은 파라미터에 대한 이해를 하는 것이 중요하다. 중요하므로 의미를 잘 이해해두자.

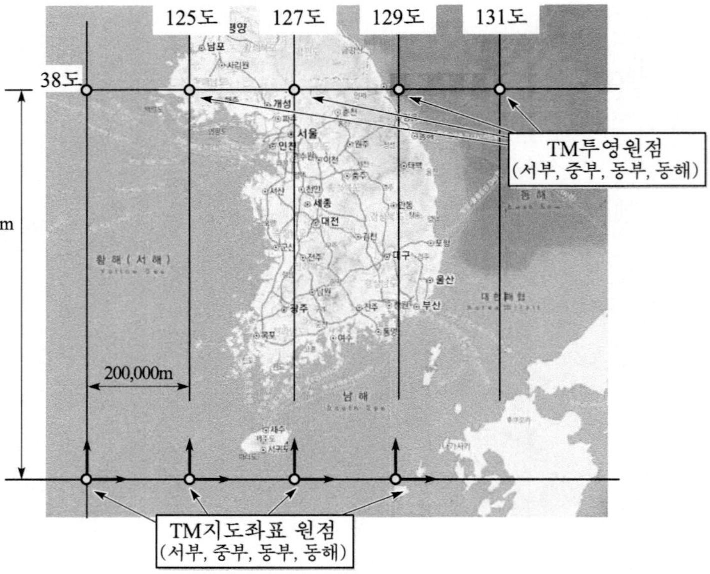

그림 31. 우리나라에서 사용하는 4개의 TM투영원점 및 TM지도좌표계원점

표 3. TM 지도 좌표 투영 파라미터

필요한 파라미터	심볼 설명	예
타원체 정보	a: 장축 길이 f: 편평도	WGS84의 경우 a = 6378137 f = 1/298.257223563
투영 원점	ϕ_0: 투영 위도 λ_0: 투영 경도	중부 원점의 경우 $\phi_0 = 38^\circ$ $\lambda_0 = 127^\circ$
좌표 원점 이동량	X_0: 북쪽으로의 이동량(False Northing) Y_0: 동서방향 이동량(False Easting)	2010년 이후부터는, $X_0 = 600{,}000m$ $Y_0 = 200{,}000m$
축척 계수	k_0: 투영 원점인 경도에서의 투영의 축척	우리나라 TM투영의 경우 $k_0 = 1$

EPSG 코드

EPSG 코드[1]는 세계에서 사용하고 있는 대부분의 좌표계를 보다 편리하게 찾고 사용하기 위해 정해놓은 코드로서 이 코드를 이용하면 해당 좌표계 및 정보를 보다 쉽게 찾을 수 있다. 아래 표는 우리나라에서 사용되는 좌표계에 대한 EPSG코드를 정리해본 것이다. 가장 많이 사용하는 '5186', '5187' 등은 암기해두면 편리하게 실무에서 사용 가능하다.

표 4. 우리나라에서 사용 중인 좌표계의 EPSG코드

좌표계 종류	설명	EPSG 코드
경위도 좌표	GRS80 타원체	4737
	Bessel 타원체	4162
	WGS84 타원체	4326
TM 지도좌표계 2000년 이후	**TM 서부 2010 이후**	5185
	TM 중부 2010 이후	5186
	TM 동부 2010 이후	5187
	TM 동해 2010 이후	5188
	단일 좌표계	5179
	TM 서부	5180
	TM 중부	5181
	TM 중부 제주	5182
	TM 동부	5183
	TM 동해	5184
UTM 지도좌표계	UTM 52N	32652

표고의 경우 보다 주의 깊은 이해가 필요하다. 이를 위해서는 지구의 형상을 나타내는 3가지에 대해서 잘 이해하고 있어야 한다.

첫 번째는 **지표면(Topographic surface)**이다. 산과 바다의 해저면과 같이 우리가 눈으로 보고 있는 물리적인 지구의 표면을 지칭한다. 지표면은 실제 측량이 실시되는 곳으로서 너무 불규칙하고 복잡하다. 형상이 복잡하여 수치적으로 표현하기가 불가능하여 기준면으로 사용이 곤란하다.

두 번째는 **지구 타원체(Ellipsoid Surface)**로서 지구의 크기와 모양에 가장 가까운 3차원

1) http://epsg.io

타원체를 말한다. **지구는 자전축을 중심으로 회전하는 타원체의 형상**에 가장 가까우므로, 3차원 타원체를 사용하여 지구를 나타내는 것이다. 즉, 타원체 중에 방향과 크기를 지구에 맞춘 것으로 '지구' 타원체라는 이름을 붙이게 되었다. 지구 질량중심에 타원체의 중심을 일치시키고 지구 자전축 방향에 타원체의 단축 방향을 일치시킨 후 장축과 단축을 지구의 크기에 가장 가깝도록 설정하게 된다. 이렇게 되면 매끈한 **타원체 곡면의 간단한 수식으로서 지구의 형상을 묘사**할 수가 있게 되며, **형상이 일정하므로 평면 위치(예, 경도, 위도)의 기준으로 사용**할 수가 있게 된다.

세 번째는 **지오이드(Geoid Surface)**이다. 평균 해수면에 가장 가까운 **등포텐셜 면(중력값이 일정한 면)**으로 정의된다. 왜 지오이드면이 필요하게 되었는지에 대해 이해할 필요가 있다. 그림 33에서 A, B점을 두고 보았을 때 지구타원체를 기준으로 높이를 정하면 $h_A > h_B$ 이므로 A점의 높이가 높다. 그러나 높이는 물이 높은 곳에서 낮은 곳으로 흐르는 것을 알 수 있도록 중력에 따라 결정되어야 한다. 즉, 그림 33에서처럼 B점에 있던 물이 A점으로 흘러버리는 경우가 발생할 수 있다. 왜냐하면 A점의 지하에 무엇인가 무거운 물질이 묻혀있을 수도 있기 때문이다. 따라서, 이 같은 경우에는 B점의 높이가 A점보다 높아야 한다. 따라서, 해당 지점에서 중력을 측정하여 중력값이 일정한 면을 만들면 점선으로 된 지오이드 면을 만들 수 있게 되고 이를 기준으로 하여 높이를 정하면 $H_A > H_B$가 된다. 즉, 지오이드는 지하 물질의 밀도에 따라서 생기는 굴곡으로서, 밀도가 크면 위로 볼록, 밀도가 작으면 밑으로 푹 꺼지게 된다. 또한 **고저측량의 기준으로서 위치에너지가 0인 표면**을 말한다. 다른 말로 중력방향에 수직인 평균 해수면을 육지까지 연장했을 때 생기는 가상적인 곡면을 지칭한다.

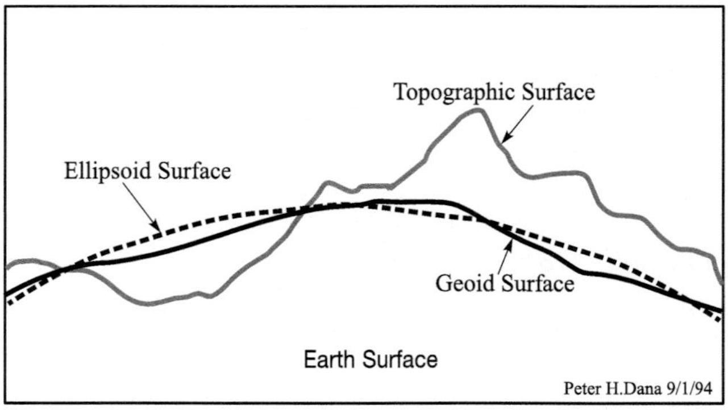

그림 32. 지구 형상 표현의 3총사 (지표면, 지구타원체, 지오이드)

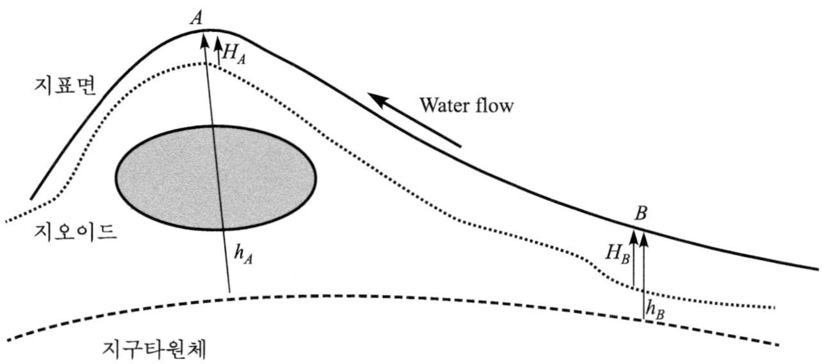

그림 33. 지오이드가 필요한 이유

타원체고(Ellipsoidal height)는 앞서 설명한 매끈한 타원체면에서 면에 수직방향으로 얼마나 튀어나와 있는지를 나타내는 수치라고 보면 된다. 그러나 우리가 필요로 하는 것은 중력에 따른 물리적인 의미를 갖는 **정표고(Orthometric height, 지오이드로부터의 높이)**가 필요하다. 따라서 지오이드 모델을 이용하여 타원체로부터 지오이드가 얼마나 차이가 있는지를 나타내는 **지오이드고(Geoidal height)**를 구하여 변환시켜주어야 한다.

$$H(\text{정표고}) = h(\text{타원체고}) - N(\text{지오이드고})$$

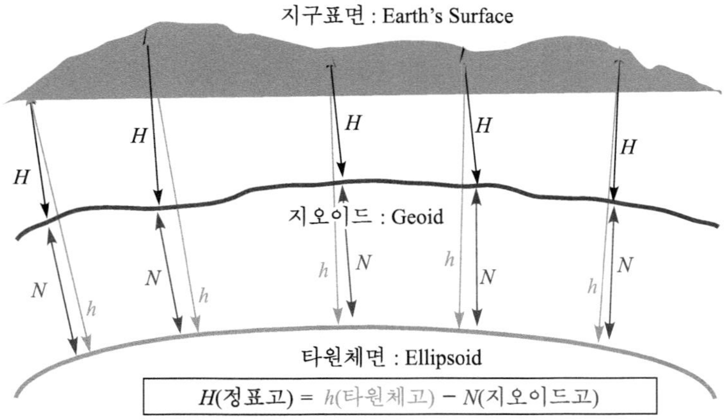

그림 33. 지오이드를 이용하여 타원체고를 정표고로의 변환

국토지리정보원 국가 수직기준 연계 사이트[2)]에서는 우리나라를 대상으로 구축한 **한국 지오이드모델 KNGeoid**를 활용하여 타원체고와 정표고간의 변환 서비스를 제공해주고 있으므로 이를 활용하면 된다. 우리나라가 아닌 경우에는 **세계 지오이드모델인 EGM (Earth**

2) http://map.ngii.go.kr/ms/mesrInfo/geoidIntro.do

Gravitational Model) 시리즈를 이용하면 되는데, 사용 가능한 버전은 EGM08[3])이다.

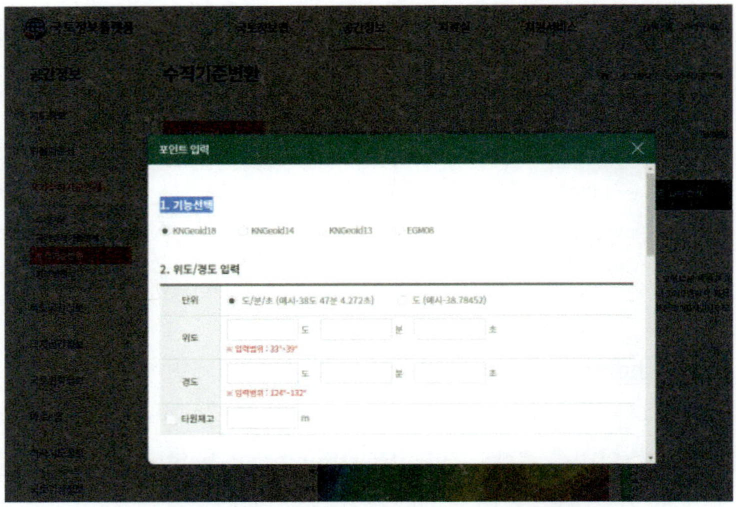

그림 35. 국토지리정보원 국가 수직기준 연계 서비스

5. 사진 좌표계 vs. 픽셀 좌표계 (2차원)

카메라 좌표계를 이해하기 위해서는 앞서 카메라 구조 때 봤던 CMOS 센서를 다시 한번 살펴볼 필요가 있다. CMOS센서는 기본적으로 픽셀 단위로 구분되어, 폭, 높이를 갖는 2차원 반도체이다. 그러나 과거에는 필름이 해당 위치에 있었음을 기억하라.

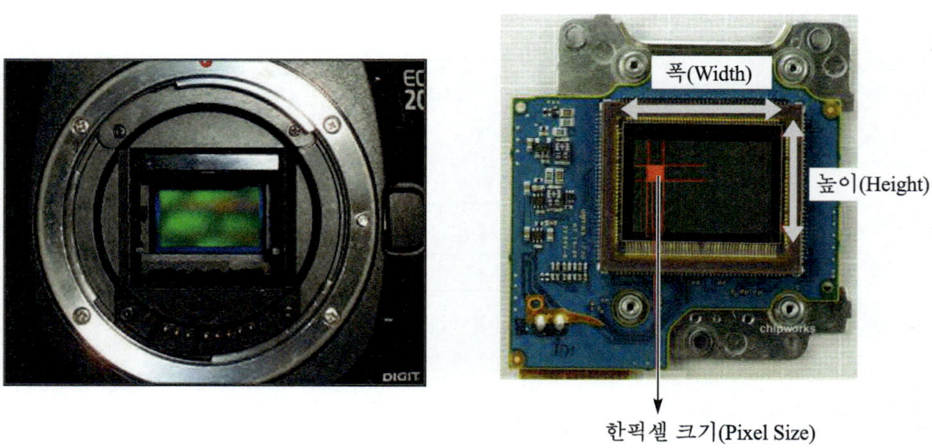

그림 36. 일반적 디지털카메라에 장착되는 CMOS 센서

3) https://earth-info.nga.mil/

카메라로 촬영되는 영상/사진은 좌표계를 2가지로 구분하여 사용한다. 디지털 사진 시대가 되면서 익숙해진 **픽셀좌표계**의 경우 원점이 좌상단 픽셀이고 단위는 픽셀이다. 그러나, 전통적으로 사용하던 SI단위(미터법)의 경우 **영상/사진좌표계**를 사용하며 이때는 원점이 사진의 중심에 위치하고 단위는 mm를 사용한다.

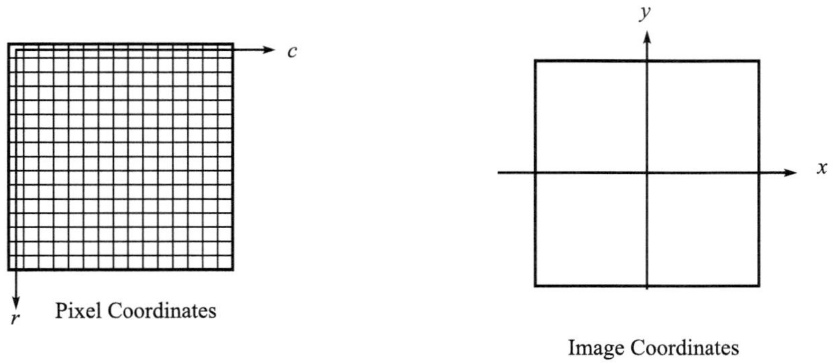

그림 37. 픽셀좌표계 vs. 영상(사진)좌표계

여기서 주의할 점이 있다. 픽셀좌표계의 원점은 어디인가? 영상좌표계는 CMOS의 크기를 딱 절반으로 나눈 중심에 위치한다. 반면 픽셀좌표계는 제일 좌상단 픽셀의 중심이 (1,1)이 아닌 (0.5,0.5)이다. 즉, 좌상단 픽셀을 정사각형이라고 했을 때, 정사각형의 좌상단 끝점이 (0,0)인 것이다.

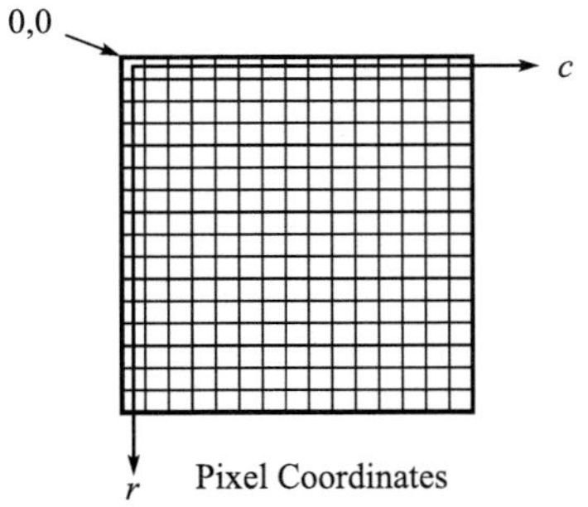

그림 38. 픽셀좌표계의 원점 (=좌상단 픽셀의 좌상단)

자 이제, 두 좌표계 간의 단위 변환은 아래 식을 사용할 수 있다. 즉 픽셀좌표계를 사진좌표계(mm단위)로 바꿀 때는 아래 식을 사용한다.

$$x = \left(c - \frac{COL}{2}\right) \times pixelsize$$
$$y = \left(-r + \frac{ROW}{2}\right) \times pixelsize$$

반대로 사진좌표(mm단위)를 픽셀좌표로 바꿀 때는 아래 식을 사용한다.

$$c = \frac{COL}{2} + \frac{x}{pixelsize}$$
$$r = \frac{ROW}{2} - \frac{y}{pixelsize}$$

이제 예제를 통해 두 좌표계 간의 변환을 경험해보자. 그림 39에 예제로 주어진 CMOS 센서의 COL=5, ROW=5픽셀이다. 해당 지점의 픽셀좌표계 좌표는 좌상단 픽셀 중심인 (0.5,0.5)로부터 라인(line, row)방향으로 1번째, 컬럼(sample, column)방향으로 1번째 위치해 있다. 따라서 픽셀좌표계는 (c,r) = (1.5, 1.5)픽셀이다. 이제 변환식을 사용하면 아래와 같다.

$$x = \left(1.5 - \frac{5}{2}\right) \times 1mm = -1.0mm$$
$$y = \left(-1.5 + \frac{5}{2}\right) \times 1mm = 1.0mm$$

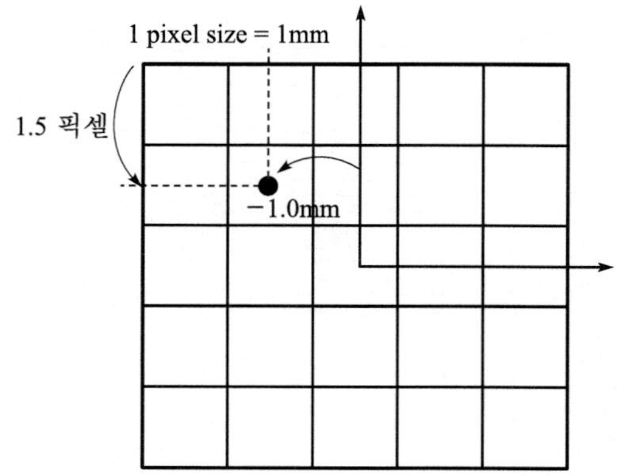

그림 39. 픽셀좌표계와 사진좌표계 변환 예

디지털사진의 경우 CMOS센서가 하나의 위치에 고정되어 있으나, 과거 필름을 사용하던 아날로그 시대에서는, 필름이 감기면서 사진이 촬영되기 때문에 사진 컷마다 필름면의 위치가 약간씩 달라질 수 있었다. 이런 경우 사진의 중심 및 좌표축을 찾기가 어려웠기 때문에 **사진지표(Fiducial Mark 피듀셜 마크)**를 사용하였다. 즉 사진 촬영 시에 카메라 바디에 고정된 사진지표가 컷 마다 이동되어 바디에 임시 고정된 필름에 같이 촬영되도록 하여 좌표계를 설정하는데 사용하였고 또한 필름의 신축 등의 왜곡 등을 보정하는데도 사용하였다.

이 사진지표를 이용하면, 사진지표의 교차점을 사진 중심으로 하여 x축과 y축을 설정하고 사진좌표를 측정할 수 있다. 아날로그 사진을 디지털로 스캔한 경우 픽셀좌표를 사진좌표로 바꾸기 위해서는, 사진지표를 알고 있는 4개 사진좌표의 **픽셀좌표를 읽어서 어핀변환(affine transformation)을 통해 사진좌표로 변환**한다. 반대로 사진좌표를 픽셀좌표로 변환도 가능하다. 어핀변환을 보면 1차식이므로 우리 용어로 **직접선형변환식**이라는 말도 사용한다.

$$x = a_0 + a_1 c + a_2 r$$
$$y = b_0 + b_1 c + b_2 r$$

여기서, c, r은 픽셀좌표, x, y는 사진좌표

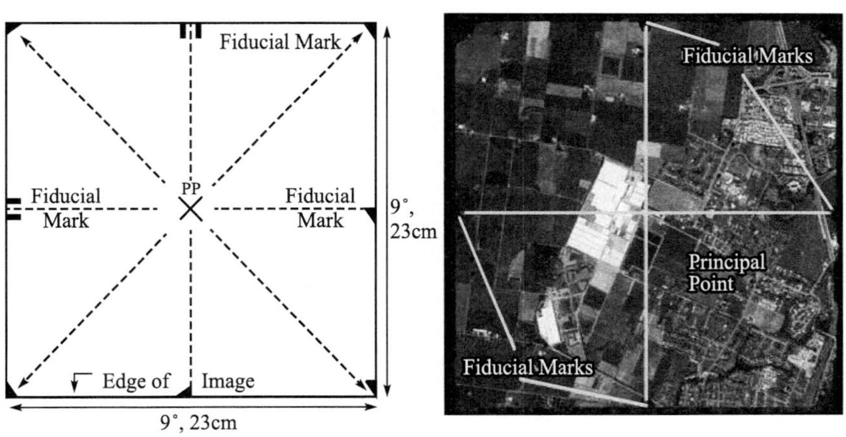

그림 40. 사진지표(Fiducial mark)를 이용한 주점 및 x, y축 찾기

디지털 사진이든, 아날로그 사진이든 정확한 사진좌표를 계산할 수 있도록 변환식을 만드는 것을 **내부표정(interior orientation)**이라고 한다. 이후 배울 **렌즈 왜곡 또한 포함하면 보다 정확한 내부표정**이 된다. 따라서 **내부표정요소(interior orientation parameter)**라고 하면 디지털 사진의 경우 초점거리, CMOS의 크기, 1픽셀사이즈, 그리고 렌즈 왜곡요소 등을 카메라와 센서, 그리고 렌즈 등 카메라 내부에 대한 모든 내용을 포함한다. 아날로그 사진의 경우 초점거리와, 어핀변환(직접선형변환)의 매개변수가 내부표정요소가 된다. 내부표정 및 내부표정요소라는 용어는 꼭 기억해두도록 하자.

기사시험 문제

1 **항공사진과 지도의 투영방법으로 옳은 것은?**

① 항공사진-중심투영, 지도-정사투영
② 항공사진-정사투영, 지도-중심투영
③ 항공사진-정사투영, 지도-외사투영
④ 항공사진-외사투영, 지도-정사투영

2 **다음의 항공촬영된 사진 중 지평선이 나타나는 사진은?**

① 저각도 경사사진 ② 수직사진
③ 엄밀 수직사진 ④ 고각도 경사사진

3 **사진지표가 없는 일반 사진기로 해석적 사진측량을 수행할 경우 정밀좌표측정기의 기계좌표와 지상좌표간의 변환식 결정에 가장 적합한 식은?**

① 투영 변환식 ② 직접선형 변환식
③ 부등각사상 변환식 ④ 선형등각사상 변환식

4 **사진좌표계를 결정하는데 필요하지 않은 사항은?**

① 사진지표의 좌표 ② 좌표변환식
③ 주점의 좌표 ④ 연직점의 좌표

5 **아날로그 항공사진에서 주점의 위치를 알기 위해 필요한 것은?**

① 주점거리 ② 사진지표
③ 수준기 ④ 촬영고도

6 **해석적 내부표정에서 Affine 변환식으로 보정할 수 없는 현상은?**

① 좌표 축이 회전된 경우
② X축과 Y축의 축척이 서로 다른 경우
③ 좌표 원점이 평행 이동된 경우
④ 곡면을 평면으로 보정할 경우

정답 [01] ① [02] ④ [03] ② [04] ④ [05] ② [06] ④

개념 정립 문제

1 중부원점을 통한 TM투영에 대해 설명하라.

2 TM 동부 원점의 EPSG 코드 번호는?

3 GPS 측량결과 타원체고가 150m가 획득되었다. 대상지의 지오이드고가 23m일 때, 정표고는 얼마인가?

정답 (1) 경도 127도, 위도 38도를 중심으로 한 횡축메르카토르 도법으로서, 투영 후 (+)양의 값의 좌표값을 얻기 위해 동서 방향으로 200,000m, 남북 방향으로 600,000m를 더하여 사용한다. 우리나라 서울, 광주 등의 지역대의 국가기본도 제작에 사용된다.

(2) 5187

(3) 정표고 = 타원체고 − 지오이드고 = 150 − 23 = 127m

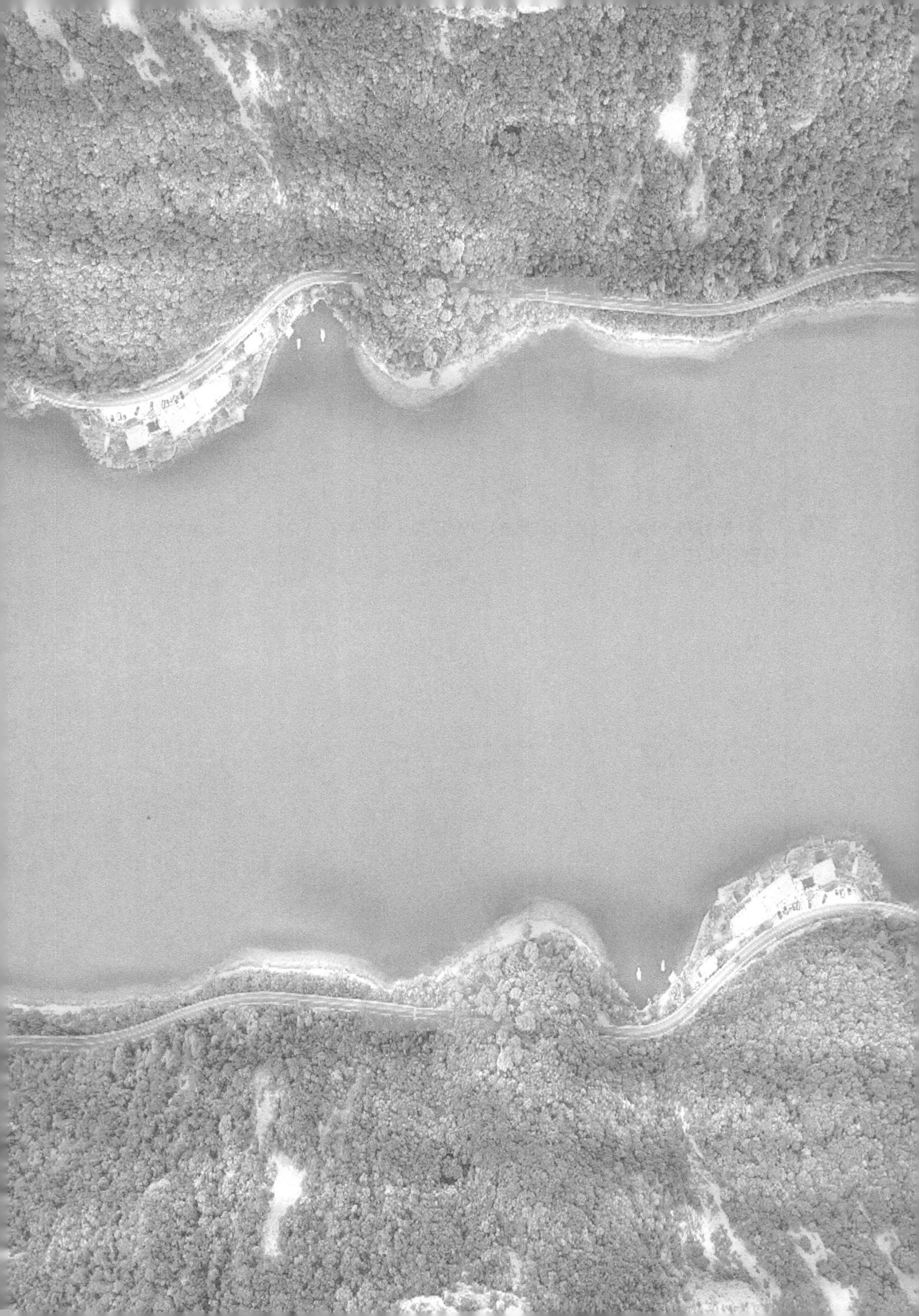

CHAPTER **04**

수직 사진

CHAPTER 04 수직 사진

앞서 우리는 사진의 촬영각도에 따라 수직(연직)사진, 수평사진, 경사사진 등으로 분류할 수 있다고 하였다. 이 중 가장 기본이 되고 이해하기 쉬운 기하를 가진 사진은 수직사진이다. 다시 말하여 수직사진은 카메라를 중력방향(수직)으로 위치시켜 촬영한 사진을 말한다.

이제 수직사진을 대상으로 하여 사진측량을 위한 기초개념을 우선 배워보자.

1. 사진 축척

사진 축척을 설명하기 전에 먼저 축척의 개념을 이해해보자. **축척은 실제 대상체의 크기에 대비하여 지도에 그려진 대상체의 크기 비율**로서, 10분의 1로 줄여서 그렸다고 하면 축척은 1/10이 된다. 더 줄여서 100분의 1로 그렸을 때는 축척은 1/100이다. 그러면 1/10과 1/100중 어느 것이 대축척인가? 축척이라고 함은 **크게 보일수록 대축척**이라고 생각하면 편리하다. 즉, 둘 중에서는 1/10이 더 대축척이 된다.

드론이나 항공기 등에 탑재된 카메라로 수직사진을 촬영하게 되면 사진의 축척을 결정할 수가 있다. 쉽게 생각해보면 드론/항공기의 고도를 높일수록 소축척으로 축척은 작아지고 고도를 낮출수록 축척은 대축척으로 커질 것이다. 따라서 우선은 비행고도에 큰 영향을 받는다.

그림 41에서 초점거리가 f인 카메라로 비행고도 표고기준으로부터 H일 때 촬영하였다. 이때 사진 자체의 기본 축척은 그 비율로 쉽게 계산할 수 있다. 카메라 렌즈중심으로부터 한쪽은 f, 나머지 한쪽은 H만큼 떨어져 있으니 그 비율이라 생각하면 쉽다.

$$s = \frac{f}{H}$$

여기서 f는 카메라 초점거리, H는 비행고도

그런데, 사진에 촬영된 두 지점 A, B지점의 경우에는 렌즈 중심으로부터 H만큼이 아닌, 각각 $H-h_A$, $H-h_B$ 만큼 떨어져 있으므로 두 지점의 축척은 다르다. 즉,

$$s_A = \frac{f}{H-h_A}, \ s_B = \frac{f}{H-h_B}$$

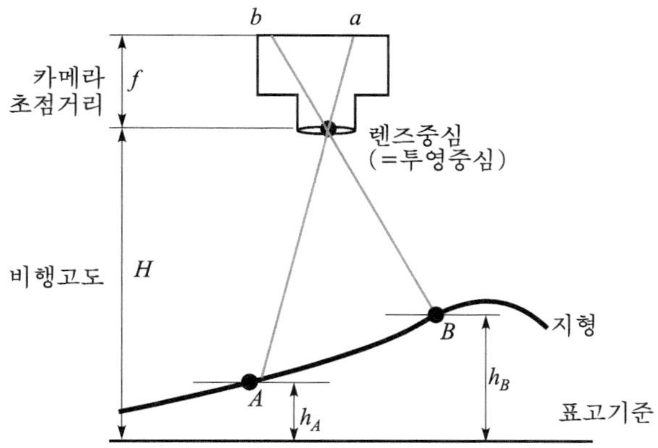

그림 41. 사진의 축척

그림 42에서도 보면 건물 지붕 쪽과 1층 부근과는 축척이 다를 수밖에 없다.

그림 42. 건물 꼭대기와 하단부는 축척이 다름

그러면 몇 가지 쉬운 예제를 통해 축척과 익숙해지자.

1. 초점거리가 15cm인 카메라로 비행고도 3000m에서 사진을 촬영했을 때 사진의 기본 축척은 얼마인가?

$$s = \frac{15cm}{3000m} = \frac{0.15m}{3000m} = \frac{1}{20,000}$$

2. 초점거리가 200mm인 카메라로 비행고도 6000m에서 수직으로 사진을 촬영하였을 때, 지상표고가 500m인 산의 정상의 사진축척은 얼마인가?

$$s=\frac{200mm}{6000m-500m}=\frac{0.2m}{5500m}=\frac{1}{27,500}$$

3. 초점거리가 15cm인 카메라로 비행고도 3000m에서 수직으로 사진을 촬영했을 때 경간 500m인 교량이 사진상에 얼마의 길이로 나타나는가?

$$s=\frac{15cm}{3000m}=\frac{0.15m}{3000m}=\frac{1}{20,000}$$

교량의 길이가 500m이므로 축척을 곱하면 사진상의 길이가 된다. 즉,

$$\frac{1}{20,000}\times 500m=2.5cm$$

2. 사진 해상도

아날로그 필름 카메라를 사용하던 과거에는 상기와 같이 축척을 이용하여 사진의 비율을 적절하게 사용했으나, 디지털시대가 되면서 화면상에서 사진을 늘렸다 줄였다 할 수 있게 되어, 이러한 축척의 개념이 약간 모호해진 상태이다.

그래서 사진의 해상도로 이해하는 것이 보다 일반화되어 있는데, 이를 이해해보자. 디지털 사진이므로 카메라 내 CMOS의 1픽셀 크기가 정해져 있다. 해당 크기 폭에 해당하는 영역만큼이 해당하는 지상의 범위가 결정되는데, 그 폭을 사진의 해상도로 지칭한다.

단위는 지상거리인 cm 또는 m 등을 사용하게 되며, GSD (Ground Sampling Distance)라는 용어로 사용한다. 예를 들어, GSD 5cm라고 하면, 사진의 1픽셀의 크기가 커버하는 지상의 폭이 5cm라는 이야기가 된다.

사진 해상도는 앞서 설명한 사진의 축척과 매우 밀접한 관계를 갖게 되는데, 1픽셀 크기에 축척의 역수를 곱하면 그게 바로 GSD가 된다.

예를 들어, 초점거리 15cm인 카메라로 비행고도 3000m에서 촬영한 사진이 있다. 해당 카메라 CMOS의 1픽셀 크기가 8마이크로미터라고 하자. 이때 축척은

$$s = \frac{15cm}{3000m} = \frac{0.15m}{3000m} = \frac{1}{20,000}$$

따라서, 아래와 같이 해당 사진의 해상도 GSD는 16cm이다. 만약 촬영 고도를 1500m로 낮추면 축척의 분모가 10,000이 되고, 이때 GSD는 8cm가 될 것이다. 이 개념은 매우 많이 사용하는 것이므로 꼭 익혀두기로 한다.

$$GSD = 8\mu m \times 20,000 = 8 \times 10^{-6}m \times 20,000 = 16 \times 10^{-2}m = 16cm$$

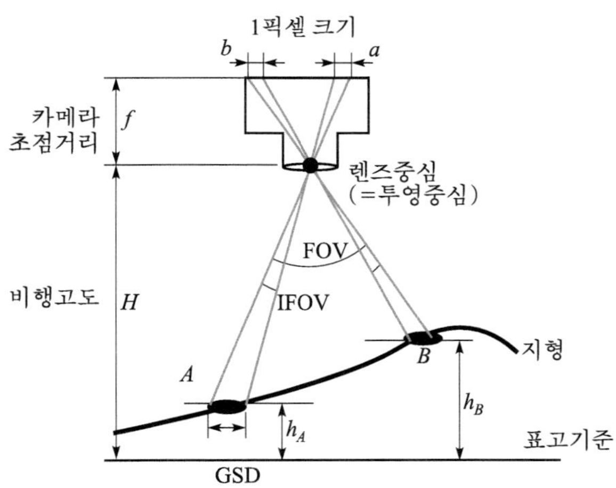

그림 43. 해상도(GSD) 개념

추가로 그림 43에서 <u>FOV(Field Of View)와 IFOV(Instantaneous Field Of View)</u>의 개념에 대해 잠깐 알아보자. FOV는 센서 전체가 렌즈 중심으로 수렴하는 각도를 말하며 IFOV는 1픽셀크기가 렌즈 중심에서 이루는 각의 크기를 지칭한다. 따라서 **<u>IFOV크기(라디안단위)에 비행고도를 곱하면 GSD</u>**를 구할 수 있다. 즉, 원에서 호의 길이 구하는 공식과 동일하다.

3. 기복 변위

기복 변위라는 것은 대상체의 높낮이 변화(기복)에 따라 사진상에서 위치변화(변위)가 발생하는 것이다. 그림 44에서 보면 나무는 꼭대기나 밑동이나 동일한 수평좌표를 갖는다. 단지 높이만이 다를 뿐이다. 이때, 중심투영으로 사진을 촬영하면 꼭대기와 밑동은 서로 다른 두 위치에 맺히게 되며 이로 인해 마치 나무가 누워있는 듯하게 보이게 된다. 이를 기복변위(relief displacement)라고 한다.

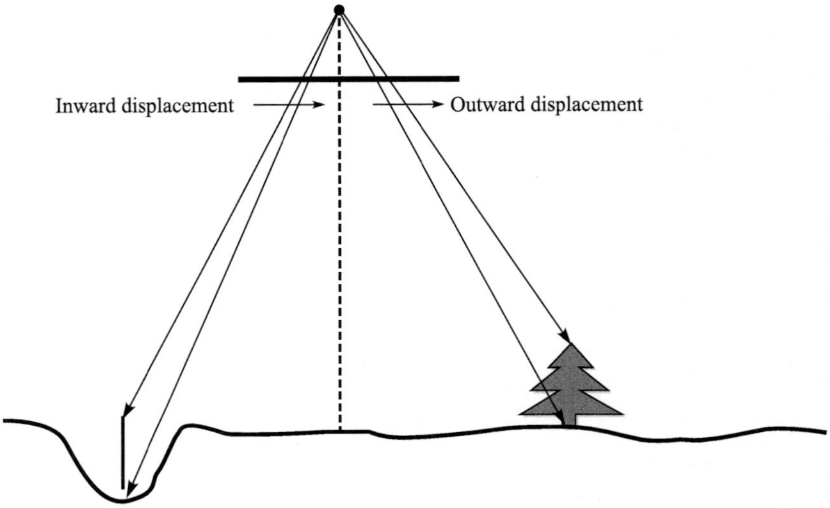

그림 44. 기복변위(relief displacement)개념

사진상에서 기복변위를 관찰해보면 그림 45와 같이 사진 중심에서부터 바깥쪽으로 누워 보이는 방향으로 발생한다.

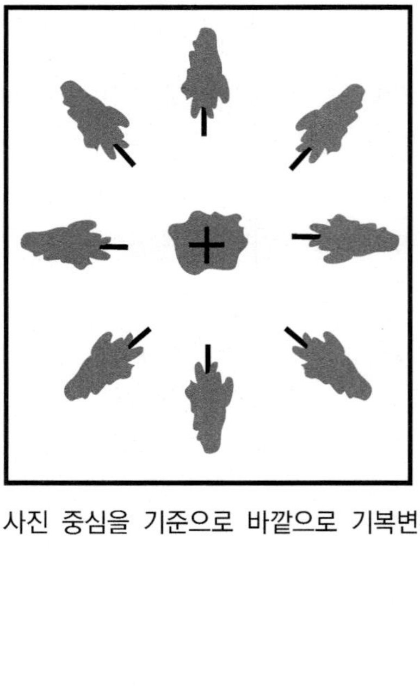

그림 45. 사진 중심을 기준으로 바깥으로 기복변위가 발생

기복변위를 이용하게 되면 수직사진에서 대상체의 높이를 추정해볼 수가 있는데, 이때 사용하는 식이 아래와 같다. 그림 46에서 비행고도가 H, 초점거리가 f이다. 그리고 대상체의 아래가 A, 꼭대기가 P일 때, 수직 사진상에서는 각 지점이 a, p에 맺혀있다. 사진 중심으로부터 p까지의 거리가 r, a까지의 거리가 Δr일 때, 삼각형의 비율로서 h:H = Δr:r이며, 따라서 아래와 같은 기복변위 식이 유도된다. <u>최근에는 실용적으로 사용하지는 않는 식이지만, 기복변위의 개념은 필수적으로 알아두어야 한다.</u>

$$h = H\frac{\Delta r}{r}$$

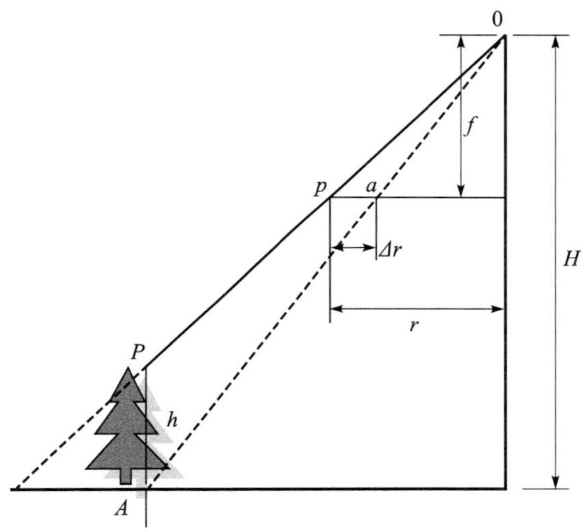

그림 47. 기복변위 식의 유도

간단한 기복변위 예제를 풀어보자. 자유의 여신상을 비행고도 1,000m로 설정하여 항공사진으로 촬영했는데 수직사진으로 촬영하여 사진을 출력했다. 이때, 사진의 중심으로부터 자유의 여신상 토치 끝까지의 길이가 140mm이고, 기복변위가 13mm로 관측되었다 (그림 47에서는 자유의 여신상 부근만 잘라서 나타내어 실제 사진 중심이 보이진 않는다). 이때 자유의 여신상의 높이는 얼마인가? 아래 기복변위 식을 적용하면 높이가 약 93m로서 실제 높이 거의 그대로 계산됨을 알 수 있다.

$$h = H \times \frac{\Delta r}{r} = 1000m \times \frac{13mm}{140mm} = 93.0m$$

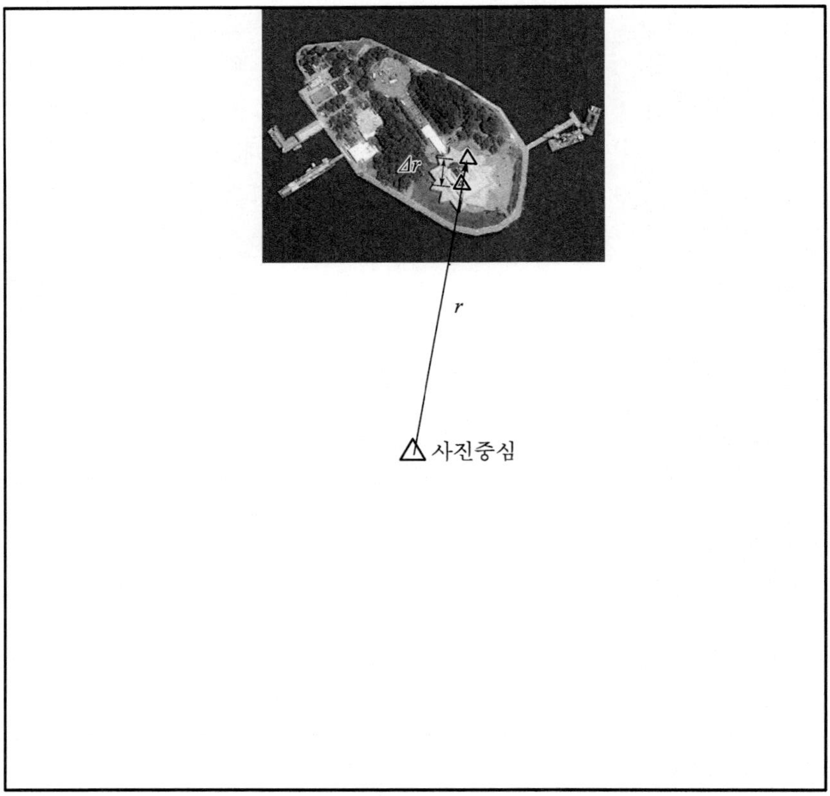

그림 47. 기복변위로 자유의 여신상 높이 구하기

두 번째 예제로 기복변위식을 이용하여 그림 48 디지털 수직사진에서 아파트의 높이를 추측해보자. 사진을 촬영한 카메라의 초점거리는 105.2mm이고, CMOS 크기는 COL=7500 픽셀, ROW=11500픽셀이다. 또한 1픽셀 크기는 9마이크론이다. 촬영 시 고도는 1222m이다.

이제 필요한 것이 아파트 아래와 위의 좌표이다. 두 좌표를 영상좌표로 측정해보니, 아래와 같다.

base = (col,row) = (3789,2645) 픽셀

top = (col,row) = (3796,2517) 픽셀

사진의 중심은 COL과 ROW의 절반씩인 (3750,5750)이므로,

사진중심에서 아파트 꼭대기까지 사진거리는

$$r=\sqrt{(3796-3750)^2+(2517-5750)^2}\times 9\mu m=29.09995mm$$

꼭대기와 바닥의 사진거리는

$$\Delta r=\sqrt{(3796-3789)^2+(2517-2645)^2}\times 9\mu m=1.153721mm$$

따라서 아파트의 높이는 기복변위식에 의해 약 48.45m로 추정할 수 있다.

$$h=1222m\times\frac{\Delta r}{r}=48.45m$$

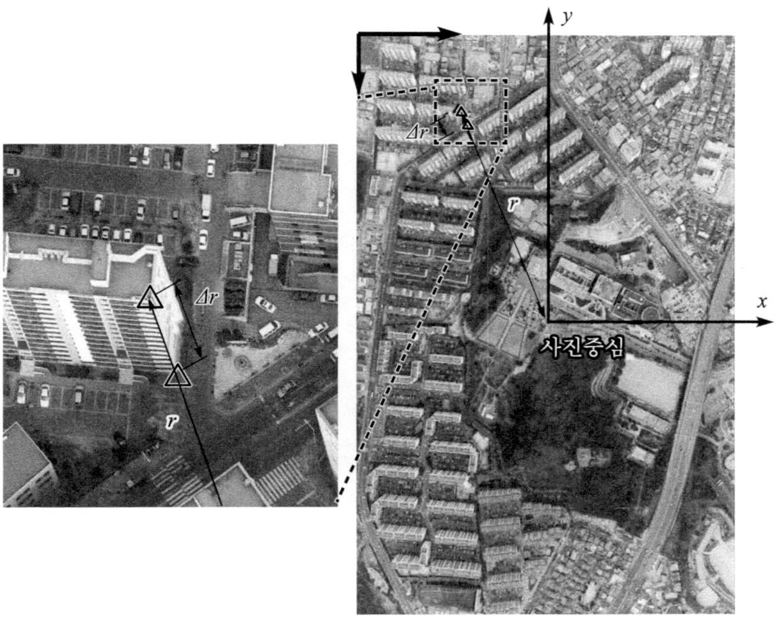

그림 48. 수직사진에서 기복변위 식을 이용한 아파트 높이 추정

그러나 주의할 점은 수직사진이 아닌 경사사진이나 수평사진의 경우 기복변위식이 성립하지 않으므로 수직사진인지 확인 후에 적용해야 한다.

기사시험 문제

1 한 사진상에서 주점을 지나는 직선 AB의 길이가 5.0cm이고 AB에 해당하는 길이가 1:20000 지형도에서 12cm이었을 때 사진이 축척은?

① 1:2400 ② 1:4800 ③ 1:24000 ④ 1:48000

2 해발고도 3000m에서 촬영한 수직사진이 있다. 이 사진상에서 표고 120m 지점에 길이 4.0mm로 찍혀있는 교량의 실제길이는? (단, 사용된 사진기의 초점거리는 150mm)

① 70.8m ② 74.6m ③ 76.8m ④ 80.0m

3 광각사진기를 이용하여 수직 촬영한 경우, 그림의 건물 높이는?
(단, 촬영고도=400m, r=10cm, △r=1cm)

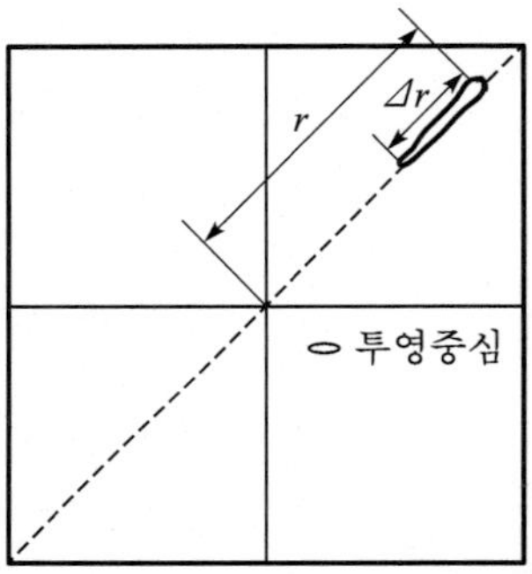

① 4m ② 10m ③ 20m ④ 40m

4 초점거리 150mm, 사진의 크기 23cm×23cm인 카메라에 의하여 촬영된 축척 1:30000의 할공사진이 있다. 사진은 촬영고도가 동일한 연직사진이며 촬영기준면의 표고는 0m, 인접 사진과의 중복도가 60%일 때, 높이 40m의 철탑이 주점기선의 중앙에 위치하고 있다면 철탑의 기복변위는?

① 0.21mm ② 0.41mm ③ 0.62mm ④ 0.82mm

5 단사진으로부터 기복변위 공식을 적용하여 건물의 높이를 구할 수 있는 조건으로 옳은 것은?

① 칼라 필름으로 촬영한 경우
② 수직으로 촬영한 경우
③ 건물의 그림자가 있는 경우
④ 광각사진기로 촬영한 경우

6 초점거리가 150mm이고 사진축척이 1 : 10,000인 수직 항공사진에서 탑(Tower)의 높이를 계산하려고 한다. 주점에서 탑의 밑부분까지 거리가 9cm, 탑의 꼭대기까지 거리가 10cm일 때 이 탑의 실제 높이는?

① 10m ② 15m ③ 100m ④ 150m

7 6,000m 촬영고도에서 초점거리 20.0cm의 사진기로 평탄지를 찍은 연직사진이 있다. 이 사진상에 찍혀 있는 비고(比高) 400m인 지대의 사진축척은?

① 1 : 22,000 ② 1 : 25,000 ③ 1 : 28,000 ④ 1 : 31,000

8 기복변위에 대한 설명 중 틀린 것은?

① 정사투영에서는 기복변위가 발생하지 않는다.
② 지표면이 평탄하면 기복변위가 발생하지 않는다.
③ 기복변위는 다른 조건이 동일할 때 초점거리에 비례한다.
④ 기복변위는 다른 조건이 동일할 때 촬영고도에 반비례한다.

9 항공사진의 기복변위와 관계가 없는 것은?

① 중심투영 ② 정사투영
③ 지형지물의 비고 ④ 지형지물의 높이에 비례

10 항공사진측량의 사진축척에 영향을 미치는 요소가 아닌 것은?

① 초점거리 ② 촬영고도
③ 평균표고 ④ 사진크기

11 항공사진의 기복변위에 관한 설명으로 틀린 것은?

① 기복변위는 중심투영으로 인하여 생긴다.
② 변위량은 촬영고도에 비례한다.
③ 변위량은 지형지물의 비고에 비례한다.
④ 변위량은 연직점에서 상이 생기는 거리에 비례한다.

12 촬영고도 800m에서 촬영한 연직사진에서 건물의 윗부분이 주점으로부터 75mm 떨어져 나타나 있으며, 건물의 기복변위가 7.15mm일 때 건물의 높이는?

① 67.0m ② 76.3m ③ 83.9m ④ 149.2m

13 평균표고 120m인 지형을 초점거리 120mm인 사진기로 촬영고도 3300m에서 촬영한 항공사진 1장이 포함하는 면적은? (단, 사진크기는 23cm×23cm이다.)

① 32.42km² ② 37.15km² ③ 40.01km² ④ 52.35km²

14 주점거리가 160mm인 사진기로 비고 640m 지점의 대상물을 1:12,000의 사진축척으로 촬영한 연직사진이 있다면 촬영고도는?

① 23,60m ② 2,460m ③ 2,560m ④ 2,660m

15 사진 크기와 촬영고도가 같을 때, A카메라의 초점거리는 88mm, B카메라의 초점거리는 152mm라면 A카메라에 의한 촬영면적은? (단, B카메라에 의한 촬영면적 = S)

① 0.3S ② 0.6S ③ 1.7S ④ 3S

16 다음 중 촬영된 한 장의 사진 내에서 사진축척의 변화량이 최소가 되기 위한 조건은?

① 지표면의 고저 변화가 없고 촬영고도가 일정할 때
② 수직사진으로 촬영하고 촬영고도가 일정할 때
③ 지표면의 고저 변화가 없고 수직사진으로 촬영할 때
④ 항상 사진 전체 지역의 축척은 일정

17 지상좌표계로 XY평면좌표가 (100,100)m인 건물의 모서리가 사진 상의 (9, 11)mm위치에 나타났다. 사진의 주점의 위치가 (-1, 1)mm이고, 투영중심은 (0.0, 1530)m이라면 이 사진의 축척은? (단, 사진좌표계와 지상좌표계의 모든 좌표측의 방향은 일치한다.)

① 1:1,000 ② 1:2,000 ③ 1:5,000 ④ 1:10,000

18 초점거리 200mm의 카메라로 지상에서 한 변의 길이가 30㎝인 대공표지를 사진 상에서 30μm 이상의 크기로 나타나게 하고자 할 때, 한계비행고도는?

① 1,500m ② 1,700m ③ 2,000m ④ 2,500m

19 센서의 순간시야각(IFOV : Instantaneous Field Of View)이 2.5mrad(milli-radian)이고 비행고도(AGL)가 16,000m일 때 화소 크기는?

① 40m×40m ② 64m×64m ③ 400m×400m ④ 640m×640m

20 사진의 크기 23cm×23cm인 카메라로 촬영고도 1000m에서 촬영한 사진의 면적이 21.16km²이었다면 카메라의 초점거리는?

① 5cm ② 21cm ③ 25cm ④ 30cm

21 **사진의 크기와 촬영고도가 같을 경우, 초점거리 150mm의 광각카메라에 의한 촬영지역의 면적은 초점거리 210mm의 보통각 카메라에 의한 촬영지역의 면적의 몇 배가 되는가?**

① 약 1배 ② 약 2배 ③ 약 2~3 배 ④ 약 3배

22 **항공사진측량에서의 항공사진의 축척에 대한 설명 중 옳은 것은?**

① 항공사진 카메라의 초점거리에 반비례하고, 촬영고도에 반비례한다.
② 항공사진 카메라의 초점거리에 반비례하고, 촬영고도에 비례한다.
③ 항공사진 카메라의 초점거리에 비례하고, 촬영고도에 비례한다.
④ 항공사진 카메라의 초점거리에 비례하고, 촬영고도에 반비례한다.

정답 [01] ④ [02] ③ [03] ④ [04] ② [05] ② [06] ④ [07] ③ [08] ③ [09] ② [10] ④
[11] ② [12] ② [13] ② [14] ③ [15] ④ [16] ③ [17] ④ [18] ③ [19] ① [20] ①
[21] ② [22] ④

개념 정립 문제

1 **카메라 정보: 50mm 렌즈, 센서 1픽셀 크기 6마이크로미터일 때 GSD를 6cm로 하고 싶다면 비행고도를 얼마로 해야하는가?**

2 **IFOV(Instantaneous Field Of View)와 GSD(Ground Sampling Distance)의 관계에 대해 설명하라.**

3 **기복변위의 장점에 대해 설명하라.**

정답 (1) 500m

(2) IFOV x 촬영고도 = GSD

(3) 기복변위를 통해 대상체의 높이를 알아낼 수 있으며, 대상체의 옆면에 대한 정보를 취득할 수 있다.

CHAPTER 05

입체사진

CHAPTER 05 입체사진

1. 중복도

3차원 입체시 생성을 위해서는 그림 49와 같이 동일 지역을 다른 위치에서 중복하여 촬영해야 한다. 항공기나 드론의 비행을 통한 입체사진 촬영을 위해서는 비행 방향으로 중복하여 촬영하는 **종중복(endlap)**과 비행 회선 후 돌아오면서 이전 경로에서 촬영된 지역의 일부를 중복하여 촬영하는 **횡중복(sidelap)** 두 가지가 존재한다. 필름 사진을 사용하던 과거에는 중복도를 최소화하여 필름 예산을 줄이기 위해 종중복 60%, 횡중복 20% 가량으로 처리하는 경우가 많았으나 최근에는 디지털 사진 촬영의 부담이 적어 종중복/횡중복 모두 60~80%까지 늘려서 획득하는 경우가 많다.

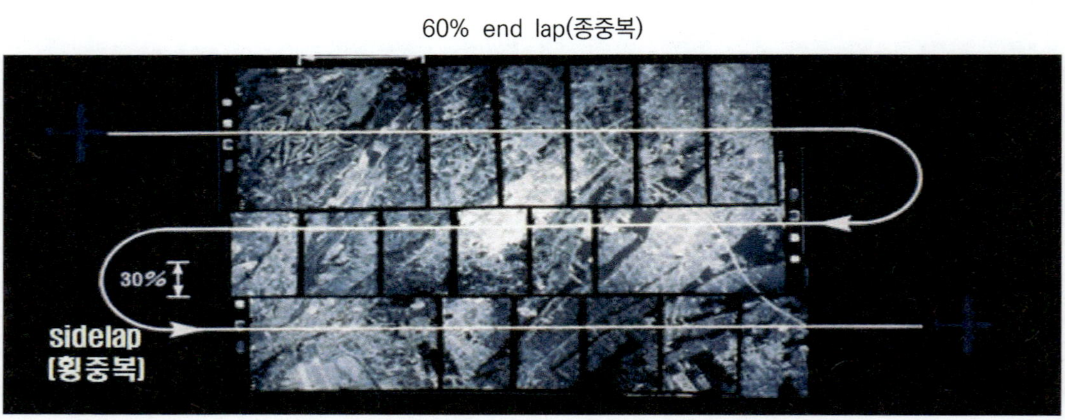

그림 49. 입체시 촬영을 위한 중복 촬영

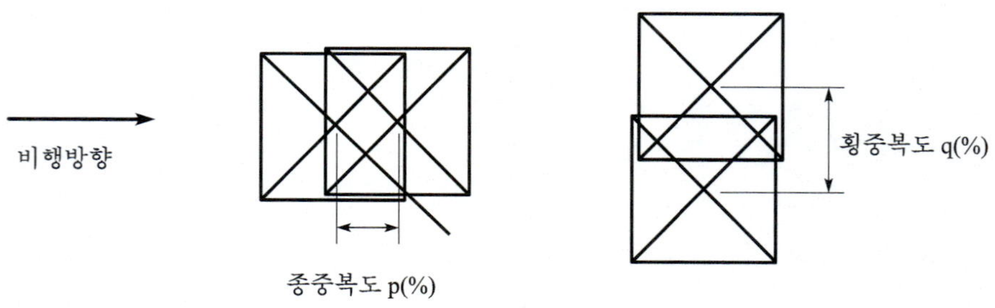

그림 50. 비행 방향과 종중복도, 횡중복도

여기서 비행 방향으로 종중복도로 취득된 일련의 직선 형태 사진들의 모음을 **스트립(strip)**이라고 하며, 스트립을 여러 개 모아놓은 것을 **블록(block)**이라고 한다.

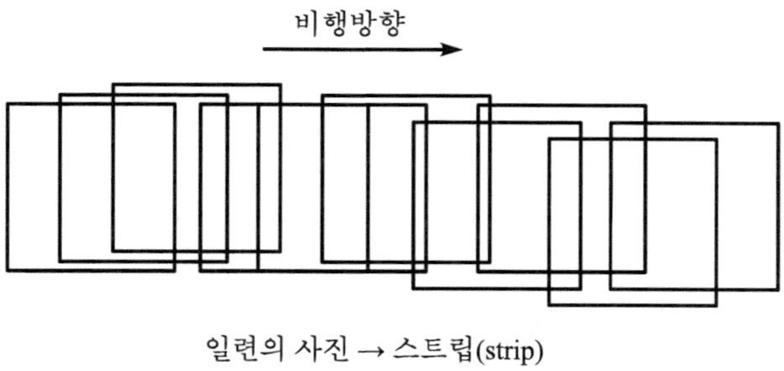

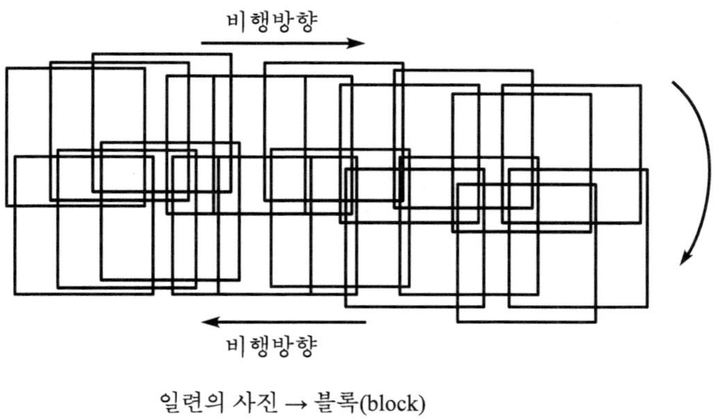

그림 51. 스트립과 블록

입체사진을 위해 중복도를 주어 촬영하게 되면 두 촬영 위치 사이의 거리를 **기선(Base)**이라고 한다. 기선에는 **종기선, 횡기선** 두 가지가 있는데, 종기선은 비행 방향으로 촬영 위치 사이의 거리이며, 횡기선은 비행 방향의 수직 방향으로 촬영 위치 사이의 거리이다. 만약 종중복도가 0%이라면, 사진 한 장이 커버하는 지상의 한 변의 크기가 곧 종기선의 길이가 된다.

$$B = m \times a \times \left(1 - \frac{p}{100}\right)$$

$$C = m \times b \times \left(1 - \frac{q}{100}\right)$$

여기서, m은 사진축척의 역수, a, b는 사진의 한 변 크기.

따라서 ma나 mb는 한 장의 사진이 커버하는 지상의 한 변의 크기

그림 52에서 중복도에 의해 촬영된 영역은 3차원 정보 추출이 가능한 지역이며, 해당 영역을 입체 모델 또는 그냥 **모델(model)**이라고 부른다. 입체시를 통해 3차원 형상이 만들어질 수 있으므로 모델이라 부른다고 이해하면 되겠다. 용어를 기억하도록 하자.

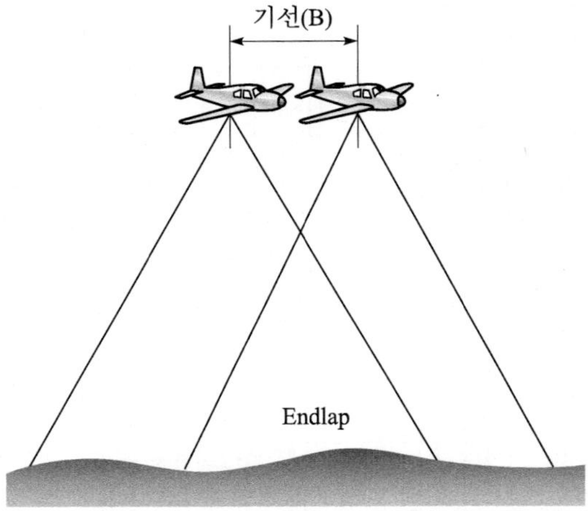

그림 52. 종기선 B

촬영할 때마다 새로 촬영되는 지상의 면적은 한 장의 면적 그대로가 아니라 중복도 만큼을 제외한 면적이 늘어난다. 따라서 종중복 횡중복에 따라 증가하는 면적(유효면적)은 종중복도 및 횡중복도 만큼을 제외하고 아래와 같이 계산할 수 있다.

$$A_0 = A\left(1-\frac{p}{100}\right)\left(1-\frac{q}{100}\right) = ma \times mb \times \left(1-\frac{p}{100}\right)\left(1-\frac{q}{100}\right)$$

여기서, A는 사진 한 장이 커버하는 지상의 면적이며, ma, mb는 한 장의 사진이 커버하는 지상의 한 변의 크기이다.

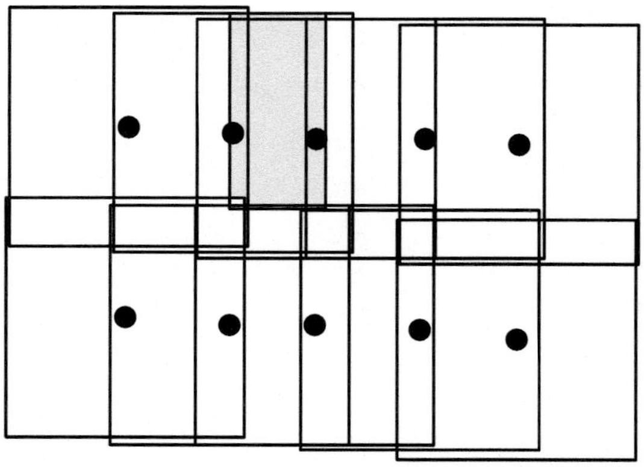

그림 53. 사진 1장당 유효면적

예를 들어, 가로 15km, 세로 10km인 지역을 축척 1/10,000의 항공사진으로 종중복도 60%, 횡중복도 30%인 경우 사진매수를 구해보면. (사진의 크기는 23cm × 23cm)

Step 1. 지역 면적 F=15x10=150 km^2

Step 2. 사진의 축척은 m=10,000, 사진 한 변의 길이가 a=0.23 m이므로 $ma = 2300m$

따라서 사진 1장당 실제 촬영면적 $A = ma \times ma = 2300^2 m^2$

Step 3. 1장 추가 촬영당 유효면적

$$A_0 = A \times (1 - \frac{p}{100}) \times (1 - \frac{q}{100}) = 2300^2 \times 0.4 \times 0.7 = 1,481,200m^2$$

Step 4. 필요 사진매수

$$\text{사진매수 } n = \frac{\text{면적}}{A_0} = 101.3\text{매}$$

안전율 20% 고려 시 101x1.2 = 121.56매 따라서 약 122매 정도가 필요하다고 판단할 수 있다.

2. 기선고도비

입체사진 촬영 시 중복도 외에 고려하는 사항들이 있다. 바로 **기선고도비(B/H 비율)**이다. 그림 54에서 나타난 것과 같이 여기서 B는 촬영된 두 사진의 중심 간의 거리(기선 Base), H는 촬영고도이다. 따라서 기선고도비가 크다는 것은 촬영고도와 비교해 기선이 크다는 것이고, 작은 기선고도비는 기선이 상대적으로 작다는 뜻이다. **적정한 기선고도비는 일반적으로 0.3~0.6정도**이다.

기선고도비는 입체영상의 품질에 영향을 주는데, 3가지 정도로 얘기할 수 있겠다. 첫 번째 제일 중요한 것은 사진측량으로 도출될 수 있는 **지상 표고의 정확도에 영향**을 준다. 기선고도비가 아주 낮게 되면 두 영상에서 적절한 시차를 확보하기 어려워 입체를 통한 표고 추출이 어려워지며, 기선고도비가 너무 커지면 두 영상의 시차가 너무 커지고 이질감이 발생하여 또한 품질 저하를 가져온다. 이론적으로는 기선고도비가 2 이하일 때까지는 기선고도비가 커질수록 표고 정확도가 향상될 수 있으나, 다른 품질이 저하되므로 일반적으로 **사람 시각을 위한 입체 디스플레이를 위해서는 0.6 내외의 기선고도비가 선호**되며, **컴퓨터 자동 처리를 위해서는 0.3~0.4가량의 기선고도비**가 좋다고 알려져 있다.

두 번째로는 건물 등에 의해 가려서 보이지 않는 지역인 **폐색영역의 발생**이다. 그림 55에서 보는 것과 같이 기선고도비가 커질수록 두 영상 촬영 간의 거리가 커짐에 따라 가려지는 폐색영역이 많아짐을 알 수 있다. 따라서 지형이 편평한 지역의 경우 0.6 가까이 촬영하는 것이 좋고, 높은 건물 등이 존재하는 곳이면 0.3 정도로 낮추어주는 것이 좋다. 세 번째는 **과고감(Exaggeration)**이다. 과고(過高)감은 한자 그대로 높이가 크게 느껴지게 되는 현상이다. 즉, 입체 촬영 후 입체 디스플레이로 3차원 지형을 보면 실제 높이보다 높아 보이는 현상을 말한다. 물론 측정해보면 실제 높이가 높은 것은 아니고, 단지 시각적으로 그렇게 보일 뿐이다. 이 현상은 사람 눈의 기선고도비와 촬영된 항공사진의 기선고도비가 달라져서 그런 것으로서, 사람 눈의 기선고도비가 약 0.26인데 비해, 기선고도비 0.6으로 촬영된 입체 항공사진의 경우 과고감=(B/H)/(b/h) = 0.6/0.26 = 2.3 times, 즉 2.3배 정도 실제 높이보다 더 과장되어 보이게 된다.

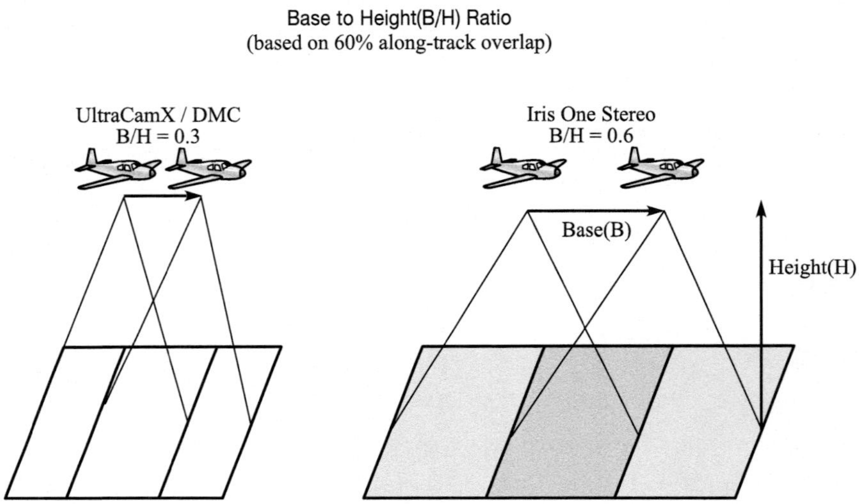

그림 54. 기선고도비 B/H 비율

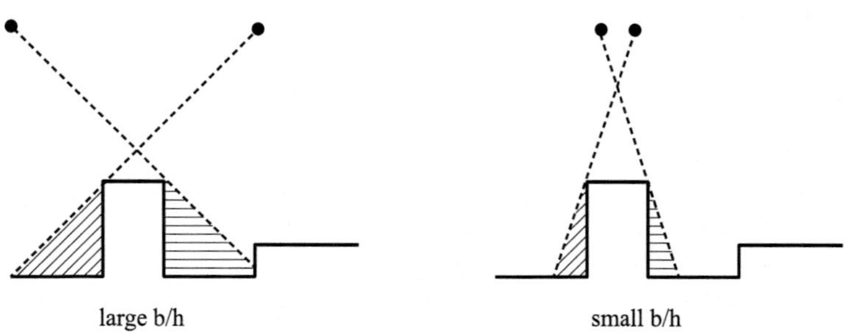

그림 55. 기선고도비와 폐색영역의 발생 관계

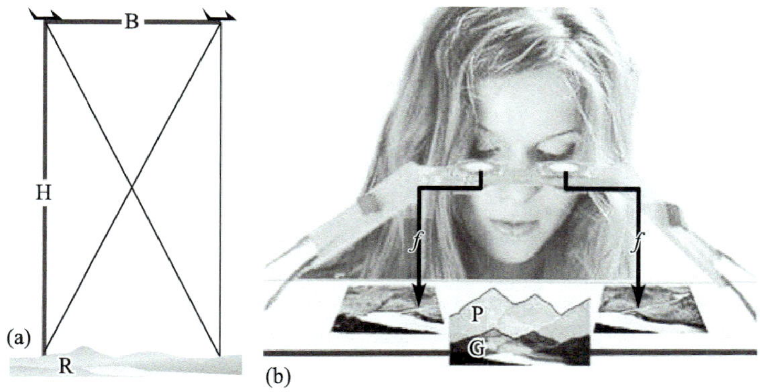

그림 56. 사람 눈의 기선고도비와 항공사진의 기선고도비의 차이로 인한 과고감 발생

3. 입체사진 디스플레이

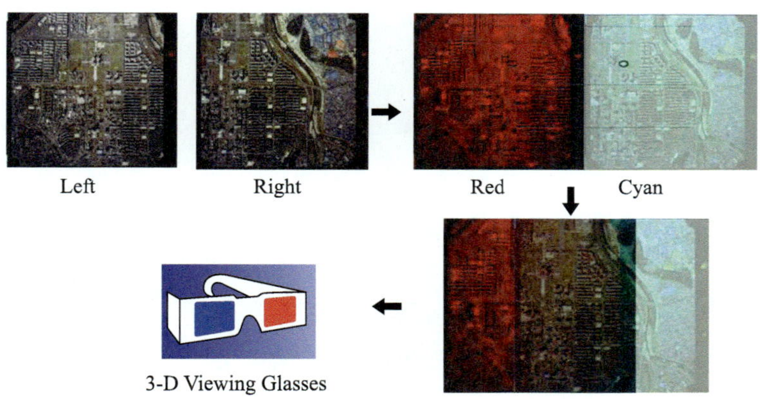

그림 57. 입체 디스플레이 (에피폴라 영상의 경우)

입체사진이 촬영되면 입체 디스플레이를 통해 3차원 정보 획득이 가능해진다. 우리 주변에서 가장 간단히 볼 수 있는 3차원 디스플레이는 **여색입체시(Anaglyph)**이다. 즉, 빨강과 청록색으로 만들어진 안경을 쓰고 3차원 형상을 볼 수 있는 것으로서, 이를 위해서는 그림 57과 같이 좌/우에서 촬영된 영상에 안경과 같은 빨강과 청록색을 부여해야 한다. 즉, 그림과 같이 좌측에 빨간색 우측에 청록색인 안경의 경우, 좌측에서 촬영된 영상을 빨간색으로, 우측에서 촬영된 영상을 청록색으로 만들고 이를 중복시켜 영상을 생성하고 이를 해당 안경으로 보게 된다. 이럴 때 좌측영상은 좌측 안경으로만, 우측영상은 우측 안경으로만 투과되어 보임으로서 입체시가 보이게 된다.

조금 더 깊이 설명하자면, 단순히 두 장의 영상을 다른 위치에서 촬영한다고 해서 입체시가 되는 것은 아니다. 아바타 영화와 같이 처음부터 나란하게 설치된 두 개의 카메라로부터 입체영상을 획득하면 입체시가 쉽게 만들어질 수 있으나, 드론이나 항공사진의 경우 한곳에서 촬영한 다음 다른 위치로 비행하여 날아간 후 전혀 다른 자세로 촬영하게 되는데, 이러한 영상을 입체시로 만들어서 보려면 **에피폴라 영상**이라는 것을 만들어야지만 한다. 즉, 에피폴라 영상은 좌/우 두 사진을 마치 나란히 설치된 두 개의 카메라로부터 취득한 것과 같은 형태로 처리한 것으로 생각하면 된다. 에피폴라 영상 생성에 대한 보다 깊이 있는 내용은 나중에 다루도록 한다.

3차원 디스플레이를 위해 가장 많이 활용하는 방식은 **편광방식**이다. 그림 58과 같이 입체로 촬영된 영상을 모니터에 편광방식으로 모두 디스플레이하고, 편광안경을 쓰게 되면 우측카메라로 촬영한 A 영상은 우측 눈으로, 좌측카메라로 촬영한 B 영상은 좌측 눈으로만 볼 수 있게 되는데 이를 통해 3차원 효과를 경험할 수 있게 된다. 그러나 편광안경을 쓰지 않으면 두 영상 모두 좌/우측 눈으로 보여지게 되므로 두 개의 사진이 겹쳐져 보일 뿐이다.

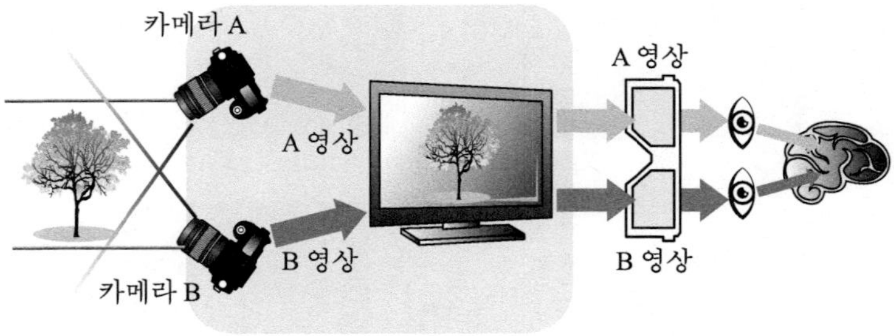

그림 58. 편광방식 디스플레이 원리

그림 59. 편광안경과 편광모니터

4. 시차

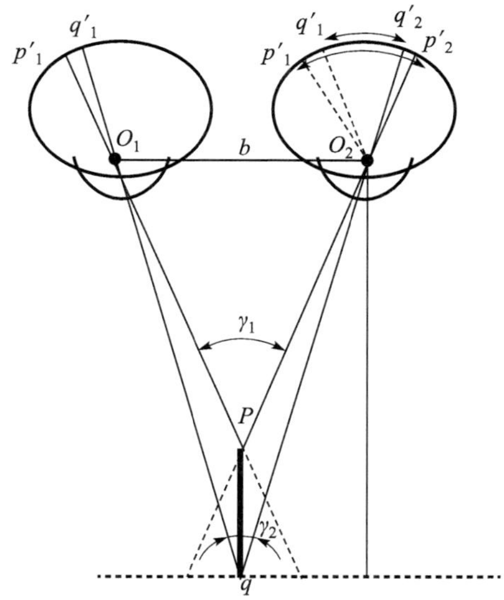

그림 60. 사람의 눈에 의한 입체감

시차(parallax, 패럴렉스)라는 것은 관측자의 위치 변화에 따라 대상체가 위치가 변화되어 보이는 현상을 말한다. 사람의 눈을 예를 들면, 두 눈이 존재하고 두 눈이 각각 동일한 대상체를 바라봤을 때, 두 눈의 위치 차이에 의해 원근감을 느끼게 된다. 그림 60에서 대상 물체의 꼭대기가 p이고 바닥이 q일 때 비교하면 바닥 q의 경우 눈의 좌·우측에 q1 q2에 맺히고, 꼭대기 p의 경우 p1, p2에 맺힌다. 이제 p1, q1을 우측 눈으로 옮겨 p2, q2와 비교해보면 화살표만큼의 차이가 발생하는데 이것을 시차라고 한다. 즉, p물체는 p1~p2만큼의 시차가 발생하고, q물체는 q1~q2만큼의 차이가 발생했다. 두 물체가 발생시키는 시차는 크기가 다른데 그 둘 사이의 차이인 **시차차(differential parallax) 에 의해 원근감**을 느끼게 된다.

이제 항공사진에서 시차에 대해 살펴보자. 그림 61과 같이 두 수직사진이 존재할 때, 기복변위로 인해 나무가 사진 중심으로부터 방사 방향으로 변위가 발생해있다. 이제 두 사진을 중심끼리 겹쳐봤을 때, 동일 위치 간의 차이가 발생하는데 그 거리가 곧 시차이며, 둘 간의 차이가 시차차가 된다.

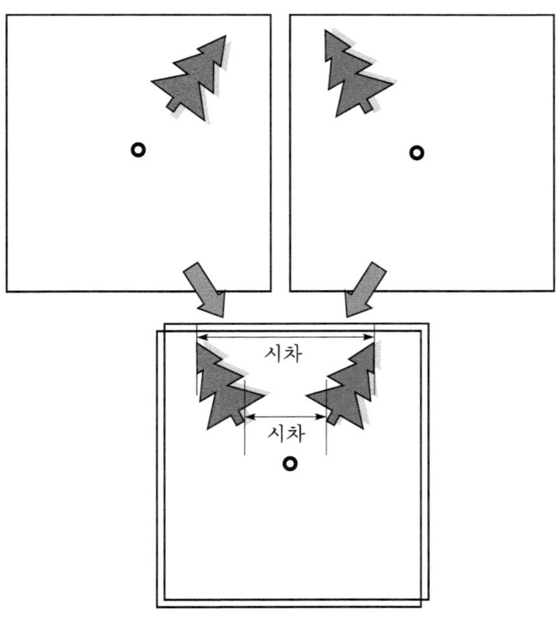

그림 61. 시차(parallax)와 시차차(differential parallax)

그림 62에서 시차차는 얼마인가? 사진을 겹치지 않고, 떨어뜨려 놓아도 벌어진 양은 동일하므로 벌어진 상태에서 차이를 비교하여 빼도 시차차는 동일하다 (단 시차는 다르다). 따라서 시차차=15.2-13.5=1.7mm이다.

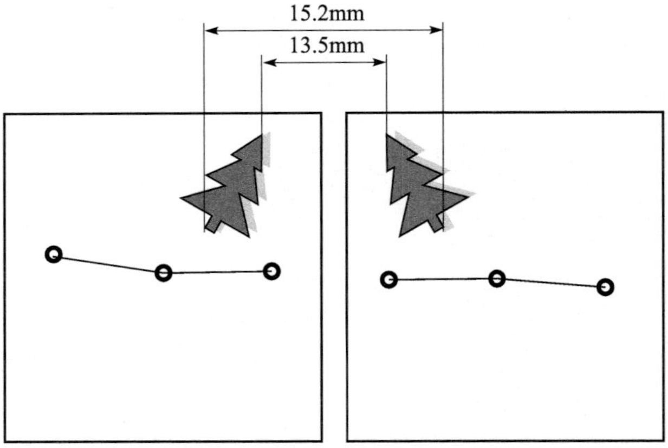

그림 62. 시차 예제

해당 시차차를 이용하면 사물의 상대적인 표고를 구할 수 있었다. 기본적인 시차와 비행고도, 기선의 길이를 알면 표고를 아래와 같이 **시차(parallax)공식**을 이용하여 구할 수 있다. 해당 식에서 $f\frac{B}{p_a}$는 기선과 시차 비율을 초점거리에 곱하면 렌즈 중심으로부터 대상체까지의 거리이며, 반대로 비행고도에서 빼주면, 대상체의 표고가 계산되는 식이다. (여기서 눈치가 빠른 사람은 기선과 시차의 비율 $\frac{B}{p_a}$이 축척의 역수에 해당한다는 것을 알 것이다.)

$$h_a = H - f\frac{B}{p_a}$$

만약 C물체의 표고를 안다고 가정했을 때 C물체에 대한 아래의 시차공식이 성립한다.

$$h_c = H - f\frac{B}{p_c}$$

여기서 p_a, p_c를 구해 빼면 **시차차(differential parallax) 공식**이 유도된다. (시차공식에 비해 기선이 없어도 구할 수 있는 방식이다.)

$$p_a - p_c = \frac{fB(h_a - h_c)}{(H - h_a)(H - h_c)} \Rightarrow h_a = h_c + \frac{\Delta p(H - h_c)}{p_a}$$

$$\text{여기서} \quad \Delta p = p_a - p_c$$

이러한 시차공식은 수직사진인 경우에만 적용되므로 주의하고, 시차공식과 시차차공식은 사실 최근에는 실무에서 사용성이 높지 않다. 단, 시차의 개념이 중요하며, **대상체의 표고가 높을수록 시차가 커진다는 것, 그리고 기선의 크기가 커질수록 시차가 커진다는 것** 등의 개념은 중요하므로 알아두도록 하자.

아래 예제를 하나 풀어보자. 수직사진의 경우 초점거리, 비행고도, 기선, 그리고 사진상의 a, b, c지점의 사진좌표가 주어져 있다. 그리고 c지점의 표고가 주어져 있다. 이때 A와 B지점의 표고를 시차(parallax equation)공식으로 구해보라.

Flight height H = 1233m
Focal length f =152.4mm
Air base B = 390m
a: xa=53.4mm, ya=50.8mm, xa'=-38.3mm, ya'=50.9mm
b: xb=88.9mm, yb=-46.7mm, xb'=-7.1mm, yb'=-46.7mm
c: xc=14.3mm, xc'=-78.3mm
Elevation of Point c = 591m

a지점의 시차 p_a=53.4-(-38.3)=91.7 mm 따라서 $h_a = H - f\frac{B}{p_a} = 585m$

b지점의 시차 p_a=88.9-(-7.1)=96.0 mm 따라서 $h_b = H - f\frac{B}{p_b} = 614m$

c지점표고가 주어져 있긴 하지만 시차공식을 이용하여 표고를 구하여 보라

마지막으로 이제 기선의 길이 B가 주어지지 않았다고 가정하고, c지점으로부터 a의 표고를 시차차(differential parallax) 공식으로 구해보자.

$$\text{시차차는} \quad \Delta p = p_a - p_c = -0.9mm$$

$$h_a = h_c + \frac{\Delta p(H - h_c)}{p_a} = 585m$$

유사하게 기사시험에서는 아래와 같은 식의 문제도 출제된다.

Q) 촬영고도 3,000m에서 촬영한 사진Ⅰ의 주점기선길이는 59mm, 사진Ⅱ의 주점기선길이는 61mm 일 때 시차차 1.5mm인 건물의 높이는?

여기서 H = 3,000m, 주점기선길이라는 것은 그림 63과 같이 사진상에서 해당 사진의 주점과 옆 사진의 주점 위치 간의 시차(parallax)를 지칭한다. 따라서 그림 63에서 두 사진의 평균 시차는 60mm이다. 이제 건물바닥을 c, 건물 꼭대기를 a라고 하고, 건물 바닥 높이를 0m라고 가정했을 때, 시차차 공식을 이용하여 해당 지점의 표고를 구할 수 있다. 두 사진을 수평 이동 시켜 건물 꼭대기를 주점 시차만큼 60mm로 조정하였다고 생각하면 좀 더 이해가 쉬울 수 있다.

$$h_a = h_c + \frac{\Delta p(H - h_c)}{p_a} = 0 + \frac{1.5mm(3000m - 0m)}{60mm} = 75m$$

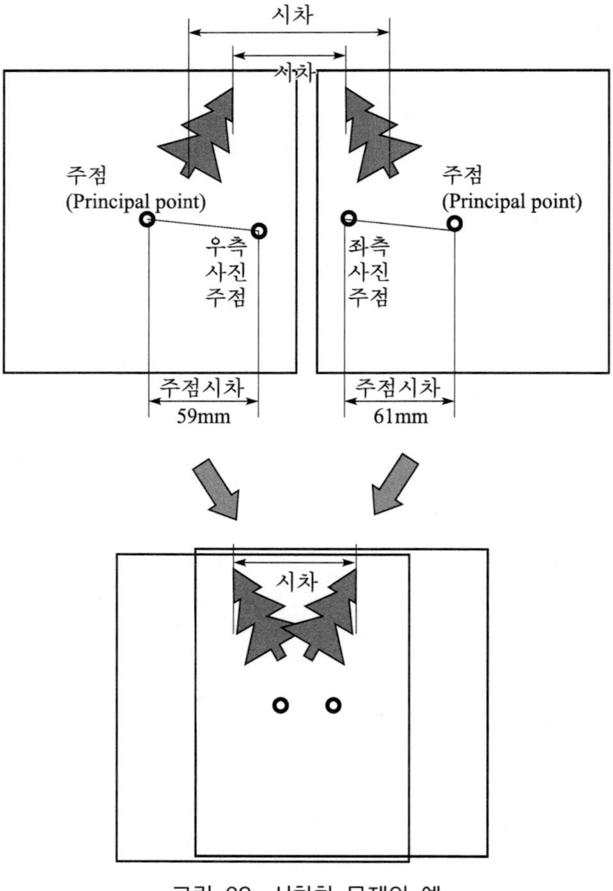

그림 63. 시차차 문제의 예

기사시험 문제

1 초점거리 120mm인 사진기로 촬영고도 2400m에서 종중복도 60%, 횡중복도 30%로 가로 30km, 세로 25km인 지역을 촬영하려고 한다. 사진의 크기는 23cm×23cm 일 때 입체모델의 수는?(단, 촬영은 가로 방향으로 한다.)

① 112매　② 127매　③ 128매　④ 136매

2 종중복도 70%, 횡중복도 40% 일 때, 촬영 종기선 길이와 촬영 횡기선 길이의 비는?

① 7 : 4　② 4 : 7　③ 2 : 1　④ 1 : 2

3 파장의 특정 방향성분만을 통과시키는 광학원리를 이용하여 입체시를 하는 방법은?

① 편광입체시　② 여색입체시
③ 육안입체시　④ 렌즈식입체시

4 수치도화기(디지털 도화기)에 가장 적합한 입체시 방법은?

① 편광입체시　② 순동입체시　③ 여색입체시　④ 컬러입체시

5 입체시를 할 때 계곡이 솟아오른 능선으로 보이고, 산봉우리가 폭 꺼진 분지로 보이는 경우는?

① 기선길이가 너무 짧은 경우
② 음화와 양화가 섞여 있는 경우
③ 입체시 되는 사진의 좌우가 바뀐 경우
④ 좌우 사진의 심한 축척 차이가 있는 경우

6 평탄지를 축척 1:20000로 촬영한 연직사진이 있다. 촬영에 사용한 카메라의 초점거리가 15cm, 사진의 크기가 23cm × 23cm, 종중복도 60%일 때 기선고도비는?

① 0.51　② 0.61　③ 0.71　④ 0.81

7 입체시된 항공사진상에서 지형의 과고감에 대한 설명으로 옳은 것은?

① 실제와 동일하게 나타난다.
② 입체경의 조율에 따라 다르다.
③ 실제 과고감보다 과소하게 나타난다.
④ 실제 과고감보다 과대하게 나타난다.

8 **입체상의 과고감에 대한 설명으로 옳지 않은 것은?**

① 촬영기선이 짧은 경우가 긴 경우보다 더 커진다.
② 렌즈의 초점거리가 긴 쪽의 사진이 짧은 쪽의 사진보다 더 작아진다.
③ 같은 조건에서 낮은 촬영고도로 촬영한 사진이 높은 촬영고도보다 더 커진다.
④ 눈의 위치가 약간 높아짐에 따라 입체상은 더 커진다.

9 **사진측량으로 도심지역의 수치지도를 작성할 경우 사진이 해상도를 일정하게 유지시키면서 고층건물에 의해 발생하는 폐색지역(occlusion area)을 감소시킬 수 있는 방법은?**

① 촬영고도를 높게 한다.
② 촬영고도를 낮게 한다.
③ 동일한 촬영고도에서 사진의 중복도를 크게한다.
④ 동일한 촬영고도에서 사진의 중복도를 작게한다.

10 **항공사진측량을 위한 촬영계획에서 종중복도를 증가시킬 때 일어나는 현상으로 옳지 않는 것은?**

① 주점기선길이가 줄어든다. ② 사진매수가 늘어난다.
③ 사각부가 줄어든다. ④ 과고감이 증가한다.

11 **입체사진 촬영 시 중복지역을 증가시킬 수 있는 방법이 아닌 것은?**

① 보통각렌즈 대신 광각렌즈를 사용한다.
② 촬영시간 간격을 짧게 한다.
③ 비행속도를 느리게 한다.
④ 촬영고도를 낮춘다.

12 **과고감에 대한 설명으로 틀린 것은?**

① 입체시할 때 평면축적보다 수직축척이 크게 나타나는 현상이다.
② 입체시할 때 눈의 위치가 약간 높아 지면 과고감이 더 커진다.
③ 과고감은 동일 촬영조건시 종중북도에 비례한다.
④ 과고감은 기선고도에 비례한다.

13 **초점거리 210mm, 사진크기 18cm×18cm, 종중복도 60%일 때 기선고도비는?**

① 0.34 ② 0.47 ③ 0.51 ④ 0.70

14 **항공사진을 입체시 할 경우 발생하는 과고감과 관련이 없는 요소는?**

① 기선길이 ② 중복도 ③ 초점거리 ④ 지구곡률

15 **한쌍의 입체사진에 있어서 사진의 좌우를 바꾸어 놓거나, 색안경의 적색과 청색을 좌우로 바꾸어서 볼 때 생기는 입체시는?**

① 역입체시 ② 육안입체시 ③ 여색입체시 ④ 편광입체시

16 **과고감(vertical exaggeration)에 대한 설명으로 옳지 않은 것은?**

① 항공사진을 입체시 하면 산지는 실제보다 높게 돌출되어 보인다.
② 과고감으로 인하여 평탄한 지형의 지형판독이 어렵게 된다.
③ 항공사진을 입체시 하면 사면의 경사는 실제 경사보다 급한 느낌을 준다.
④ 항공사진을 입체시할 때 과고감은 촬영에 사용한 렌즈의 초점거리, 사진의 중복도에 따라 변한다.

17 **입체사진측량에서 입체상의 변화에 대한 설명으로 옳지 않은 것은?**

① 눈의 위치가 약간 높아짐에 따라 입체상은 더 높게 보인다.
② 렌즈의 초점거리가 긴 쪽의 사진이 짧은 쪽의 사진보다 더 낮게 보인다.
③ 입체상은 촬영기선이 긴 경우가 촬영기선이 짧은 경우보다 더 낮게 보인다.
④ 낮은 촬영고도로 촬영한 사진이 높은 고도로 촬영한 경우보다 더 높게 보인다.

18 **과고감에 대한 설명으로 옳지 않은 것은?**

① 과고감은 기선고도비(B/H)에 반비례한다.
② 입체시 할 때 과장되어 보이는 정도이다.
③ 과고감은 같은 카메라로 촬영 시 종중복도에 반비례한다.
④ 평면축척보다 수직축척이 크기 때문에 산이 더 높게 보인다.

19 **초점거리 150mm인 카메라로 평지를 촬영 하였을 때 주점기선의 길이가 80.5mm 이었다면 인접사진과의 종중복도는? (단, 사진의 크기는 23cmx23cm 이다.)**

① 55 % ② 58 % ③ 65 % ④ 68 %

20 **촬영계획에 관한 설명으로 틀린 것은?**

① 종중복도는 보통 60% 정도로 하며 목적은 입체시에 있다.
② 횡중복도는 스트립간의 접합을 목적으로 하며 보통 30% 정도로 한다.
③ 지상의 기복이 촬영고도의 10% 이상인 지역에서는 중복도를 증가시킨다.
④ 촬영방향은 보통 남북방향으로 하는 것이 좋다.

21 **한 코스에 대하여 한 개의 촬영점으로부터 다음 촬영점까지의 종방향 실거리를 의미하는 것은?**

① 촬영기선길이　② 종중복도
③ 촬영코스길이　④ 주점기선길이

22 **사진측량에서 Z좌표의 정확도를 높이는 방법과 거리가 먼 것은?**

① 축척이 큰 사진을 사용한다.
② 사진좌표의 정확도를 높인다.
③ 촬영고도가 높은 사진을 사용한다.
④ 기선고도비가 큰 모델을 사용한다.

23 **입체감을 얻기 위한 입체사진의 조건에 대한 설명으로 옳은 것은?**

① 모델형성을 위한 두 매의 사진에서 사진축척이 서로 다른 것이 오히려 입체시가 양호하다.
② 기선고도비는 1에 가까울수록 좋다.
③ 한 쌍의 사진을 촬영한 카메라의 광축은 거의 동일평면에 있어야 한다.
④ 2매의 사진에서 축척차가 10% 정도일 때 가장 효과적인 결과를 얻을 수 있다.

24 **항공사진을 촬영방향에 따라 분류할 때 수직사진과 경사사진의 구분 기준은?**

① 광축과 연직선 사이의 경사각 3°
② 광축과 수평선 사이의 경사각 3°
③ 광축과 연직선 사이의 경사각 5°
④ 광축과 수평선 사이의 경사각 5°

25 **30km×20km 지역을 축척 1:10000 항공사진으로 종중복 60%, 횡중복 30%로 촬영하고자 한다. 사진의 크기가 23cm×23cm일 경우에 입체모델의 수는? (단, 안전율 30%를 고려하여 계산한다.**

① 405매　② 452매　③ 502매　④ 527매

26 **사진측량에서 모델(model)에 대한 설명으로 옳은 것은?**

① 한 장의 사진을 의미한다.
② 편위수정된 사진을 의미한다.
③ 어느 지역을 대표할 만한 사진을 의미한다.
④ 한 쌍의 중복된 사진으로 입체시 되는 부분을 의미한다.

27 항공사진 축척이 1:15000이고 비행코스 방향의 중복도 60%, 비행코스간의 중복도 30% 일 때 23㎝×23㎝인 사진 1매의 유효모델 면적은?

① 11.89km^2 ② 4.76km^2 ③ 3.33km^2 ④ 2.14km^2

28 촬영고도 6350m, 사진(I)의 주점기선장 =67mm, 사진(II)의 주점기선장 = 70mm일 때 시차차 1.37mm인 댐의 높이는?

① 107m ② 127m ③ 137m ④ 147m

29 촬영고도 1500m에서 평탄지를 촬영한 연직사진이 있다. 두 사진 상에서 2점간의 시차차를 측정하니 4mm이었다면 이 2점간의 비고차는? (단, 카메라의 초점거리 153mm, 종중복도 60%,사진이 크기 23cm×23cm)

① 19.6m ② 32.6m ③ 39.2m ④ 65.2m

30 촬영고도가 800m, 초점거리가 153mm, 중복도가 65.2%로 연직 촬영된 한 쌍의 항공 사진이 있다, 대상물의 높이차가 1m일 때 발생되는 사진에서의 시차차는? (단, 사진의 크기는 23cm × 23cm 이다.)

① 0.01mm ② 0.02mm ③ 0.1mm ④ 0.2mm

31 길이가 23km인 1개 촬영경로(코스)를 촬영하는데 필요한 모델의 수는? (단, 사진축척 : 1 : 10000, 종종복도 : 60%, 사진크기 : 23cm×23cm이다.)

① 25 ② 30 ③ 50 ④ 51

32 항공사진측량에서 스트립(Strip)에 관한 설명으로 틀린 것은?

① 촬영진행 방향으로 연속된 모델이다.
② 비행경로와도 유사한 의미로 쓰인다.
③ 한 쌍의 중복된 사진을 의미한다.
④ 스트립이 횡방향으로 결합된 것을 브록(block)이라 한다.

33 초점거리 150mm, 사진의 크기 23cm×23cm 의 카메라를 사용하여 촬영고도 4500m에서 평지에 대한 연직사진을 촬영하였다. 서로 이웃하는 2장의 사진에서 두 주점 간의 거리가 1 : 25000 지형도 상에서 82.8mm 였다면 사진의 종중복도는?

① 55% ② 60% ③ 65% ④ 70%

34 **초점거리 150mm 카메라로 촬영고도 1800m, 촬영기선장 960m로 연직촬영한 입체모델이 있다. A점의 시차를 관측한 결과 기준면(표고 0m)의 시차보다 10mm 더 크게 관측되었다면, 엄밀계산법으로 구한 A점의 표고는?**

① 150m ② 175m ③ 200m ④ 225m

(힌트) 기준면의 표고정보로 시차를 먼저구하고, 거기에 10mm를 더하여 A점의 시차공식으로 A점의 표고를 구한다.

35 **항공사진측량에 대한 설명 중 옳지 않은 것은?**

① 스트립이 2개 이상이면 복 스트립이라 한다.
② 블록은 스트립이 횡방향으로 접합된 형태이다.
③ 스트립은 항공사진을 촬영 진행방향으로 연속하여 접합된 형태이다.
④ 블록이 3개 이상인 것을 스트립이라 한다.

정답 [01] ④ [02] ④ [03] ① [04] ① [05] ③ [06] ② [07] ④ [08] ① [09] ③ [10] ④
[11] ④ [12] ③ [13] ① [14] ④ [15] ① [16] ② [17] ③ [18] ① [19] ③ [20] ④
[21] ① [22] ③ [23] ③ [24] ① [25] ④ [26] ④ [27] ③ [28] ② [29] ④ [30] ③
[31] ① [32] ③ [33] ④ [34] ③ [35] ④

개념 정립 문제

1 기선고도비가 입체영상의 품질에 미치는 영향 3가지에 대해 나열하라.

2 스트립(strip)과 블록(block)에 대해 설명하라.

3 우리 주변에서 가장 간단히 볼 수 있는 3차원 디스플레이로서, 빨강/청록색으로 구성된 안경으로 입체시를 볼 수 있는 방법은?

4 입체 영상을 취득한 후 입체시를 하기 위해 생성해야 하는 영상은?

5 영화관이나 3D TV등에서 가장 많이 채용하고 있는 방식의 입체 디스플레이 방식은?

6 일반적으로 입체영상 처리에 적정한 기선고도비(B/H 비율) 범위는 얼마인가?

4 **컴퓨터 자동 처리를 위한 적정 기선고도비 범위는 얼마이며 그 이유는 무엇인가?**

정답 (1) 표고정확도, 폐색영역 발생, 과고감

(2) 스트립은 비행방향으로 일련으로 획득된 한줄의 사진 그룹을 지칭하며, 블록은 여러 스트립이 모인 것을 말한다.

(3) 여색입체시(anaglyph)

(4) 에피폴라 영상

(5) 편광 방식

(6) 0.3~0.6정도

(7) 0.3~0.4 (일반적인 입체영상처리에 쓰이는 큰 기선고도비를 사용하지 않는데 이유는 기선고도비가 커질수록 두 영상의 시차가 커지게 되며, 이때 입체 영상 간의 이질감이 발생하여 컴퓨터 자동 처리 품질의 저하를 가져온다)

CHAPTER **06**

렌즈 왜곡

CHAPTER 06 렌즈 왜곡

정밀한 사진측량을 위해서는 렌즈 왜곡에 대한 이해가 필수적이다. 따라서 본 장에서는 유사해 보이지만 다른 성격의 렌즈 수차와의 비교를 통해 렌즈 왜곡을 더욱 정확히 이해하기 위한 내용을 중심으로 구성하였다.

1. 렌즈 수차

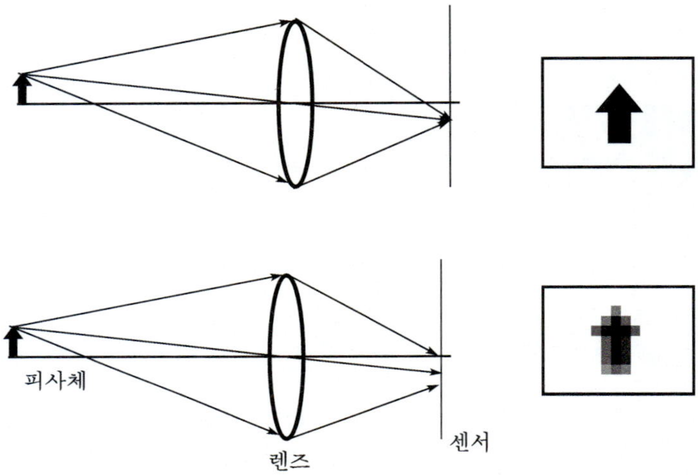

그림 64. 렌즈 수차의 영향에 의한 해상도 저하

이론적으로 피사체(대상체)상의 한 점은 센서 상에 하나의 점으로 맺혀야 하지만, 실제로는 그렇지 못하다. 렌즈수차란 그림 64와 같이 피사체가 하나의 점으로 모이지 못하여 깔끔한 영상이 얻어지지 못하게 되는 현상이다. 이유로는 렌즈로 들어오는 빛 자체가 하나의 파장대를 가지고 있지 않아(RGB모두 다른 파장대이다) 각각이 다른 굴절률을 보이고, 렌즈 자체가 완전하지 못하여 발생하기도 한다. 특히 좋은 렌즈일수록 이러한 수차의 영향이 적게 되도록 설계되어 있어 좋은 해상도의 영상을 얻을 수 있다.

그림 65. 피사체가 이동함에 따른 번짐

그러나 영상이 흐려져 보이는 현상은 피사체가 움직여 발생하는 번짐(그림 65)도 있으므로 둘을 정확히 구별해야 한다.

2. 렌즈 왜곡

빛은 기본적으로 직진성을 갖는다. 그림 66에서 보는 것과 같이 카메라 렌즈 중심으로 빛이 직선으로 들어온다고 가정하자(Incidence light ray). 이상적 환경에서는 렌즈 중심을 통과하면서 왜곡이 없이 그대로 직진하여 a'의 위치에 해당 물체가 맺혀야 하는데(theoretical light ray), 실제로는 렌즈에 왜곡이 존재하여 렌즈를 통과하면서 빛이 휘게 되고 따라서 a위치에 맺히게 된다(actual light ray). 이 두 지점 a와 a'의 차이가 곧 렌즈 왜곡에 의한 위치변화량이다.

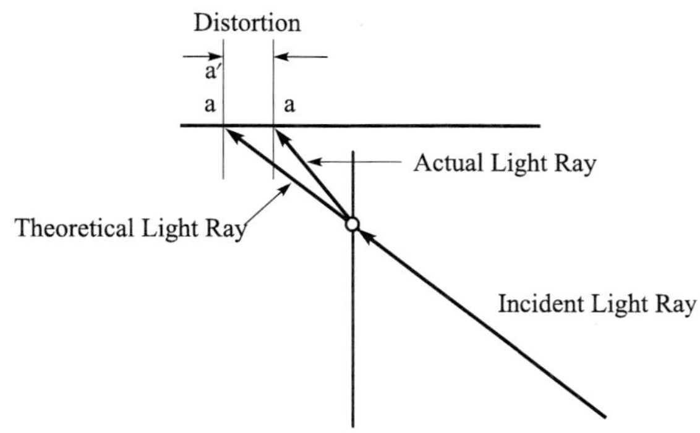

그림 66. 렌즈 왜곡

렌즈의 왜곡을 수차와 구별할 수 있어야 하는데, **수차(abberation)는 상의 위치는 변화하지 않되 해상도가 저하되며 흐릿해지는 것이고, 왜곡(distortion)은 흐릿해지는 것과는 다르게 사진상에 맺히는 위치 자체가 변하는 것**을 말한다.

이러한 수차와 왜곡을 줄이기 위해 카메라 렌즈는 단일 렌즈를 사용하지 않고 그림 67과 같이 여러 개의 렌즈의 군(group)으로 구성되게 된다. 수차와 왜곡을 많이 줄일수록 렌즈의 가격이 상승하게 되는 경우가 많다.

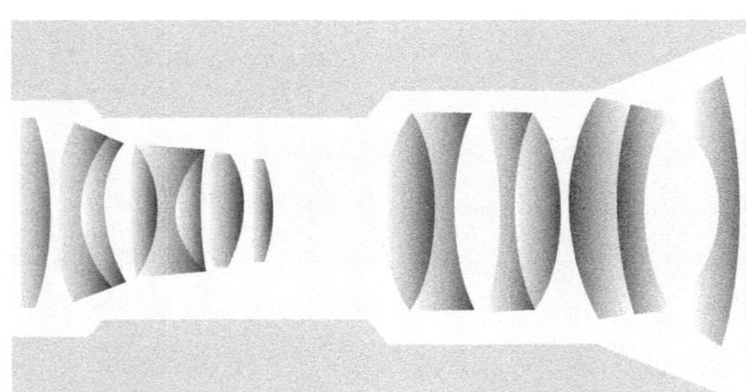

그림 67. 카메라 렌즈 내부 구성

렌즈의 왜곡을 이해하기 위해서는 우선 사진의 주점에 대해 알아야 한다. 그 후 **방사왜곡(radial distortion)과 편심왜곡(decentering distortion)** 두 종류의 왜곡에 대해 설명한다. 두 왜곡 모두 중요한 요소이므로 각각 특징을 이해하고 수식을 외울 필요는 없으나 필요한 경우마다 찾아볼 수 있는 정도로 해놓으면 좋다.

참고로 고가의 카메라의 경우 그림 68과 같이 미리 정밀하게 카메라 캘리브레이션을 하여 이러한 왜곡 요소에 대한 정보를 알려주게 되고, 저가의 카메라를 활용할 경우 사용자가 캘리브레이션을 통해 해당 정보를 알아내야 한다.

우선 그림 68에서 초점거리(f)는 55.046mm인 것을 알 수 있다. 다음으로 x^i_{PPAC}, y^i_{PPAC}라고 하는 것이 주점에 대한 정보이다. 그 아래 표에 방사왜곡(radial lens distortion) 정보를 나타내주고 있다.

Table 1: Camera Calibrated Parameters of DSS SN 0029 - 55mm lens - VIS

Parameter	Value	Accuracy
f *(mm)*	55.046	0.009 mm
Pixel Non-squareness	1.0	0.0000001
x^P_{PPAC} *(pixels)* +	2030.81	0.4 pixel
y^P_{PPAC} *(pixels)* +	2057.61	0.4 pixel
x^i_{PPAC} *(mm)* ++	-0.069	0.0036
y^i_{PPAC} *(mm)* ++	-0.104	0.0036

- + x^P_{PPAC} and y^P_{PPAC} are the offsets of the principal point of Autocollimation measured from image upper left corner. (image size 4077 pixels x 4092 lines) see Figure 1
- ++ x^i_{PPAC} and y^i_{PPAC} are measured from image centre (pixel size = 9 microns) see Figure 1

Table 2 Radial Lens Distortion Table of DSS 301 SN 0046 - 55mm lens - VIS

Radial Distance (mm)	Radial Distortion (Pixel)	Radial Distortion (microns)
1	-0.00	-0.023
2	-0.02	-0.183
3	-0.07	-0.619
4	-0.16	-1.470
5	-0.32	-2.875
6	-0.55	-4.977
7	-0.88	-7.918
8	-1.32	-11.841
9	-1.88	-16.888
10	-2.58	-23.200
11	-3.43	-30.912
12	-4.46	-40.154
13	-5.67	-51.043
14	-7.08	-63.682
15	-8.68	-78.154
16	-10.50	-94.513
17	-12.53	-112.782
18	-14.77	-132.939
19	-17.21	-154.911
20	-19.84	-178.562
21	-22.63	-203.680
22	-25.55	-229.965
23	-28.56	-257.012
24	-31.59	-284.297
25	-34.57	-311.154
26	-37.42	-336.760

그림 68. 카메라 캘리브레이션 리포트의 예

3. 사진의 주점

사진의 주점(principal point, 또는 PP)이란 사진에서 중심이 되는 위치를 말한다. 즉 렌즈 중심으로부터 CMOS센서까지 수직선을 내렸을 경우 그 거리가 초점거리가 되며, 수직선과 CMOS가 만나는 점을 주점이라고 한다. 이 점이 실질적인 사진의 중심이 된다. 자주 오해하는 것 중에 하나가 CMOS를 가로세로 절반을 나누었을 때의 위치를 사진의 중심으로 여기는 경우가 많은데, 이 위치는 센서의 중심이라 부르며 주점과는 약간의 차이를 보이게 된다.

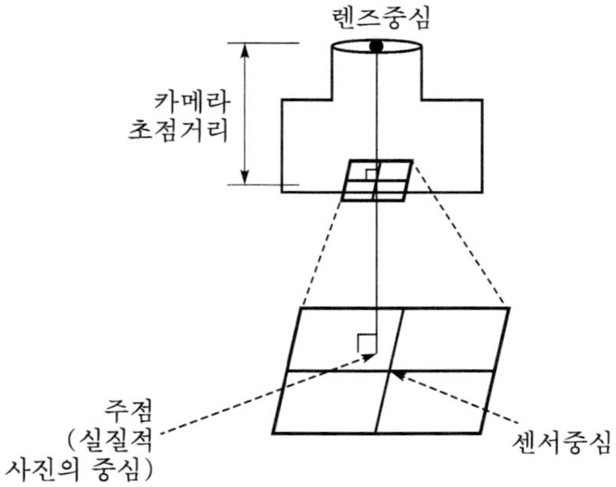

그림 69. 주점(principal point)과 센서중심(center of CMOS)

센서중심에서 주점까지의 거리를 **<u>주점이동량(principal point offset)</u>**이라고 하며 렌즈 왜곡보정에서 제일 먼저 수행해야 하는 중요한 보정이다. 사진상의 어떠한 지점의 좌표가 센서중심을 기준으로 하여 (x,y)일 경우 실제적으로는 센서중심이 사진 중심이 아니므로 원점을 이동해주는 것이다. 따라서 실질적 사진 중심인 주점을 기준으로 했을 때는 좌표는 x',y'좌표계를 기준으로 (x-xp, y-yp)가 되어야 한다.

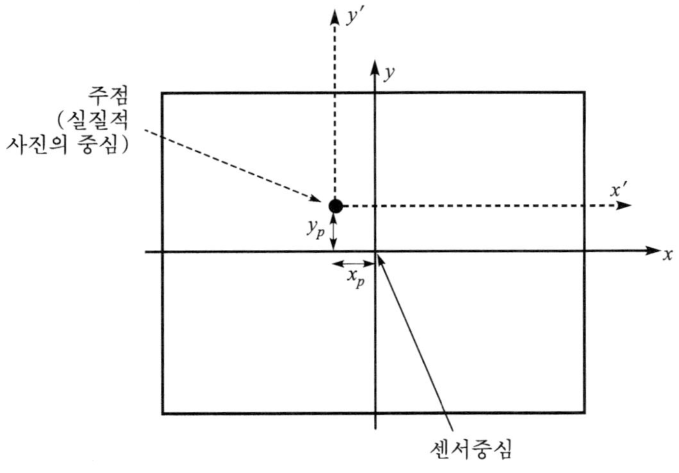

그림 70. 주점이동량(principal offset) 개념

그림 68의 캘리브레이션 리포트의 예에서 주점이 센서의 중심으로부터 x^i_{PPAC}, y^i_{PPAC}가 각각 -0.069mm, -0.104mm에 위치한 것을 알 수 있고 따라서 3사분면에 위치해 있다. 만약 사진상에서 어떠한 점의 좌표가 센서중심으로부터 $(x,y) = (3.2,\ 2.1)mm$였다고 가정하면, 주점으로부터의 좌표는 아래와 같이 구해진다.

$$(x', y') = (x - x_p, y - y_p) = (3.2 - (-0.069),\ 2.1 - (-0.104)) = (3.269,\ 2.204)mm$$

4. 방사왜곡(radial lens distortion)

방사왜곡이란 사진의 중심에서 바깥쪽으로 뻗어나가는 방사방향(radial direction)으로 왜곡이 발생되는 것을 지칭한다. 그림 71과 같이 사진의 중심에서 실제 위치보다 바깥쪽으로 뻗어나가는 방향으로 발생할 수도 있고, 안쪽으로 밀려 들어오는 형태로 발생할 수도 있다. 이에 따라 **배럴(barrel)타입, 핀쿠션(pincushion)타입**으로 구분할 수 있다.

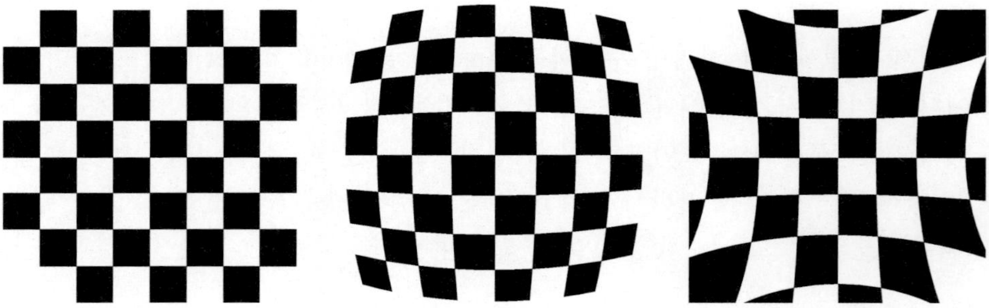

그림 71. 방사왜곡의 예
(출처: https://ori.codes/artificial-intelligence/camera-calibration/camera-distortions/)

두 왜곡 방향 모두 특징은 사진 중심으로부터 동일한 거리에 위치하는 곳은 모두 동일한 크기와 방향의 왜곡이 발생한다는 것이다. 방사왜곡은 그림 72와 같이 사진의 주점으로부터의 거리인 r에 따라 그 크기가 결정되며, 왜곡량은 Δr로 표시한다. 그러나 x, y 축의 값으로 구분하여 표시하게 되므로, 수식으로 나타내면, 계수 $k_0 \sim k_2$를 사용하여 아래와 같이 계산된다. 주의하여 볼 사항은 좌표의 원점이 주점(principal point)이기 때문에 주점이동량인 x_p, y_p만큼 이동한 후 모든 계산이 이루어진다는 것이다.

$$\Delta x_r = \bar{x}(k_0 + k_1 r^2 + k_2 r^4 + k_3 r^6)$$

$$\Delta y_r = \bar{y}(k_0 + k_1 r^2 + k_2 r^4 + k_3 r^6)$$

여기서, $\bar{x} = x - x_p, \bar{y} = y - y_p$, 그리고 $r = \sqrt{(x - x_p)^2 + (y - y_p)^2}$

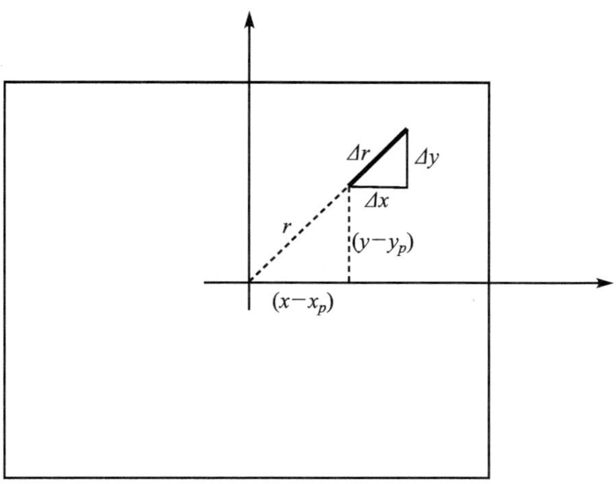

그림 72. 방사왜곡의 수식화

5. 편심왜곡(decentering lens distortion)

편심왜곡은 렌즈군이 이론적으로 중심이 모두 일치하도록 제작되지 못하여 발생하는 것으로서 아래 식으로 보정이 가능하다. 파라미터는 p_1, p_2 두 가지이다.

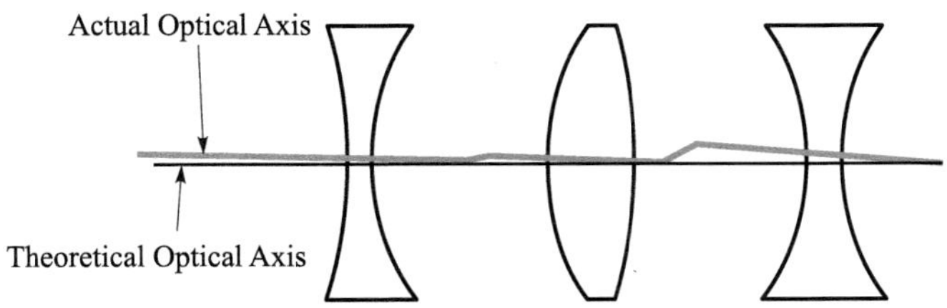

그림 73. 편심왜곡의 발생

$$\Delta x_d = \left(2\bar{x}^2 + r^2\right)p_1 + 2p_2\bar{x}\bar{y}$$

$$\Delta y_d = 2p_1\bar{x}\bar{y} + \left(2\bar{y}^2 + r^2\right)p_2$$

여기서, $\bar{x} = x - x_p, \bar{y} = y - y_p$, 그리고 $r = \sqrt{(x - x_p)^2 + (y - y_p)^2}$

6. 렌즈 왜곡의 적용 예

표 5에 주어진 카메라에 대해 주점이동량, 방사왜곡, 편심왜곡 3가지에 대해 보정을 해보는 예를 풀어보도록 하자. 아랫부분에 초점거리와 주점이동량이 제시되어 있다. 또한 이어 방사왜곡과 편심왜곡 계수가 제시되어 있다. 센서 중심을 기준으로 관심점의 사진좌표를 측정해보니 (x,y) = (-47.018mm, 43.430mm)로 관측되었을 때, 이 지점에서의 이론적 위치를 구해보라.

표 5. 렌즈 왜곡 예제 값

Radial lens distortion	Decentering lens distortion	Principal point
K0=0.5493×10-4	P1=-0.7953×10-7 mm^{-1}	Xp=0.010 mm
K1=-0.5984×10-8 mm^{-2}	P2=0.1018×10-6 mm^{-1}	Yp= -0.001 mm
K2=0.1053×10-12 mm^{-4}		

Step 1: 주점이동량의 적용 및 대각선 길이 계산

$$\bar{x} = x - x_p = -47.018 - 0.010 = -47.028mm$$
$$\bar{y} = y - y_p = 43.430 - (-0.001) = 43.431mm$$
$$r = \sqrt{(x - x_p)^2 + (y - y_p)^2} = 64.015mm$$

Step 2: 방사왜곡량 계산

$$\Delta x_r = \bar{x}(k_0 + k_1 r^2 + k_2 r^4)$$
$$= -47.028(0.5493 \times 10^{-4} + (-0.5984 \times 10^{-8})(64.015)^2 + (0.1053 \times 10^{-12})(64.015)^4)$$
$$= -0.0015mm$$

$$\Delta y_r = \bar{y}(k_0 + k_1 r^2 + k_2 r^4)$$
$$= 43.431(0.5493 \times 10^{-4} + (-0.5984 \times 10^{-8})(64.015)^2 + (0.1053 \times 10^{-12})(64.015)^4)$$
$$= 0.0014mm$$

Step 3: 편심왜곡량 계산

$$\Delta x_d = \left(2\bar{x}^2 + r^2\right)p_1 + 2p_2\bar{x}\bar{y}$$
$$= \left(2(-47.028)^2 + (64.015)^2\right)(-0.7953 \times 10^{-7}) + 2(0.1018 \times 10^{-6})(-47.028)(43.431)$$
$$= -0.0011mm$$

$$\begin{aligned}\Delta y_d &= 2p_1\bar{x}\bar{y} + \left(2\bar{y}^2 + r^2\right)p_2 \\ &= 2(-0.7953\times10^{-7})(-47.028)(43.431) + \left(2(43.431)^2 + (64.015)^2\right)(0.1018\times10^{-6}) \\ &= 0.0011mm\end{aligned}$$

Step 4: 전체 적용. 여기서 x_c, y_c에서 아래첨자 c는 correct 또는 corrected로 이해하면 되겠다.

$$x_c = x - x_p + \Delta x_r + \Delta x_d = -47.018 - 0.010 - 0.0015 - 0.0011 = -47.031mm$$
$$y_c = y - y_p + \Delta y_r + \Delta y_d = 43.430 - (-0.001) + 0.0014 + 0.0011 = 43.434mm$$

사진측량에서 왜곡량 보정의 효과에 대해서 이해해보자. 그림 74에서 사진 촬영 당시 A 지점은 렌즈 중심을 거치며 왜곡이 발생하여 a지점에 맺히게 된다. 이후 사진측량을 위해 선택된 a지점은 왜곡보정을 하지 않을 경우 렌즈 중심축을 지나 하나의 광선축을 만드는데, 이는 A지점이 아닌 엉뚱한 방향을 가리키게 된다. 그러나 왜곡보정을 통해 a_c지점으로 보정된다면, 렌즈 중심을 지나 올바른 광선축을 생성하게 되고 이 광선축은 A지점을 올바르게 가리키게 된다.

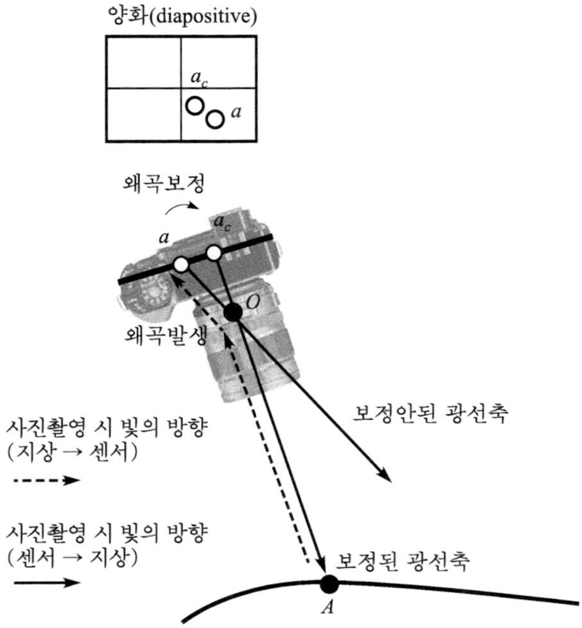

그림 74. 보정된 광선축 vs. 보정안된 광선축

7. 카메라 캘리브레이션(카메라 정보 알아내기)

카메라 정보로서 중요한 초점거리 f와 이번 장에서 배운 주점이동량 x_p, y_p, 왜곡량 등은 **카메라 파라미터** 또는 **내부 표정요소(Interior Orientation Parameters)**라고 지칭하며, **카메라 캘리브레이션 과정**을 거쳐 알아낼 수 있다. Pix4D와 같은 상용 소프트웨어에서도 지상에 잘 분포된 기준점을 활용한다면 드론 등에 장착된 카메라 등의 캘리브레이션을 정밀하게 수행할 수 있도록 해준다.

매트랩의 경우에도 캘리브레이션이 가능하도록 함수를 제공하고 있다. 아래 예를 참고하도록 한다.

- 카메라 파라미터 구하기 (매트랩 함수 참고할 것)

```
<입력1: 기준점 지상좌표 worldPoints>
<입력2: 기준점 사진좌표 imagePoints, 영상 크기 ImageSize>
<출력: 카메라 파라미터 파일 cameraParams>

cameraParams = estimateCameraParameters(imagePoints,worldPoints, ...
    ImageSize=imageSize);

Matlab help에 나온 예제는 아래와 같다. help에서 해당함수를 검색하여 학습하도록 한다.
<Copyright 2012 The MathWorks, Inc.>

%Single Camera Calibration
%Create a set of calibration images.
images = imageSet(fullfile(toolboxdir('vision'),'visiondata',...
            'calibration','mono'));
imageFileNames = images.ImageLocation;

%Detect the calibration pattern.
[imagePoints, boardSize] = detectCheckerboardPoints(imageFileNames);

%Generate the world coordinates of the corners of the squares.
squareSizeInMM = 29;
worldPoints = generateCheckerboardPoints(boardSize,squareSizeInMM);
```

```
%Calibrate the camera.
I = readimage(images,1);
imageSize = [size(I, 1),size(I, 2)];
params = estimateCameraParameters(imagePoints,worldPoints, ...
                                  'ImageSize',imageSize);
```

상기 예제의 경우 체스보드에 대해 총 9장의 영상 다양한 각도에서 촬영하여 캘리브레이션을 수행했는데, 결과가 아래와 같은 구조체로 출력되었다.
그 중 <u>Intrinsics</u>이라는 것이 초점거리, 주점이동량, 방사왜곡, 편심왜곡 정보가 들어 있는 구조체이다. 이하 **<u>Extrinsics은 외부표정요소</u>**로서 각 사진의 위치와 자세에 대한 정보인데 차근차근 알아가기로 하자.

```
Camera Intrinsics
                    Intrinsics: [1×1 cameraIntrinsics]

 Camera Extrinsics
              RotationMatrices: [3×3×9 double]
            TranslationVectors: [9×3 double]

 Accuracy of Estimation
         MeanReprojectionError: 0.18
            ReprojectionErrors: [54×2×9 double]
             ReprojectedPoints: [54×2×9 double]

 Calibration Settings
                   NumPatterns: 9.00
                   WorldPoints: [54×2 double]
                    WorldUnits: 'mm'
                  EstimateSkew: 0
NumRadialDistortionCoefficients: 2.00
  EstimateTangentialDistortion: 0
```

FocalLength	[714.1885,710.3785]
PrincipalPoint	[563.6481,355.7254]
ImageSize	[712,1072]
RadialDistortion	[-0.3536,0.1730]
TangentialDistortion	[0,0]
Skew	0
IntrinsicMatrix	[714.1885,0,0;0,710.3785,0;563.6481,355.7254,1]

그림 75. Intrinsics 내용

8. MTF

렌즈의 성능을 나타내는 수치로 가장 많이 활용되는 것이 MTF(Modulation Transfer Function)이다. 간단히 MTF를 이해하면 MTF를 측정하기 위해서는 그림 76에서 보는 것과 같이 사진의 중심에서 코너방향으로 진행하며 1mm 간격에 라인을 몇 개까지 표현할 수 있는지를 평가해보는 것이다. 1mm 안에 제대로 표현할 수 있는 라인이 많을수록 해상력이 좋다는 말이다. MTF를 통해 크게 두 가지를 측정하는데,

콘트라스트(Contrast) - 명암차이의 재현율을 평가하며, 10 lines/mm로 콘트라스트 측정
해상력(Resolution) - 라인간 디테일로 평가하며, 30 lines/mm로 해상력 측정

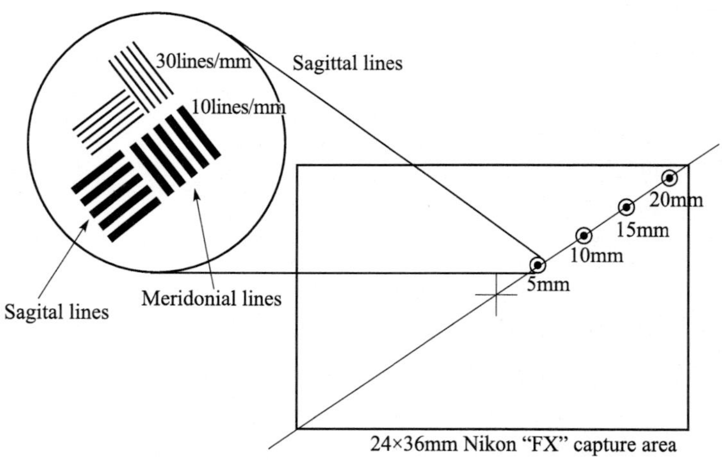

그림 76. 사진중심에서 코너방향으로 해상력 측정 (출처: Nikon)

그림 77에서 보면 가로축은 사진의 중심에서 대각선 코너방향으로의 거리를 지칭하며, 세로축에서 1은 이상적으로 실제 대상을 그대로 재현한다는 말이고, 낮아질수록 재현율이 떨어진다는 뜻이다.

그래프에서 보면 몇 가지 패턴을 관찰할 수가 있는데, 첫 번째로 동일한 그래프에서 보면 콘트라스트나 해상력 모두 화면 중심에서 가장 높은 값을 가지며, 코너쪽(가로축으로 증가)으로 갈수록 그래프가 낮아지는 것을 관찰할 수가 있다. 즉, 사진에서는 화면 중심쪽에서 가장 좋은 렌즈성능을 보여준다는 것을 알 수 있다. 또한 사진중심에서 코너쪽으로 향하는 방향의 직각방향(meridional)이 나란한 방향(saittal)보다 성능수치가 약간 낮은 것을 알 수 있다.

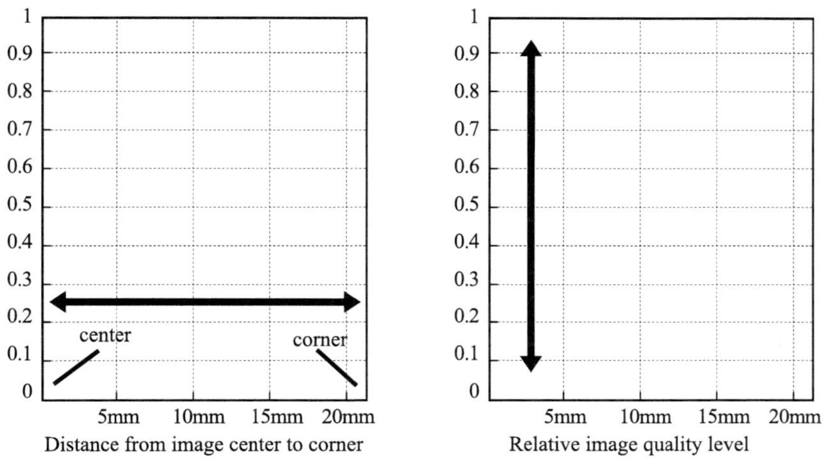

그림 77. MTF 챠트 축 설명(출처: 캐논)

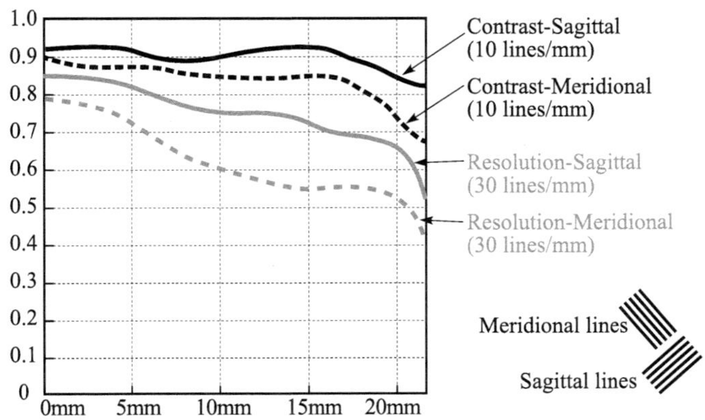

그림 78. MTF 챠트 (출처: 캐논)

렌즈가 고가일수록 해당 그래프가 높은 수치를 향하게 되며, 저가일수록 급격히 낮은 값들을 보여주는 경우가 많다.

기사시험 문제

1 **주점에 대한 설명으로 옳은 것은?**

① 카메라 렌즈의 중심을 통해 지표면에 내린 연직선이 만나는 점
② 사진의 중심점으로서 렌즈의 중심으로부터 사진면에 수선과 만나는 점
③ 사진면에 직교되는 광선과 연직선이 이루는 각을 2등분하는 광선이 사진면에 마주치는 점
④ 렌즈의 중심으로부터 지표면에 내린 수선의 발

2 **사진기 검정자료(calibration cerificate)로부터 직접 얻을 수 없는 정보는?**

① 초점거리 ② 렌즈의 왜곡량 ③ 등각점 ④ 주점

정답 [01] ② [02] ③

개념 정립 문제

1 피사체가 렌즈의 불완전성으로 인해 센서 면에 하나의 점으로 맺히지 못하여 해상력이 저하되는 현상은?

2 주요한 렌즈 왜곡의 종류는?

3 렌즈의 중심에서 CMOS 센서면으로 수직으로 수선을 내렸을 때 만나는 점은 실제적인 사진의 중심으로서, CMOS 센서의 물리적인 중심과 일치하지 않는데, 해당 지점을 무엇이라 하는가?

4 방사왜곡의 대표적인 두 가지 타입은?

5 카메라의 초점거리, 주점이동량, 방사왜곡, 편심왜곡 등 카메라 내부의 정보인 내부표정요소를 정확히 알아내는 과정을 무엇이라 하는가?

6 **렌즈의 성능을 나타내는 수치로 가장 많이 활용되는 것이 MTF(Modulation Transfer Function)이다. MTF 측정의 주요한 두 요소는?**

정답

(1) 렌즈 수차

(2) 방사왜곡, 편심왜곡

(3) 주점 principal point

(4) 배럴타입, 핀쿠션 타입

(5) 카메라 캘리브레이션

(6) 콘트라스트(Contrast) 및 해상력(Resolution)

CHAPTER 07

사진측량의 엔진(공선 조건식)

CHAPTER 07 사진측량의 엔진(공선 조건식)

사진측량의 대부분의 알고리즘은 공선조건식을 기반으로 한다. **공선조건식이란 3차원으로 된 지상좌표 (E,N,h 또는 경도/위도/표고)와 사진좌표(행,열)간의 관계를 맺어주는 수식**이다.

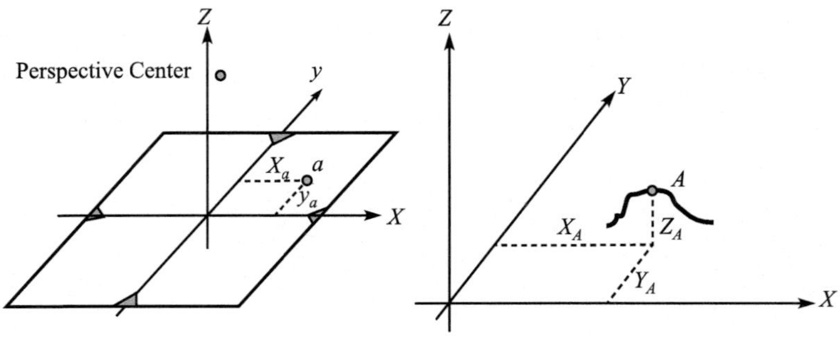

$$x_a = f_x(X_A, Y_A, Z_A, \ldots\ldots)$$
$$y_a = f_y(X_A, Y_A, Z_A, \ldots\ldots)$$

그림 79. 사진좌표계와 지상좌표계

1. 3차원 사진좌표계

먼저 공선조건식을 유도하고 이해하기 위해서는 사진의 좌표계 (또는 카메라 좌표계)를 먼저 이해해야 한다. 앞 장에서 픽셀좌표계와 사진좌표계를 배웠는데, 여기서는 3차원 사진좌표계로 약간 확장해보고자 한다. 우선 **3차원 사진좌표계의 중심은 렌즈의 중심에 위치**한다. 다음으로 x축의 방향은 사진을 평면으로 보았을 때 우측방향이고 그의 수직방향이 y축이다 (앞장에서 배운 사진좌표계와 동일하다). 따라서 **z축은 xy평면의 수직인 방향**이 된다. 그림 80에서 사진의 중심에서 사진상으로 수직으로 내린 법선이 사진평면의 중심이 되고 사진상의 지점 a에 대해 x,y좌표값을 결정할 수 있다. **z좌표값은 렌즈 중심과 사진평면사이의 거리가 초점거리(f)이므로, -f가 좌표값**이 된다. 따라서 아래와 같이 3차원 벡터로 표현이 가능하다.

$$v_a = \begin{bmatrix} x_a \\ y_a \\ -f \end{bmatrix}$$

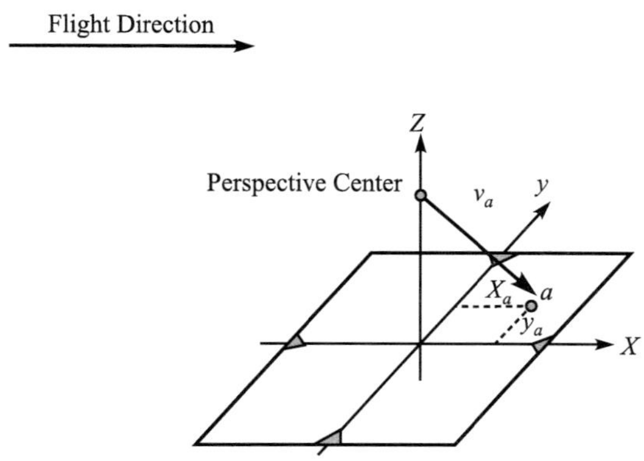

그림 80. 사진 좌표계 (카메라 좌표계)

2. 회전행렬

지상좌표계로 이루어진 공간에 카메라를 탑재한 드론/항공기가 이동하며 촬영한다고 가정했을 때, 카메라의 좌표계를 지상좌표계와 항시 평행하게 촬영한다는 것은 불가능하다. 촬영 시 자세는 항상 변화하게 되어 있으며 두 좌표계간의 회전에 대한 고려가 필요하다. 이를 회전행렬로서 표현하여 연산에 활용하게 된다.

회전은 지상좌표계를 회전하여 카메라 좌표계로 변환하는 순서로 진행한다는 염두에 두고 회전행렬에 대해 이해해보자. 사진측량의 모든 이론은 이렇게 변환하는 것을 약속으로 전개한다.

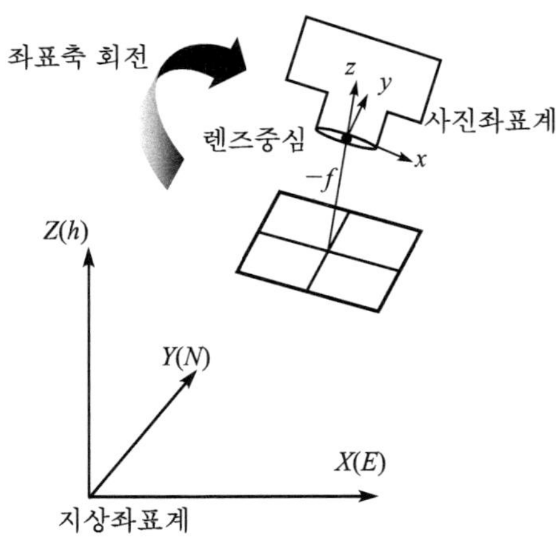

그림 81. 회전행렬 개념: 지상좌표계를 사진좌표계와 평행하도록 회전

회전행렬은 3차원 회전의 개념이므로 X,Y,Z 축을 회전하는 3번의 회전이 필요하다. 이를 X,Y,Z축 순서대로 회전하게 되는데 각 축을 화살표 방향에서 잡고 시계 반대 방향으로 회전하는 것을 양(+)의 방향으로 한다. **X축을 회전하는 것을 롤(roll, 오메가 ω로 나타낸다), Y축을 회전하는 것을 피치(pitch, 파이 ϕ로 나타낸다), Z축을 회전하는 것을 요(yaw, 카파 κ로 나타낸다)**라고 한다. 이렇게 **지상좌표계를 순서대로 세 번 회전하여 촬영 당시의 카메라 축과 평행하게** 만드는 것이다.

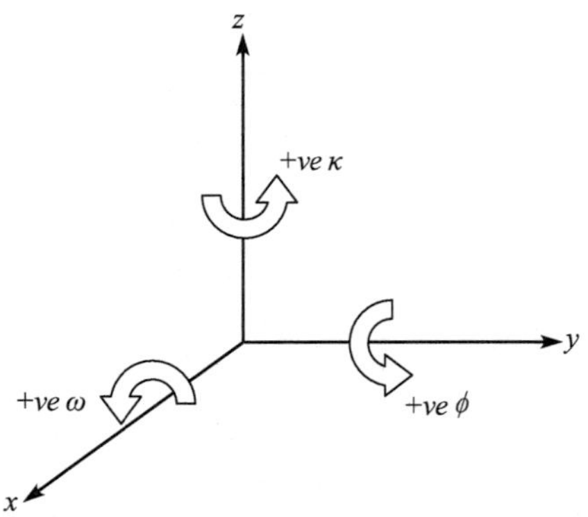

그림 82. 3개의 좌표축을 각각 양의 방향으로의 회전

그림 83을 예로 들면, 첫 번째로 X축을 +90도 회전하고, 회전된 Y축을 -20도 회전, 최종적으로 Z축을 0도 회전하면 카메라의 x,y,z축과 평행하게 된다.

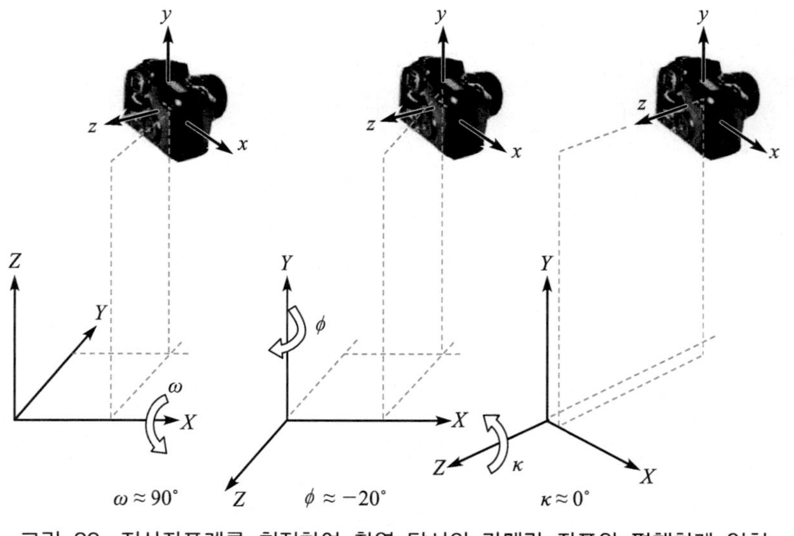

그림 83. 지상좌표계를 회전하여 촬영 당시의 카메라 좌표와 평행하게 일치

이를 이해하였다면 그림 84의 퀴즈를 풀어보자. 어떻게 하면 지상좌표계 좌표축을 순서대로 회전하여 카메라의 좌표계와 평행하게 만들 수 있을까? 정답은 페이지 아래[4]에 주어져 있다.

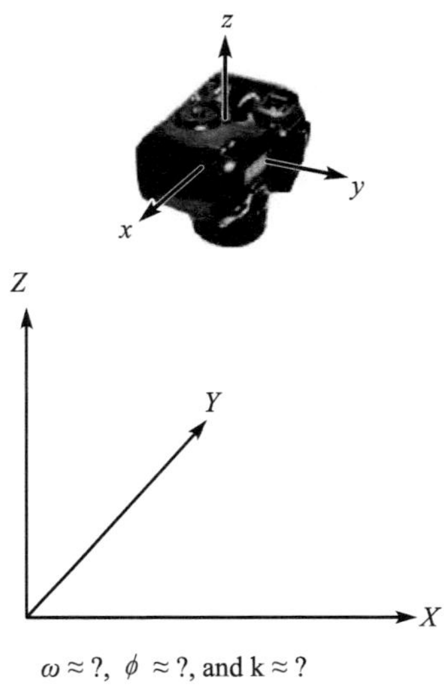

그림 84. 회전량 퀴즈

이제 회전량을 수식으로 사용하기 위한 개념을 알아보도록 하자. 이를 위해서는 고등학교 때 학습하였던 회전행렬에 대해서 이해해야 한다. 2차원 x,y 좌표평면에서 회전은 아래와 같이 x축을 기준으로 **시계 반대방향을 양(+)의 방향**으로 설정한다. 해당 지점 v_0을 회전각 θ만큼 회전할 경우 수식은 행렬 형태로 아래와 같이 정의된다. 1행2열앞의 Sine 앞에 음수(-)가 있는 것을 기억하라. 그런데 회전을 지점을 회전하지 않고, 좌표축 자체를 반대 방향으로 회전하는 것도 동일한 결과를 얻을 수 있다. 예를 들어, 해당 지점을 -30도 회전하는 것과 해당 지점은 그대로 두고 좌표축을 시계 반대 방향으로 30도 회전하는 것의 결과는 동일하다.

$$\begin{bmatrix} x' \\ y' \end{bmatrix} = \begin{bmatrix} \cos\theta & -\sin\theta \\ \sin\theta & \cos\theta \end{bmatrix} \begin{bmatrix} x \\ y \end{bmatrix} = R_\theta \begin{bmatrix} x \\ y \end{bmatrix}$$

4) 정답: 카파 = -90도

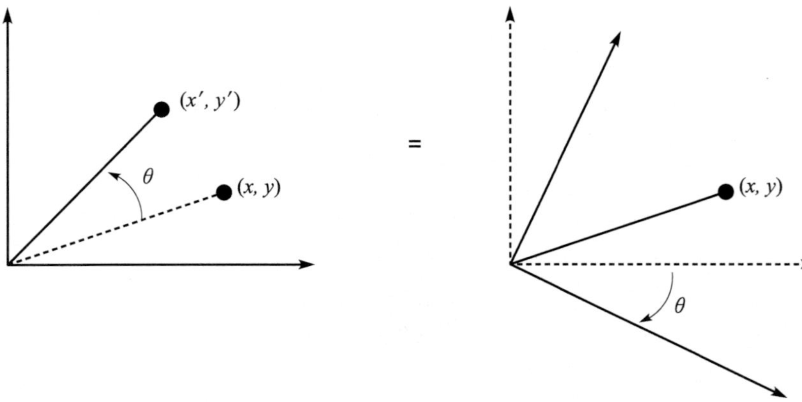

그림 85. 관심 지점의 회전과 좌표축의 회전 (둘의 결과는 동일)

즉, 사진측량에서는 해당 지점을 회전하는 것으로 하지 않고, 좌표축을 회전하는 것으로 회전행렬을 구성한다. 이때의 회전행렬식은 음수(-)가 2행1열에 있게 된다. 이를 해당 지점 회전과의 차별화를 위해 행렬 이름을 M으로 사용하기로 한다.

$$\begin{bmatrix} x' \\ y' \end{bmatrix} = \begin{bmatrix} \cos\theta & \sin\theta \\ -\sin\theta & \cos\theta \end{bmatrix} \begin{bmatrix} x \\ y \end{bmatrix} = M_\theta \begin{bmatrix} x \\ y \end{bmatrix}$$

이제 2차원 공간이 아닌 3차원 공간으로 생각한다면, X,Y 축 2차원 평면에 Z축을 추가했다고 가정하고, Z축을 손으로 잡고 시계 반대 방향으로 κ만큼 회전하는 것을 생각하면 이는 2차원 평면에서 좌표축의 회전과 동일하다. 하지만 Z축이 있으므로 3차원으로 식을 적어보면 아래 식과 같은 형태를 보인다. z축을 고정하고 회전시켰으므로 z'=z 인 것을 볼 수 있다.

$$\begin{bmatrix} x' \\ y' \\ z' \end{bmatrix} = \begin{bmatrix} \cos\kappa & \sin\kappa & 0 \\ -\sin\kappa & \cos\kappa & 0 \\ 0 & 0 & 1 \end{bmatrix} \begin{bmatrix} x \\ y \\ z \end{bmatrix} = M_\kappa \begin{bmatrix} x \\ y \\ z \end{bmatrix}$$

유사하게 X축, Y축 회전에 대한 식을 구해보면 아래와 같이 만들어진다. X축 회전 시 X값은 그대로 유지되고, Y축 회전 시 Y값은 그대로 유지되는 것을 확인할 수 있다.

$$\begin{bmatrix} x' \\ y' \\ z' \end{bmatrix} = \begin{bmatrix} 1 & 0 & 0 \\ 0 & \cos\omega & \sin\omega \\ 0 & -\sin\omega & \cos\omega \end{bmatrix} \begin{bmatrix} x \\ y \\ z \end{bmatrix} = M_\omega \begin{bmatrix} x \\ y \\ z \end{bmatrix}$$

$$\begin{bmatrix} x' \\ y' \\ z' \end{bmatrix} = \begin{bmatrix} \cos\phi & 0 & -\sin\phi \\ 0 & 1 & 0 \\ \sin\phi & 0 & \cos\phi \end{bmatrix} \begin{bmatrix} x \\ y \\ z \end{bmatrix} = M_\phi \begin{bmatrix} x \\ y \\ z \end{bmatrix}$$

이제 순서대로 X축, Y축, Z축에 대해서 회전을 모두 적용하는 식을 구해보면 아래와 같이 만들어진다.

$$\begin{bmatrix} x' \\ y' \\ z' \end{bmatrix} = \begin{bmatrix} \cos\kappa & \sin\kappa & 0 \\ -\sin\kappa & \cos\kappa & 0 \\ 0 & 0 & 1 \end{bmatrix} \begin{bmatrix} \cos\phi & 0 & -\sin\phi \\ 0 & 1 & 0 \\ \sin\phi & 0 & \cos\phi \end{bmatrix} \begin{bmatrix} 1 & 0 & 0 \\ 0 & \cos\omega & \sin\omega \\ 0 & -\sin\omega & \cos\omega \end{bmatrix} \begin{bmatrix} x \\ y \\ z \end{bmatrix} = M_\kappa M_\phi M_\omega \begin{bmatrix} x \\ y \\ z \end{bmatrix}$$

행렬의 곱을 모두 수행하면 아래와 같이 행렬이 만들어진다.

$$M = M_\kappa M_\phi M_\omega = \begin{bmatrix} m_{11} & m_{12} & m_{13} \\ m_{21} & m_{22} & m_{23} \\ m_{31} & m_{32} & m_{33} \end{bmatrix}$$

여기서,

$m_{11} = \cos\phi \cos\kappa$

$m_{12} = \cos\omega \sin\kappa + \sin\omega \sin\phi \cos\kappa$

$m_{13} = \sin\omega \sin\kappa - \cos\omega \sin\phi \cos\kappa$

$m_{21} = -\cos\phi \sin\kappa$

$m_{22} = \cos\omega \cos\kappa - \sin\omega \sin\phi \sin\kappa$

$m_{23} = \sin\omega \cos\kappa + \cos\omega \sin\phi \sin\kappa$

$m_{31} = \sin\phi$

$m_{32} = -\sin\omega \cos\phi$

$m_{33} = \cos\omega \cos\phi$

여기서 매우 중요한 것은 **회전행렬 곱이 순서가 바뀌면 절대 안 된다는** 것이다.

$$M_\kappa M_\phi M_\omega \neq M_\omega M_\phi M_\kappa$$

또한 중요한 사항으로 **회전행렬의 역행렬은 전치행렬과 동일**하다는 것이다.

$$M^{-1} = M^T$$

그러면 롤 30도, 피치 60도, 요 90도만큼을 회전한다고 했을 때 회전행렬을 구성해보자. 주의할 점은 순서가 바뀌면 안 된다는 것이다. 순서대로 롤, 피치, 카파 각도에 해당하는 회전행렬을 아래와 같이 곱한다.

$$\begin{bmatrix} x' \\ y' \\ z' \end{bmatrix} = \begin{bmatrix} \cos 90 & \sin 90 & 0 \\ -\sin 90 & \cos 90 & 0 \\ 0 & 0 & 1 \end{bmatrix} \begin{bmatrix} \cos 60 & 0 & -\sin 60 \\ 0 & 1 & 0 \\ \sin 60 & 0 & \cos 60 \end{bmatrix} \begin{bmatrix} 1 & 0 & 0 \\ 0 & \cos 30 & \sin 30 \\ 0 & -\sin 30 & \cos 30 \end{bmatrix} \begin{bmatrix} x \\ y \\ z \end{bmatrix} = \begin{bmatrix} 0 & 0.866025 & 0.5 \\ -0.5 & -0.43301 & 0.75 \\ 0.866025 & -0.25 & 0.433013 \end{bmatrix} \begin{bmatrix} x \\ y \\ z \end{bmatrix}$$

지금처럼 롤/피치/요 회전행렬을 각각 만들어 행렬 곱으로 전체 회전행렬 M을 만드는 것과 앞선 식의 $m_{11} \sim m_{33}$를 각각 계산하여 행렬 M을 만든 결과는 동일하다.

\- 회전행렬 구하기 (매트랩)

```
<입력: radian단위의 회전각 roll_rad, pitch_rad, yaw_rad>
<출력: 회전행렬 M>

R1 = [1 0 0;0 cos(roll_rad) sin(roll_rad);0 -sin(roll_rad) cos(roll_rad)];
R2 = [cos(pitch_rad) 0 -sin(pitch_rad);0 1 0;sin(pitch_rad) 0 cos(pitch_rad)];
R3 = [cos(yaw_rad) sin(yaw_rad) 0;-sin(yaw_rad) cos(yaw_rad) 0;0 0 1];
M = R3*R2*R1;
```

\- 회전행렬로부터 회전각 구하기 (매트랩)

```
<입력: 회전행렬 M>
<출력: radian단위의 회전각 roll_rad, pitch_rad, yaw_rad>

roll_rad    = atan2(-M(3,2),M(3,3));
pitch_rad   = asin(M(3,1));
yaw_rad = atan2(-M(2,1),M(1,1));
```

3. 공선조건식 유도

지상의 한 점 A가 위치할 경우 지상좌표계로 $V_A = [X_A \ Y_A \ Z_A]^T$로 나타낼 수 있다. 드론이나 항공기에 탑재된 카메라가 비행 중 해당 지점을 촬영했을 때의 렌즈 중심의 위치는 $V_L = [X_L\ Y_L\ Z_L]^T$로 나타낼 수 있다. 이때 L은 렌즈의 L이다. 그러면 L에서 A로 향하는 벡터는 두 벡터의 차이인 $V_{LA} = V_A - V_L = [X_A - X_L\ Y_A - Y_L\ Z_A - Z_L]^T$로 나타낼 수 있다. 여기까지가 모두 지상좌표계 상의 벡터들로서 모두 대문자를 사용하여 나타내었다.
다음으로 카메라 좌표계로 시선을 돌려 렌즈 중심에서 영상의 한점 a까지 벡터는 소문자로 $v_a = [x_a\ y_a\ -f]^T$로 나타낼 수 있다.
그러면 두 벡터 간의 상관관계를 만들어야 하는데, 이때 필요한 것이 앞서 배운 회전행렬이다. 회전행렬은 지상좌표계에 곱해져서 카메라 좌표계와 평행하게 만드는 것이었으므로 아래와 같이 $V_{LA} = V_A - V_L$에 회전행렬을 곱하여 관계식을 만들 수 있다. 그런데 그림 86에서 보는 것과 같이 v_a와 V_{AL} 두 벡터의 길이가 다르므로 축척 계수 λ를 곱하여 크기를 동일하게 맞추어주었다.
이제 공선조건식이 유도되었다. 이를 공선조건식 형태 1이라 지칭하자. 이 형태가 가장 **기본적인 공선조건식의 형태**이다.

$$\begin{bmatrix} x_a \\ y_a \\ -f \end{bmatrix} = \lambda M \begin{bmatrix} X_A - X_L \\ Y_A - Y_L \\ Z_A - Z_L \end{bmatrix}$$

여기서, M은 지상좌표계를 카메라 좌표계와 평행하게 만드는 회전행렬

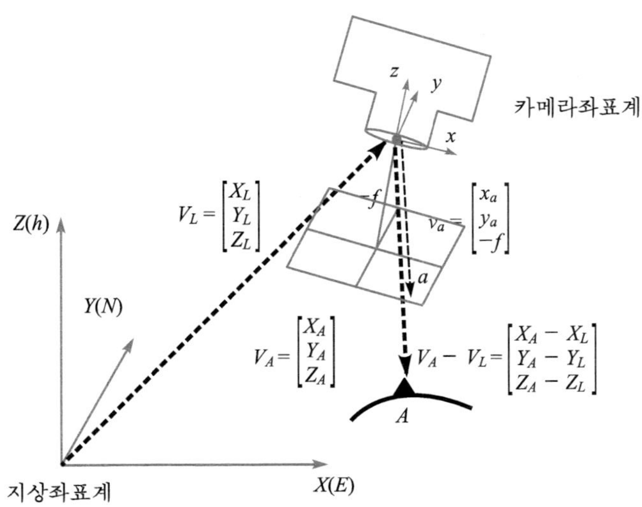

그림 86. 공선조건식 유도

여기서 회전행렬과 $V_{LA}=V_A-V_L$ 벡터의 곱을 따로 계산한 것을 별도로 $[UVW]^T$로 지칭하면 향후 활용에 편리하다.

$$\begin{bmatrix} U \\ V \\ W \end{bmatrix} = M \begin{bmatrix} X_A - X_L \\ Y_A - Y_L \\ Z_A - Z_L \end{bmatrix}$$

회전행렬과의 곱을 풀어보면 아래와 같다.

$$\begin{bmatrix} U \\ V \\ W \end{bmatrix} = \begin{bmatrix} m_{11}(X_A - X_L) + m_{12}(Y_A - Y_L) + m_{13}(Z_A - Z_L) \\ m_{21}(X_A - X_L) + m_{22}(Y_A - Y_L) + m_{23}(Z_A - Z_L) \\ m_{31}(X_A - X_L) + m_{32}(Y_A - Y_L) + m_{33}(Z_A - Z_L) \end{bmatrix}$$

그러면 공선조건식을 U,V,W를 써서 아래와 같이 훨씬 간단하게 표현해볼 수도 있다. 이를 **공선조건식 형태2**라고 하자.

$$\begin{bmatrix} x_a \\ y_a \\ -f \end{bmatrix} = \lambda \begin{bmatrix} U \\ V \\ W \end{bmatrix}$$

공선조건식에서 우리가 구하고 싶어 하는 것은 a지점의 사진좌표인 x_a와 y_a이므로 x_a와 y_a를 세 번째 요소인 초점거리 $-f$로 나누면, **공선조건식 형태3**을 만들 수 있다. 물론 형태 1,2,3 모두 완전히 동일한 식이다.

$$\frac{x_a}{-f} = \frac{\lambda U}{\lambda W} \Rightarrow x_a = -f\frac{U}{W}$$

$$\frac{y_a}{-f} = \frac{\lambda V}{\lambda W} \Rightarrow y_a = -f\frac{V}{W}$$

마지막으로 U,V,W를 대입해보면 아래와 같이 풀어진 형태의 공선조건식 형태가 만들어진다. 이 형태가 다른 사진측량 교재 등에서 가장 많이 보여지는 식이며, 공선조건식 형태3와 동일한 식이다.

$$x_a = -f\frac{m_{11}(X_A - X_L) + m_{12}(Y_A - Y_L) + m_{13}(Z_A - Z_L)}{m_{31}(X_A - X_L) + m_{32}(Y_A - Y_L) + m_{33}(Z_A - Z}$$
$$y_a = -f\frac{m_{21}(X_A - X_L) + m_{22}(Y_A - Y_L) + m_{23}(Z_A - Z_L)}{m_{31}(X_A - X_L) + m_{32}(Y_A - Y_L) + m_{33}(Z_A - Z}$$

이렇게 공선조건식의 형태는 여러 가지로 나타낼 수 있으나, 모두 동일한 식이다. 일반적으로 형태 1,2,3과 같이 행렬 형태로 사용하면 컴퓨터 연산을 활용하기에 매우 편리하다.

4. 공선조건식 사용해보기

이번에는 공선조건식을 사용하여 계산을 한번 해보도록 한다. MS Excel이나 Matlab등 프로그램을 이용하여 행렬계산을 수행하면 편리하니 참고하도록 한다.

초점거리 $f = 105.2mm$

CCD의 1픽셀의 크기 $= 9\mu m\,(micron) = 0.009mm$

CCD의 사이즈 = 가로 11500 픽셀, 세로 7500 픽셀

사진번호	XL	YL	ZL	Omega(도)	Phi (도)	Kappa (도)
466	233210.305	315781.991	1222.243	1.44666	-0.40887	7.11441
467	233354.768	315782.164	1222.001	1.34298	-0.41688	6.98355

이 때 지상의 한 점 A의 좌표가 아래와 같이 주어졌을 때 466 사진과 467 사진에 맺히는 영상좌표(row, column)를 구하여라.

A = [233367.76 315787.98 95.17]

Step1 : 공선조건식을 계산하기 위해 제일 먼저 필요한 계산은 공선조건식의 우변에 있는 $V_{LA} = V_A - V_L = [X_A - X_L\ \ Y_A - Y_L\ \ Z_A - Z_L]^T$ 의 계산이다.

$$\begin{bmatrix} X_A - X_L \\ Y_A - Y_L \\ Z_A - Z_L \end{bmatrix} = \begin{bmatrix} 23367.76 - 233210.305 \\ 315787.98 - 315781.991 \\ 95.17 - 1222.243 \end{bmatrix} = \begin{bmatrix} 157.455 \\ 5.989 \\ -1127.073 \end{bmatrix} m$$

Step2 : 제일 중요한 것이 회전행렬의 계산이다. 회전행렬 계산은 omega, phi, kappa각 각의 회전행렬을 구하여 행렬의 곱으로 구해도 되고, 이미 곱해진 sine, cosine식을 이용하여 구해도 된다. 전자의 방법이 보다 편리한 방법이다.

$$M=\begin{bmatrix}\cos(7.11441) & \sin(7.11441) & 0\\ -\sin(7.11441) & \cos(7.11441) & 0\\ 0 & 0 & 1\end{bmatrix}\begin{bmatrix}\cos(-0.4089) & 0 & -\sin(-0.4089)\\ 0 & 1 & 0\\ \sin(-0.4089) & 0 & \cos(-0.4089)\end{bmatrix}\begin{bmatrix}1 & 0 & 0\\ 0 & \cos(1.44666) & \sin(1.44666)\\ 0 & -\sin(1.44666) & \cos(1.44666)\end{bmatrix}$$

$$=\begin{bmatrix}0.992276 & 0.123633 & 0.010206\\ -0.123848 & 0.992007 & 0.024168\\ -0.007136 & -0.025246 & 0.999656\end{bmatrix}$$

Step3 : $[U\ V\ W]^T = M[X_A - X_L\ Y_A - Y_L\ Z_A - Z_L]^T$을 구하면,

$$\begin{bmatrix}x_a\\ y_a\\ -f\end{bmatrix}=\lambda M\begin{bmatrix}X_A-X_L\\ Y_A-Y_L\\ Z_A-Z_L\end{bmatrix}=\lambda\begin{bmatrix}0.992276 & 0.123633 & 0.010206\\ -0.123848 & 0.992007 & 0.024168\\ -0.007136 & -0.025246 & 0.999656\end{bmatrix}\begin{bmatrix}157.455\\ 5.989\\ -1127.073\end{bmatrix}=\lambda\begin{bmatrix}145.476673\\ -40.798885\\ -1127.959876\end{bmatrix}$$

Step4 : 자 이제, 문제의 축척 계수인 λ만 없으면 된다. 없애는 방법은 x_a와 y_a를 세 번째 항인 $-f$로 나누는 방법이다. 즉,

$$\frac{x_a}{-f}=\frac{145.476673\lambda}{-1127.959876\lambda}=\frac{145.476673}{-1127.959876}=-0.128973$$

$$\frac{y_a}{-f}=\frac{-40.798885\lambda}{-1127.959876\lambda}=\frac{40.798885}{-1127.959876}=0.036171$$

아래와 같이 사진좌표를 구해낼 수 있다.

$$x_a=-f\times(-0.128973) = 105.2\times(-0.128973) = 13.567988mm$$

$$y_a=-f\times(0.036171) = 105.2\times(0.036171) = -3.805138mm$$

Step5 : 마지막으로 픽셀좌표계로 변환을 수행하면, 아래와 같은 결과를 얻는다.

$$c_a=\frac{COL}{2}+\frac{x_a}{pixelsize}=\frac{7500}{2}+\frac{13.567988mm}{0.009mm}=5257.55$$

$$r_a=\frac{ROW}{2}-\frac{y_a}{pixelsize}=\frac{11500}{2}-\frac{-3.805138mm}{0.009mm}=6172.79$$

Step6 : 위치 확인

계산된 픽셀좌표로 사진상에서 위치를 확인해보자. 그림 87의 #466사진에서 한 건물 모서리의 한 지점임을 알 수 있다.

그림 87. 공선조건식을 활용한 영상점 확인

동일하게 #467 사진에 대해서도 계산을 직접 해보길 바란다. 정답은 페이지 끝에 주어져 있다[5]. 매트랩이나 엑셀 등으로 프로그램 형태로 짜두면 매번 연산하지 않고 입력값만 교체하여 손쉽게 계산할 수 있으니 직접 해보길 바란다. 그림 87과 같이 #467사진에서도 동일한 지점을 가리키는 것을 확인할 수 있다.

- 공선조건식 (지상-->영상) (매트랩 구현)

<입력1: 지상좌표 X,Y,Z>
<입력2: 카메라 IOP, 초점거리 focal, 주점이동량 xp, yp, 방사왜곡 k0~k3, 편심왜곡 p1, p2, CMOS 정보 PIXEL_SIZE, COL,ROW>
<입력3: 사진 EOP XL, YL, ZL, omega, phi, kappa>
<출력: 지상좌표에 대한 영상 픽셀 좌표 c,r>

5) 467사진 상의 픽셀 좌표 (c,r) = (3773.39, 5968.124)

```
R1 = [1 0 0;0 cos(omega) sin(omega);0 -sin(omega) cos(omega)];
R2 = [cos(phi) 0 -sin(phi);0 1 0;sin(phi) 0 cos(phi)];
R3 = [cos(kappa) sin(kappa) 0;-sin(kappa) cos(kappa) 0;0 0 1];
M = R3*R2*R1;

UVW = M*[X- XL;Y- YL;Z- ZL];
U = UVW(1);V = UVW(2);W = UVW(3);

x_c = -focal*U/W;
y_c = -focal*V/W;

% lens distortion 계산
r2 = x_c^2+y_c^2;% radial distance
r4 = r2^2;
r6 = r2*r4;

dx = x_c*(k0 + k1*r2 + k2*r4 + k3*r6) + (2*x_c^2+r2)*p1 + 2*p2*x_c*y_c;
dy = y_c*(k0 + k1*r2 + k2*r4 + k3*r6) + 2*p1*x_c*y_c+ (2*y_c^2+r2)*p2;
% lens distortion 적용
x = x_c + xp - dx;
y = y_c + yp - dy;

% pixel 좌표로 변환
c = x*1/PIXEL_SIZE + COL/2; % col
r = y*(-1/PIXEL_SIZE) + ROW/2; % row
```

5. 지상좌표 구하기 [단일 사진]

앞서 공선조건식을 유도해보고 지상좌표가 주어졌을 때 해당하는 사진의 좌표를 구해보는 연습을 해보았다(그림 88 제일 좌측). 이번에는 반대로 사진의 좌표가 주어졌을 때 지상좌표를 구하는 계산을 수행해보자. 그 88 중간 그림에서 보는 것과 같이 사진점으로부터 이제 반대로 지상쪽으로 빛이 나아가는 화살표로 바라볼 수 있는데, 지상에 대한 아무런 정보 없이는 지상좌표를 계산할 수가 없다. 그러나 제일 우측 그림에서 보는 것과 같이 지상의 높이만 주어진다면, 빛이 맺혀지는 위치를 계산할 수가 있게 된다.

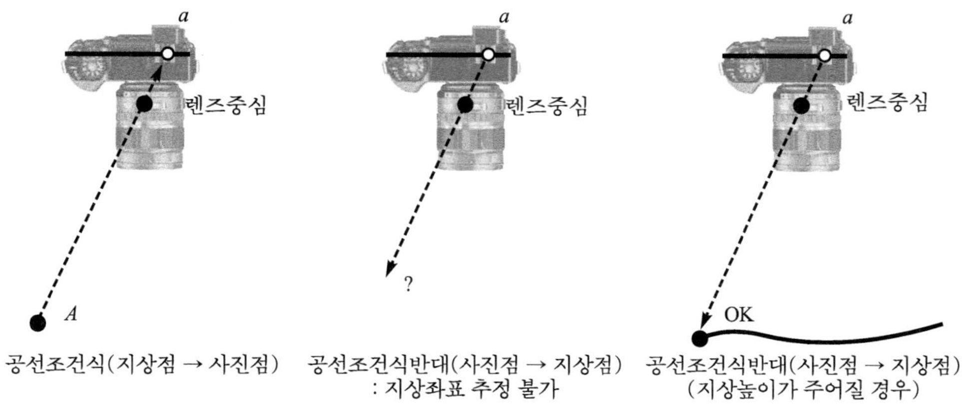

그림 88. 공선조건식을 이용한 사진좌표/지상좌표계산

지상으로 나아가는 방향으로 공선조건식을 구성하는 것은 아래와 같이 회전행렬을 역행렬로 좌측으로 넘기고(회전행렬의 역행렬 = 전치행렬), 축척 계수 또한 넘기면 아래와 같이 식을 만들 수 있다.

$$\begin{bmatrix} x_a \\ y_a \\ -f \end{bmatrix} = \lambda M \begin{bmatrix} X_A - X_L \\ Y_A - Y_L \\ Z_A - Z_L \end{bmatrix} \Rightarrow \begin{bmatrix} X_A - X_L \\ Y_A - Y_L \\ Z_A - Z_L \end{bmatrix} = \frac{1}{\lambda} M^T \begin{bmatrix} x_a \\ y_a \\ -f \end{bmatrix}$$

우측 행렬과 벡터의 곱을 먼저 계산한 후 축척 계수를 제거한다.

$$\begin{bmatrix} u \\ v \\ w \end{bmatrix} = M^T \begin{bmatrix} x_a \\ y_a \\ -f \end{bmatrix}$$

다음으로

$$\frac{X_A - X_L}{Z_A - Z_L} = \frac{u}{w} \Rightarrow X_A = \frac{u}{w}(Z_A - Z_L) + X_L$$
$$\frac{Y_A - Y_L}{Z_A - Z_L} = \frac{v}{w} \Rightarrow Y_A = \frac{v}{w}(Z_A - Z_L) + Y_L$$

자 이제 예를 이용하여 지상좌표를 구해보자. 아래와 같이 영상획득 시 활용된 카메라의 스펙, 촬영 당시의 위치, 자세가 주어져 있다.

초점거리 $f = 105.2mm$

CCD의 1픽셀의 크기 $= 9\mu m\,(micron) = 0.009mm$

CCD의 사이즈 = 가로 11500 픽셀, 세로 7500 픽셀

사진번호	XL	YL	ZL	Omega(도)	Phi (도)	Kappa (도)
466	233210.305	315781.991	1222.243	1.44666	-0.40887	7.11441
467	233354.768	315782.164	1222.001	1.34298	-0.41688	6.98355

여기서 466번 사진의 한점의 좌표를 읽어보니 $(c_a, r_a) = (5257.55, 6172.79)pixels$와 같았다.

대부분의 정보가 주어졌으나 중요한 정보가 하나 누락되었다. 무엇인가? 바로 지상좌표의 높이값이다.

높이값 = 95.17m

이제 계산을 진행해보자.

Step1: 픽셀좌표를 사진좌표로 변환한다.

$$x_a = \left(c_a - \frac{COL}{2}\right) \times pixelsize \quad \Rightarrow \quad x_a = \left(5257.55 - \frac{7500}{2}\right) \times 0.009mm = 13.567988mm$$
$$y_a = \left(-r_a + \frac{ROW}{2}\right) \times pixelsize \Rightarrow \; y_a = \left(-6172.79 + \frac{11500}{2}\right) \times 0.009mm = -3.805138mm$$

Step2: u, v, w를 계산한다.

회전행렬은 아래와 같이 구할 수 있다.

$$M = \begin{bmatrix} \cos(7.11441) & \sin(7.11441) & 0 \\ -\sin(7.11441) & \cos(7.11441) & 0 \\ 0 & 0 & 1 \end{bmatrix} \begin{bmatrix} \cos(-0.4089) & 0 & -\sin(-0.4089) \\ 0 & 1 & 0 \\ \sin(-0.4089) & 0 & \cos(-0.4089) \end{bmatrix} \begin{bmatrix} 1 & 0 & 0 \\ 0 & \cos(1.44666) & \sin(1.44666) \\ 0 & -\sin(1.44666) & \cos(1.44666) \end{bmatrix}$$
$$= \begin{bmatrix} 0.992276 & 0.123633 & 0.010206 \\ -0.123848 & 0.992007 & 0.024168 \\ -0.007136 & -0.025246 & 0.999656 \end{bmatrix}$$

따라서

$$\begin{bmatrix} u \\ v \\ w \end{bmatrix} = M^T \begin{bmatrix} x_a \\ y_a \\ -f \end{bmatrix} = \begin{bmatrix} 0.992276 & -0.123848 & -0.007136 \\ 0.123633 & 0.992007 & -0.025246 \\ 0.010206 & 0.024168 & 0.999656 \end{bmatrix} \begin{bmatrix} 13.567988 \\ -3.805138 \\ -105.2 \end{bmatrix} = \begin{bmatrix} 14.68516 \\ 0.558568 \\ -105.117 \end{bmatrix}$$

Step3: 지상의 수평좌표를 계산한다.

$$X_A = \frac{u}{w}(Z_A - Z_L) + X_L \Rightarrow X_A = \frac{14.68516}{-105.117}(95.17 - 1222.24) + 233210 = 233367.76m$$

$$Y_A = \frac{v}{w}(Z_A - Z_L) + Y_L \Rightarrow Y_A = \frac{0.558568}{-105.117}(95.17 - 1222.24) + 315782 = 315787.98m$$

앞서 공선조건식 사용하기에 처음 제시되었던 좌표와 같아진 것을 알 수 있다.

- 단일 사진 기반 수평좌표 구하기 (매트랩)

```
<입력1: 영상좌표 c, r 지상표고 Z_A>
<입력2: 카메라 IOP, 초점거리 focal, 주점이동량 xp, yp, 방사왜곡 k0~k3, 편심왜곡 p1, p2,
CMOS 정보 PIXEL_SIZE, COL,ROW>
<입력3: 사진 EOP XL, YL, ZL, omega, phi, kappa>
<출력: A점의 수평좌표 X_A, Y_A>

R1 = [1 0 0;0 cos(omega) sin(omega);0 -sin(omega) cos(omega)];
R2 = [cos(phi) 0 -sin(phi);0 1 0;sin(phi) 0 cos(phi)];
R3 = [cos(kappa) sin(kappa) 0;-sin(kappa) cos(kappa) 0;0 0 1];
M = R3*R2*R1;

% 사진 좌표로 변환
x = (c - COL/2)*PIXEL_SIZE;
y = (-r + ROW/2)*PIXEL_SIZE;

% lens distortion 계산
x_bar = x-xp;
y_bar = y-yp;
r2 = x_bar^2+y_bar^2;% radial distance
r4 = r2^2;
```

```
r6 = r2*r4;

dx = x_bar*(k0 + k1*r2 + k2*r4 + k3*r6) + (2*x_bar^2+r2)*p1 + 2*p2*x_bar*y_bar;
dy = y_bar*(k0 + k1*r2 + k2*r4 + k3*r6) + 2*p1*x_bar*y_bar+ (2*y_bar^2+r2)*p2;

x_c = x - xp + dx;
y_c = y - yp + dy;

% 공선조건 적용
uvw = M'*[x_c;y_c;-focal];
u = uvw(1); v=uvw(2); w=uvw(3);

% 수평좌표 계산
X_A = u/w*(Z_A - ZL) + XL;
Y_A = v/w*(Z_A - ZL) + YL;
```

6. 지상좌표 구하기 [입체사진 2장]

앞서 단일 사진의 경우 지상좌표 중 높이값이 주어져야지만 수평좌표를 결정 가능하였다. 그러나 서로 다른 두 위치에서 동일 대상지를 촬영한 입체사진이 존재할 경우 높이값이 주어지지 않더라도 좌표값을 결정할 수가 있다. 그러나 그림 89에서 입체사진이 주어질 경우 좌측 그림과 같이 설정된 위치와 자세에서 나온 광선이 교차하지 않을 경우 지상좌표를 결정할 수가 없다. 우측 그림과 같이 적절히 설정된 카메라 위치와 자세가 존재해야지만 두 광선은 지상에서 교차하게 되며 해당 지점의 좌표가 정확한 좌표값이 된다.

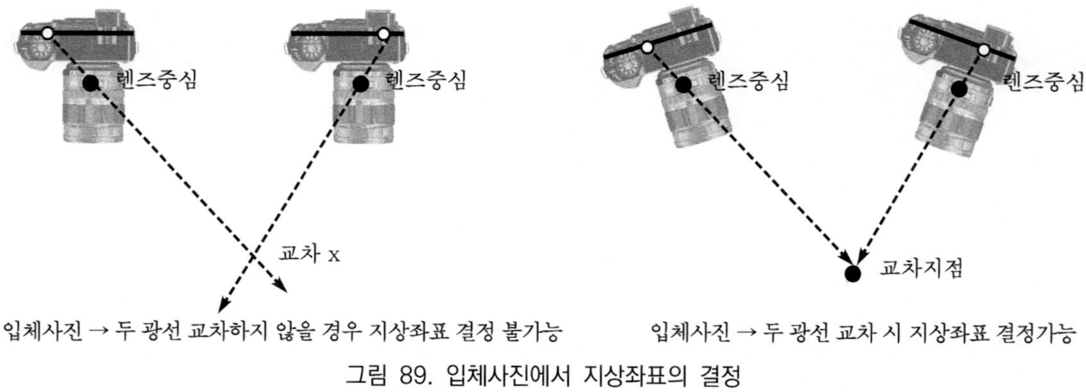

그림 89. 입체사진에서 지상좌표의 결정

원칙적으로는 공선조건식을 선형화하고 최소제곱법에 의거하여 지상좌표를 계산해야 하나, 본 장에서는 보다 쉬운 방법으로 **공간교회법(space inersection)**으로 지상좌표를 구하는 방법을 제시한다.

먼저 동일한 카메라로 두 위치에서 촬영했다고 가정하고, 카메라 정보 및 촬영된 위치와 자세가 필요하다. 다시 말해 카메라 정보인 초점거리, 왜곡 정보가 주어져야 하며, 다음으로 두 위치의 위치/자세가 있어야 한다. 또한 획득된 사진에서 동일지점을 가리키는 지점의 사진좌표가 주어져야 한다.

그림 90에서 1, 2번 사진이 주어졌고, 해당 사진에서 사진점 a_1, a_2가 주어졌다. 카메라의 초점거리는 f이고 왜곡은 없다고 가정한다. 1, 2번 사진의 위치와 자세도 주어졌다고 하자. 두 사진점이 정해지는 즉시, 주어진 위치와 자세로 설정된 두 카메라에서 광선이 지상으로 향하여 발사된다고 상상하면 된다. 그러나, 위치 자세 등 오차가 존재하기 때문에 이를 고려했을 때 두 광선은 완벽히 교차하지는 않고 약간의 오차를 갖고 빗겨나가게 될 것이다.

두 광선이 최소거리를 가질 때 그 중심점이 바로 우리가 구하고자 하는 위치이다.

- 카메라 초점거리 : f
- 1, 2번 카메라 렌즈 위치 : $[X_1\ Y_1\ Z_1]$, $[X_2\ Y_2\ Z_2]$
- 1, 2번 카메라 자세에 대한 회전행렬 : M_1, M_2
- 1, 2번 사진의 A점 사진좌표 : (x_1, y_1), (x_2, y_2)

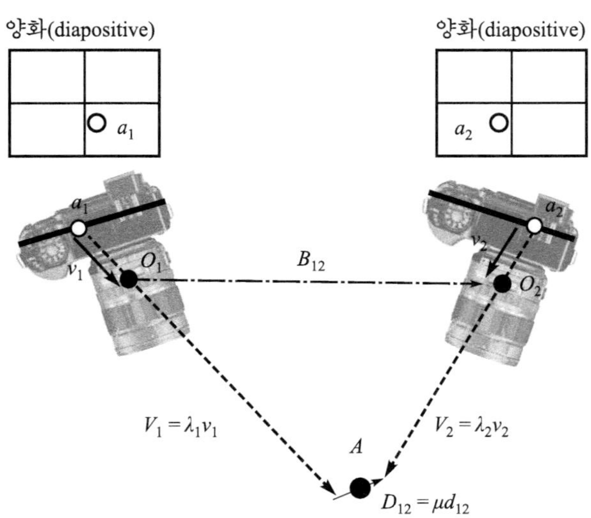

그림 90. 두 사진에서 전방교회법으로 지상좌표의 계산

자 개념을 이제 수식화해보자. 1번 사진에서 a_1지점에서 사진 중심을 향하는 벡터를 v_1 라고 하자. 2번 사진에서도 마찬가지로 v_2가 있다. 이를 지상으로 길이를 연장하면 축척 계수 λ가 곱해져 각각 V_1, V_2가 만들어진다. 두 벡터는 완전히 만나지 않으므로 이를 연결하는 벡터를 D_{12}라고 하고, 두 카메라 렌즈의 중심을 연결하는 벡터를 B_{12}라고 하자.

먼저 사진의 a지점에서 사진 중심을 향하는 벡터를 수식화하면, 회전행렬의 역행렬(전치행렬)을 곱하여 지상좌표계의 축과 동일하게 만들어주고, 축척 계수를 곱하여 지상으로 연장한다.

$$v_1 = \begin{bmatrix} v_X^{(1)} \\ v_Y^{(1)} \\ v_Z^{(1)} \end{bmatrix} = M_1^T \begin{bmatrix} x_1 \\ y_1 \\ -f \end{bmatrix}$$

$$v_2 = \begin{bmatrix} v_X^{(2)} \\ v_Y^{(2)} \\ v_Z^{(2)} \end{bmatrix} = M_2^T \begin{bmatrix} x_2 \\ y_2 \\ -f \end{bmatrix}$$

다음으로, B_{12}를 주어진 값을 기반으로 구성해보면,

$$B_{12} = \begin{bmatrix} X_2 - X_1 \\ Y_2 - Y_1 \\ Z_2 - Z_1 \end{bmatrix}$$

마지막으로 D_{12}의 방향을 나타내는 벡터인 d_{12}는 v_1,v_2 두 벡터 사이의 수직이므로 외적을 활용하여 구할 수 있다. 참고로 외적은 두 벡터의 수직벡터를 구할 수 있는 연산자이다. (벡터 사이에 있는 ×는 곱하기가 아니니 주의하도록 한다)

$$d_{12} = \begin{bmatrix} d_X \\ d_Y \\ d_Z \end{bmatrix} = v_1 \times v_2$$

그러면 벡터의 합에 의해 아래 식이 성립한다. 그림 90의 그림을 참고하라.

$$B_{12} = V_1 + D_{12} - V_2$$

따라서, 앞서 구성한 항목들을 대입해보면,

$$\begin{bmatrix} X_2 - X_1 \\ Y_2 - Y_1 \\ Z_2 - Z_1 \end{bmatrix} = \lambda_1 \begin{bmatrix} v_X^{(1)} \\ v_Y^{(1)} \\ v_Z^{(1)} \end{bmatrix} + \mu \begin{bmatrix} d_X \\ d_Y \\ d_Z \end{bmatrix} - \lambda_2 \begin{bmatrix} v_X^{(2)} \\ v_Y^{(2)} \\ v_Z^{(2)} \end{bmatrix}$$

행렬 형태로 묶어보면,

$$\begin{bmatrix} X_2 - X_1 \\ Y_2 - Y_1 \\ Z_2 - Z_1 \end{bmatrix} = \begin{bmatrix} v_X^{(1)} & d_X & -v_X^{(2)} \\ v_Y^{(1)} & d_Y & -v_Y^{(2)} \\ v_Z^{(1)} & d_Z & -v_Z^{(2)} \end{bmatrix} \begin{bmatrix} \lambda_1 \\ \mu \\ \lambda_2 \end{bmatrix}$$

$$\Rightarrow \begin{bmatrix} \lambda_1 \\ \mu \\ \lambda_2 \end{bmatrix} = \begin{bmatrix} v_X^{(1)} & d_X & -v_X^{(2)} \\ v_Y^{(1)} & d_Y & -v_Y^{(2)} \\ v_Z^{(1)} & d_Z & -v_Z^{(2)} \end{bmatrix}^{-1} \begin{bmatrix} X_2 - X_1 \\ Y_2 - Y_1 \\ Z_2 - Z_1 \end{bmatrix}$$

마지막으로 지상좌표 A는 아래와 같이 구할 수 있다. 마지막 항의 경우 D_{12}벡터의 딱 절반으로 설정된 것을 볼 수 있다.

$$\begin{bmatrix} X_A \\ Y_A \\ Z_A \end{bmatrix} = \begin{bmatrix} X_1 \\ Y_1 \\ Z_1 \end{bmatrix} + \lambda_1 v_1 + \frac{\mu}{2} D_{12}$$

자 이제 유도된 식을 이용하여 지상좌표를 구하는 실습을 진행해보자.

사진측량에 활용된 카메라의 제원과 사진 2장에 대한 위치/자세가 아래와 같이 주어졌다.

초점거리 $f = 105.2mm$

CCD의 1픽셀의 크기 $= 9\mu m\,(micron) = 0.009mm$

CCD의 사이즈 = 가로 11500 픽셀, 세로 7500 픽셀

촬영 당시의 위치 및 자세

사진번호	XL	YL	ZL	Omega(도)	Phi (도)	Kappa (도)
466	233210.305	315781.991	1222.243	1.44666	-0.40887	7.11441
467	233354.768	315782.164	1222.001	1.34298	-0.41688	6.98355

이 때, #466사진에서의 해당 지점의 픽셀좌표는 (5258,6174)이고, #467사진의 픽셀좌표는 (3774,5968)로 측정되었다. 해당 지점의 지상좌표를 구해보라.

Step1: B_{12}를 구한다.

$$B_{12} = \begin{bmatrix} X_2 - X_1 \\ Y_2 - Y_1 \\ Z_2 - Z_1 \end{bmatrix} = \begin{bmatrix} 233354.768 - 233210.305 \\ 315782.164 - 315781.991 \\ 1222.001 - 1222.243 \end{bmatrix} = \begin{bmatrix} 144.463 \\ 0.173 \\ -0.24199999 \end{bmatrix} m$$

Step2: 두 사진의 공선조건식 적용을 위한 회전행렬을 구한다. 이는 앞서 예제들에서 구한 것으로서 아래와 같이 계산된다.

$$M_1 = \begin{bmatrix} 0.992276 & 0.123633 & 0.010206 \\ -0.123848 & 0.992007 & 0.024168 \\ -0.007136 & -0.025246 & 0.999656 \end{bmatrix}, \ M_2 = \begin{bmatrix} 0.992555 & 0.121382 & 0.0100695 \\ -0.12158 & 0.992329 & 0.022379 \\ -0.00728 & -0.02344 & 0.9996988 \end{bmatrix}$$

Step3: 사진좌표에 대한 벡터를 구성한다. 픽셀좌표를 사진좌표로 변환한다.

$$\begin{bmatrix} x_1 \\ y_1 \\ -f \end{bmatrix} = \begin{bmatrix} 0.0135675 \\ -0.0038115 \\ -0.1052 \end{bmatrix} m, \quad \begin{bmatrix} x_2 \\ y_2 \\ -f \end{bmatrix} = \begin{bmatrix} 0.0002115 \\ -0.0019575 \\ -0.1052 \end{bmatrix} m$$

Step4: 사진좌표계를 지상좌표계와 평행하게 회전한 후 사진좌표를 바라본 값인 v_1, v_2를 계산한다.

$$v_1 = \begin{bmatrix} v_X^{(1)} \\ v_Y^{(1)} \\ v_Z^{(1)} \end{bmatrix} = M_1^T \begin{bmatrix} 0.0135675 \\ -0.0038115 \\ -0.1052 \end{bmatrix} = \begin{bmatrix} 0.0146854590922523 \\ 0.000552196752847686 \\ -0.105117443645172 \end{bmatrix} m$$

$$v_2 = \begin{bmatrix} v_X^{(2)} \\ v_Y^{(2)} \\ v_Z^{(2)} \end{bmatrix} = M_2^T \begin{bmatrix} 0.0002115 \\ -0.0019575 \\ -0.1052 \end{bmatrix} = \begin{bmatrix} 0.00121334138764537 \\ 0.000548724090913308 \\ -0.105209995927426 \end{bmatrix} m$$

Step5: $d_{12} = \begin{bmatrix} d_X \\ d_Y \\ d_Z \end{bmatrix} = v_1 \times v_2$를 계산한다.

$$d_{12} = v_1 \times v_2 = \begin{bmatrix} 0 & -v_Z^{(1)} & v_Y^{(1)} \\ v_Z^{(1)} & 0 & -v_X^{(1)} \\ -v_Y^{(1)} & v_X^{(1)} & 0 \end{bmatrix} \begin{bmatrix} v_X^{(2)} \\ v_Y^{(2)} \\ v_Z^{(2)} \end{bmatrix}$$

$$= \begin{bmatrix} 0 & 0.105117443645172 & 0.000552196752847686 \\ -0.105117443645172 & 0 & -0.0146854590922523 \\ -0.000552196752847686 & 0.0146854590922523 & 0 \end{bmatrix} \begin{bmatrix} 0.00121334138764537 \\ 0.000548724090913308 \\ -0.105209995927426 \end{bmatrix}$$

$$= \begin{bmatrix} -4.16144414915198 \times 10^{-7} \\ 0.00141751374635008 \\ 7.38826201568721 \times 10^{-6} \end{bmatrix}$$

Step6: $\begin{bmatrix} \lambda_1 \\ \mu \\ \lambda_2 \end{bmatrix}$ 계산

$$\begin{bmatrix} \lambda_1 \\ \mu \\ \lambda_2 \end{bmatrix} = \begin{bmatrix} u_1 & d_X & -u_2 \\ v_1 & d_Y & -v_2 \\ w_1 & d_Z & -w_2 \end{bmatrix}^{-1} \begin{bmatrix} X_2 - X_1 \\ Y_2 - Y_1 \\ Z_2 - Z_1 \end{bmatrix}$$

$$= \begin{bmatrix} 0.0146854590922523 & -4.16144414915198 \times 10^{-7} & -0.00121334138764537 \\ 0.000552196752847686 & 0.00141751374635008 & -0.000548724090913308 \\ -0.105117443645172 & 7.38826201568721 \times 10^{-6} & 0.105209995927426 \end{bmatrix}^{-1} \begin{bmatrix} 144.463000000018 \\ 0.173000000009779 \\ -0.241999999999962 \end{bmatrix}$$

$$= \begin{bmatrix} 10722.0555911759 \\ 91.2334278267459 \\ 10710.3169273636 \end{bmatrix}$$

Step7: 마지막 A좌표 계산

$$\begin{bmatrix} X_A \\ Y_A \\ Z_A \end{bmatrix} = \begin{bmatrix} X_1 \\ Y_1 \\ Z_1 \end{bmatrix} + \lambda_1 v_1 + \frac{\mu}{2} d_{12}$$

$$= \begin{bmatrix} 233210.305 \\ 315781.991 \\ 1222.243 \end{bmatrix} + 10722.0555911759 \begin{bmatrix} 0.0146854590922523 \\ 0.000552196752847686 \\ -0.105117443645172 \end{bmatrix}$$

$$+ \frac{91.2334278267459}{2} \begin{bmatrix} -4.16144414915198 \times 10^{-7} \\ 0.00141751374635008 \\ 7.38826201568721 \times 10^{-6} \end{bmatrix} = \begin{bmatrix} 233367.76329 \\ 315787.97635 \\ 95.16826 \end{bmatrix} m$$

공선조건식 처음 예제부터 나왔던 지상점의 좌표가 계산됨을 알 수 있다.

- 입체사진 기반 3차원 위치 구하기 (매트랩)

```
<입력1: 두 영상좌표 c1, r1, c2, r2>
<입력2: 카메라 IOP, 초점거리 focal, 주점이동량 xp, yp, 방사왜곡 k0~k3, 편심왜곡 p1, p2, CMOS 정보 PIXEL_SIZE, COL,ROW>
<입력3: 두 사진 EOP XL1, YL1, ZL1, omega1, phi1, kappa1, XL2, YL2, ZL2, omega2, phi2, kappa2>
<출력: A점의 수평좌표 X_A, Y_A, Z_A>

% 픽셀좌표 -> 영상좌표
x1 = (c1 - COL/2)*PIXEL_SIZE;
y1 = (-r1 + ROW/2)*PIXEL_SIZE;
x2 = (c2 - COL/2)*PIXEL_SIZE;
y2 = (-r2 + ROW/2)*PIXEL_SIZE;

% 렌즈왜곡 적용
x1_bar = x1-xp;
y1_bar = y1-xp;
r2 = x1_bar^2+y1_bar^2;% radial distance
r4 = r2^2;
r6 = r2*r4;

dx1 = x1_bar*(k0 + k1*r2 + k2*r4 + k3*r6) + (2*x1_bar^2+r2)*p1 + 2*p2*x1_bar*y1_bar;
dy1 = y1_bar*(k0 + k1*r2 + k2*r4 + k3*r6) + 2*p1*x1_bar*y1_bar+ (2*y1_bar^2+r2)*p2;

x2_bar = x2-xp;
y2_bar = y2-xp;
r2 = x2_bar^2+y2_bar^2;% radial distance
r4 = r2^2;
r6 = r2*r4;

dx2 = x2_bar*(k0 + k1*r2 + k2*r4 + k3*r6) + (2*x2_bar^2+r2)*p1 + 2*p2*x2_bar*y2_bar;
dy2 = y2_bar*(k0 + k1*r2 + k2*r4 + k3*r6) + 2*p1*x2_bar*y2_bar+ (2*y2_bar^2+r2)*p2;

x1_c = x1 - xp + dx1;
```

```
y1_c = y1 - yp + dy1;

x2_c = x2 - xp + dx2;
y2_c = y2 - yp + dy2;


% 회전행렬 계산
R1 = [1 0 0;0 cos(omega1) sin(omega1);0 -sin(omega1) cos(omega1)];
R2 = [cos(phi1) 0 -sin(phi1);0 1 0;sin(phi1) 0 cos(phi1)];
R3 = [cos(kappa1) sin(kappa1) 0;-sin(kappa1) cos(kappa1) 0;0 0 1];
M1 = R3*R2*R1;

R1 = [1 0 0;0 cos(omega2) sin(omega2);0 -sin(omega2) cos(omega2)];
R2 = [cos(phi2) 0 -sin(phi2);0 1 0;sin(phi2) 0 cos(phi2)];
R3 = [cos(kappa2) sin(kappa2) 0;-sin(kappa2) cos(kappa2) 0;0 0 1];
M2 = R3*R2*R1;

B  = [XL2 - XL1; YL2 - YL1; ZL2 - ZL1];
v1 = M1'*[x1_c;y1_c;-focal];
v2 = M2'*[x2_c;y2_c;-focal];

d = cross(v1,v2);

A = [v1(:) d(:) -v2(:)];
tmp = A₩B;

lambda1 = tmp(1);
kappa   = tmp(2);

X_A = XL1 + lambda1*v1(1) + kappa*d(1)/2;
Y_A = YL1 + lambda1*v1(2) + kappa*d(2)/2;
Z_A = ZL1 + lambda1*v1(3) + kappa*d(3)/2;

resi_parallax = norm(d)*kappa;
```

기사시험 문제

1 **완벽한 수직사진에 있는 한 점의 사진좌표를 (x, y, z)이라고 하고, z축을 기준으로 k만큼 회전할 때 얻어진 사진좌표를 (xκ, yκ, zκ)라고 할 때, 이 사진좌표의 관계를 올바르게 나타낸 것은?**

① $\begin{bmatrix} x_k \\ y_k \\ z_k \end{bmatrix} = \begin{bmatrix} 1 & 0 & 0 \\ 0 & \cos k & \sin k \\ 0 & -\sin k & \cos k \end{bmatrix} \begin{bmatrix} x \\ y \\ z \end{bmatrix}$ ② $\begin{bmatrix} x_k \\ y_k \\ z_k \end{bmatrix} = \begin{bmatrix} 1 & 0 & 0 \\ 0 & \cos k & -\sin k \\ 0 & \sin k & \cos k \end{bmatrix} \begin{bmatrix} x \\ y \\ z \end{bmatrix}$

③ $\begin{bmatrix} x_k \\ y_k \\ z_k \end{bmatrix} = \begin{bmatrix} \cos k & \sin k & 0 \\ -\sin k & \cos k & 0 \\ 0 & 0 & 1 \end{bmatrix} \begin{bmatrix} x \\ y \\ z \end{bmatrix}$ ④ $\begin{bmatrix} x_k \\ y_k \\ z_k \end{bmatrix} = \begin{bmatrix} \cos k & \sin k & 0 \\ \sin k & \cos k & 0 \\ 0 & 0 & 1 \end{bmatrix} \begin{bmatrix} x \\ y \\ z \end{bmatrix}$

2 **연직사진의 경우 사진좌표계(x, y)와 지상좌표계(X, Y)가 그림과 같이 구성되었다. 지상좌표를 사진좌표계로 변환하기 위한 3차원 회전행렬로 옳은 것은?**

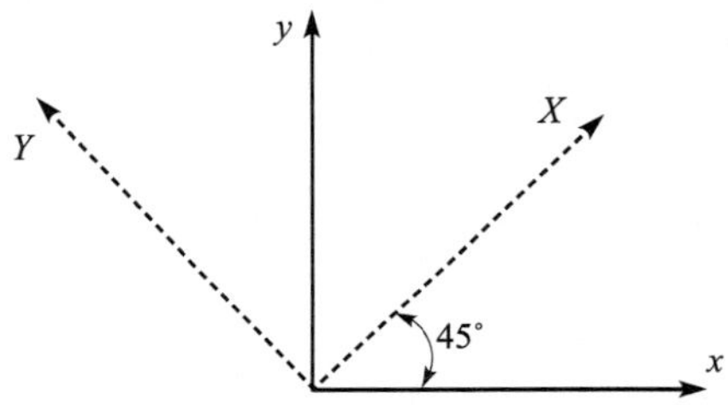

① $R = \begin{bmatrix} 1/\sqrt{2} & -1/\sqrt{2} & 0 \\ 1/\sqrt{2} & 1/\sqrt{2} & 0 \\ 0 & 0 & 1 \end{bmatrix}$ ② $R = \begin{bmatrix} 1/\sqrt{2} & 1/\sqrt{2} & 0 \\ -1/\sqrt{2} & -1/\sqrt{2} & 0 \\ 0 & 0 & 1 \end{bmatrix}$

③ $R = \begin{bmatrix} 1/\sqrt{2} & 1/\sqrt{2} & 0 \\ 1/\sqrt{2} & -1/\sqrt{2} & 0 \\ 0 & 0 & 1 \end{bmatrix}$ ④ $R = \begin{bmatrix} 1/\sqrt{2} & 1/\sqrt{2} & 0 \\ 0 & 1 & 0 \\ 1/\sqrt{2} & 1/\sqrt{2} & 0 \end{bmatrix}$

3 **초점거리가 서로 다른 2대의 사진기로 취득한 2장의 사진에 대해 공선조건식을 적용하는 경우에 대한 설명으로 옳은 것은?**

① 1쌍의 공선조건식에 2개의 초점거리를 평균한 값을 사용한다.
② 1쌍의 공선조건식에 서로 다른 초점거리를 그대로 사용한다.
③ 1쌍의 공건조건식에 왼쪽 사진의 초점거리를 선택하여 사용한다.
④ 1쌍의 공전조건식에 오른쪽 사진의 초점거리를 선택하여 사용한다.

4 **공선조건식에 대한 설명으로 옳지 않은 것은?**

① 지상점, 영상점, 투영 중심이 하나의 직선상에 존재한다는 조건이다.
② 한 장의 사진에서 충분한 지상기준점이 주어진다면, 외부표정요소를 계산할 수 있다.
③ 한 장의 사진에서 내부 및 외부표정요소가 주어진다면, 영상점에 투영된 지상점의 좌표를 계산할 수 있다.
④ 한 장의 사진에서 내부 및 외부표정요소가 주어진다면, 지상점이 투영된 사진 상의 좌표를 계산할 수 있다.

5 **공선조건식에 포함되지 않는 것은?**

① 초점거리 ② 주점의 위치 ③ 촬영점의 좌표 ④ 사진지표의 좌표

6 **항공사진에서 공선조건을 어긋나게 하는 요소가 아닌 것은?**

① 대기의 굴절률 ② 지표면의 기복
③ 필름의 편평도 ④ 렌즈왜곡

정답 (01) ③ (02) ① (03) ② (04) ③ (05) ④ 0(6) ②

개념 정립 문제

1 회전행렬 구성 시, 지상좌표계의 축인 X,Y,Z를 각각 회전시켜 카메라좌표계와 평행하게 만드는데, 각각 회전요소를 무엇이라 부르는가?

2 회전행렬의 역행렬은 무엇과 동일한가?

3 공선조건식은 어떤 3점이 일직선상에 존재하는 조건인가?

4 공선조건식 기본형태에서 입력값과 출력값은 무엇인가?

5 하나의 사진에서 3개의 지상점이 주어질 경우 공선조건식은 몇 개가 만들어지는가?

정답

(1) 롤/피치/요

(2) 전치행렬

(3) 지상점, 렌즈중심, 사진점

(4) 입력값: 지상좌표, 출력값: 영상좌표

(5) 1개의 지상점 당 x,y 2개의 식이 만들어지며, 따라서 3개의 지상점은 6개의 공선조건식을 생성한다.

CHAPTER **08**

표정(Orientation)

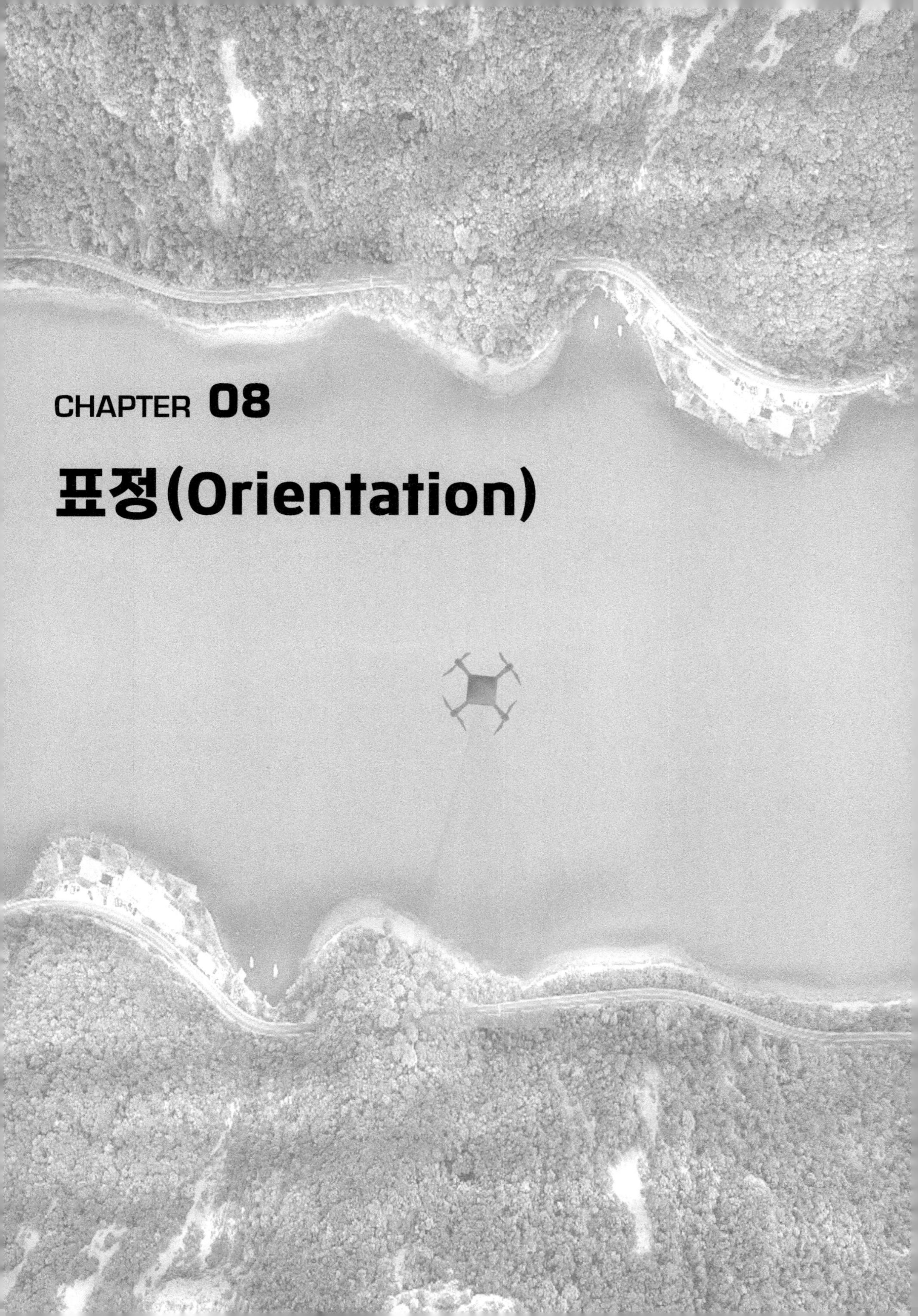

CHAPTER 08 표정(Orientation)

표정이란 간단히 말하여 촬영 당시의 카메라 위치와 자세를 알아내는 과정이라고 생각하면 된다. 촬영 당시의 카메라 위치 자세 정보를 모른다면 그림 91과 같이 사진의 한 점을 선택했을 때 이에 대응되는 지상의 정확한 위치를 알아낼 수가 없다.

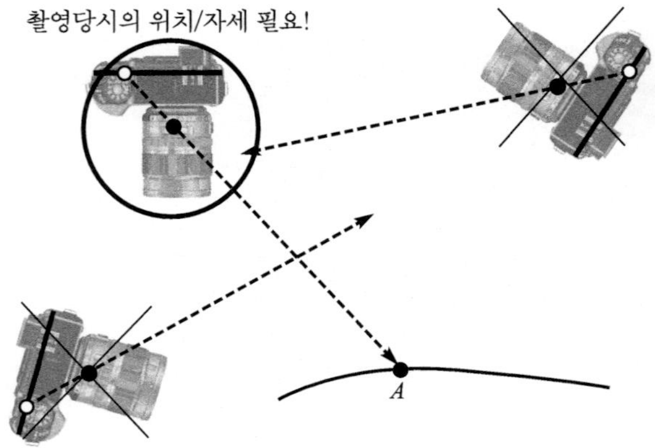

그림 91. 촬영 당시 정확한 위치/자세가 필요

위치/자세를 결정하기 위해서는 최근 GNSS와 관성항법장치(INS)가 부착되어 활용되고 있으나, cm급의 정밀도를 얻기 위해서는 지상기준점(GCP: Ground Control Point)을 활용하여 이를 보다 정확하게 보정해서 사용해야 한다. 그림 92에서 보는 것과 같이 지상기준점이 없다면 어느 위치와 자세에서 촬영했는지 알기 어려우나, 지상기준점이 존재할 경우 해당 정보를 알아낼 수가 있다.

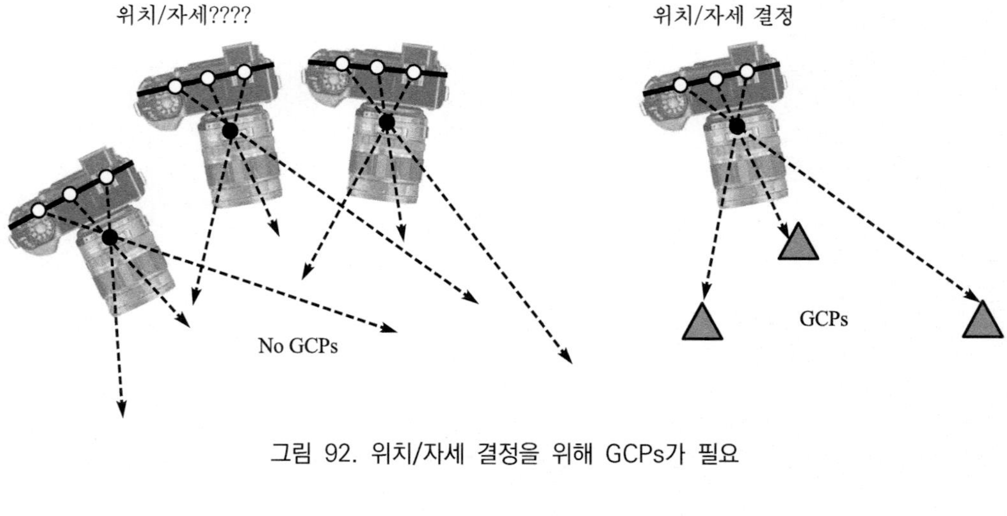

그림 92. 위치/자세 결정을 위해 GCPs가 필요

따라서 본 장에서는 지상기준점을 활용하여 공선조건식을 기반으로 위치와 자세를 추정해내는 기법에 대하여 학습해보기로 한다. 하나의 사진만을 활용할 경우와 여러 사진을 활용할 경우로 나누어서 학습해보자.

1. 기준점(GCP)

사진측량을 수행하고 나면 지상좌표를 결정할 때 공선조건식을 사용하게 되는데, 여기에 필요한 요소로 **내부표정요소(카메라 파라미터), 외부표정요소(촬영 시 위치/자세)**가 있었다. **어느 요소에건 오차가 존재할 시 지상좌표에 오차를 발생**시키게 된다. 따라서 이러한 파라미터의 정확도를 향상시켜야 하는데, 이를 위해 지상기준점 (GCP: Ground Control Point)가 필요하게 된다.
공선조건식의 관점에서 지상기준점이란 어떤 지점의 지상좌표 $(X_A \quad Y_A \quad Z_A)$와 영상좌표 $(x_a \quad y_a)$의 세트이다.

지상기준점은 세 가지 요건이 있다.

첫 번째 정확할 것
두 번째 사진에서 식별이 잘 될 것
세 번째 대상 영역에 골고루 분포될 것

조금 더 구체적으로 들어가면 **기준점은 수평/수직/3D 기준점으로 나눌 수 있다**. 수평기준점은 높이 정보가 없고 수평좌표만 존재하는 것, 수직은 수평좌표는 모르고 표고 정보만 아는 곳, 3D는 수평/수직 모두 좌표를 아는 곳이다. 여기서 수직 기준점은 영상에서 식별이 정확히 되지 않아도 되며 대신 주차장과 같이 인공구조물로 덮인 편평한 곳이 가장 좋다. 경사진 지역, 초지 등은 표고의 변화나 정확도가 낮아서 신뢰도가 떨어지기 때문이다.

이제 지상기준점 요건에 대해 조금 더 자세히 살펴보자. 첫 번째로 전통적으로는 지상기준점은 GPS 등 지상 측량을 통해 획득하는 것이 가장 정확하고 좋다. GPS VRS 기법 등의 경우 일반적으로 수평 5~10cm 정도의 정확도를 확보할 수 있으나, 수직 정확도는 10cm보다 나빠질 수 있으므로 높은 수직 정확도가 필요할 때는 레벨링을 통해 높은 정확도의 기준점 획득이 필요하다.
두 번째 요건으로 사진에서 식별이 잘 돼야 하므로 어떤 곳을 측량해야 할지 결정해야 한다. 우선 측량하기 좋은 지점은 사진상에서 잘 식별되는 지점이어야 한다. 일반적으로 아래와 같은 사물이 식별하기 좋다.

- 맨홀 중심
- 도로 교차점
- 건물 모서리
- 도로 차선 모서리나 교차점
- 테니스 코트, 주차장 표식 모서리 등

그림 93. 기준점 측량

세 번째 대상 영역에 기준점을 골고루 분포시키는 것이 필요한데, 물론 많은 기준점이 존재할수록 정확도는 높아진다. 그러나 현실적으로 기준점을 최소화하는 것이 경제적이므로 경제적 배치에 대해 고민해볼 필요가 있다. 다수의 중복사진을 촬영할 경우 최상의 정확도를 확보할 수 있는 방법은 **입체모델 하나당 최소한 1개 이상의 기준점을 배치**시키는 것이다. 하지만 더 줄이고 싶을 경우 스트립 내의 **중복영역(모델) 4~5개당 2개씩의 기준점을 배치**하는 것이 필요하다. 주의할 점은 그림 94와 같이 **기준점이 일직선을 형성한다든지, 한쪽에 몰려있는 배치는 피해야 한다.**

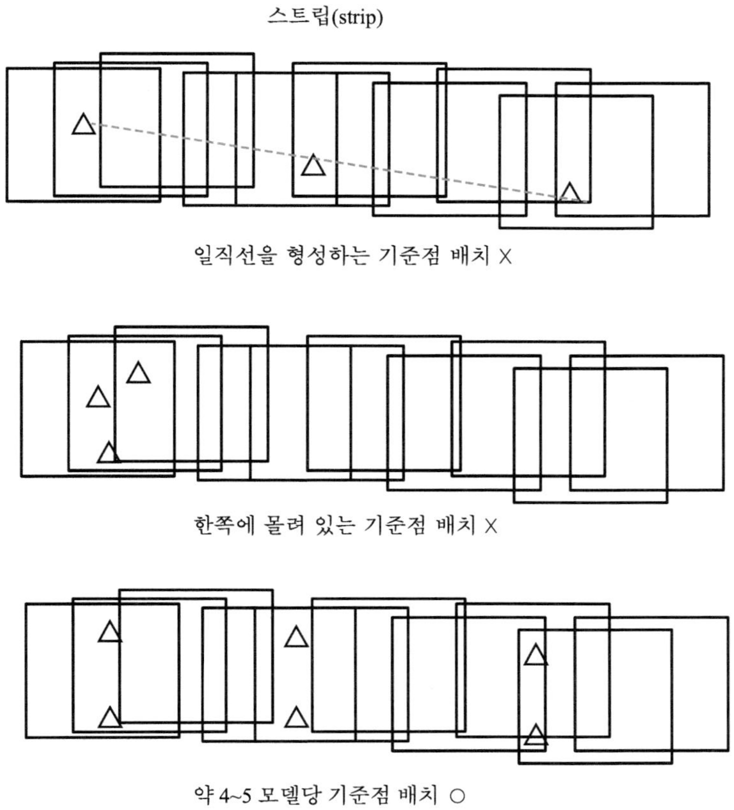

그림 94. 기준점 배치의 예

만약 대상 지역에 지상기준점으로 취할만한 마땅한 지형지물이 존재하지 않을 경우 인위적으로 기준점을 설치하여 운용해야 하는데, 이것을 **대공표지**라고 한다. 대공표지의 요건은 아래와 같다.

- 사진 해상도를 고려한 적절한 크기
- 양호한 contrast. 무광택 재질
- 중앙점 측정 가능한 대칭 형태
- 표식 상부 고도각 45도 이내 장애물 없어야 함. (건물 주변, 나무 아래 등등 ×)
- 대상지 색을 고려하여 사진 상에서 잘 인식되도록 색상 선택
- 내구성
- 지상 고정시킬 것
- 주변보다 높은 지형에 설치할 것

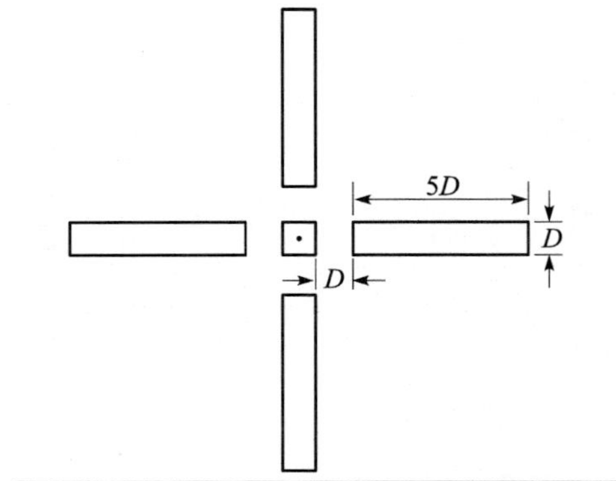

Artificial photogrammetric target.

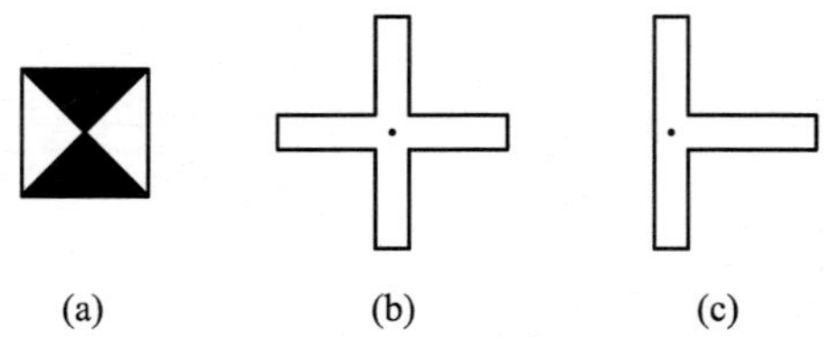

Other common artificial targets.

그림 95. 대공표지 종류 (출처: Wolf and Dewitt)

2. 단일 사진

먼저 공선조건식 형태3을 상기해보자. 간단한 설명을 위해 렌즈 왜곡은 없다고 가정한다. 한쪽으로 수식을 몰아두고 이를 각각 F_x, F_y라고 하자.

$$x = -f\frac{U}{W} \quad \text{-->} \quad F_x = x + f\frac{U}{W} = 0$$
$$y = -f\frac{V}{W} \qquad\quad F_y = y + f\frac{V}{W} = 0$$

여기서, $\begin{bmatrix} U \\ V \\ W \end{bmatrix} = M \begin{bmatrix} X - X_L \\ Y - Y_L \\ Z - Z_L \end{bmatrix}$

초점거리 f, 지상기준점 X, Y, Z 및 그에 대응하는 사진점 x, y가 주어져 있다. 이때 공선조건식에서 우리가 이번에 알아내고자 하는 값은 U,V,W를 구성하고 있는 렌즈 위치인 X_L, Y_L, Z_L과 촬영각인 ω, ϕ, κ이다. 미지수는 총 6개가 된다.

그런데 문제는 공선조건식이 1차방정식이 아니라는 것, 다른 말로 비선형식이다. 비선형식 내부에 있는 미지수를 구해내기 위한 좋은 방법은 비선형식을 선형식으로 만드는 것이다. 이를 선형화라고 부르는데 이에 대해서는 부록에 따로 설명하기로 하고 여기서는 선형화된 공선조건식 결과를 아래와 같이 제시한다. 식은 $d\omega, d\phi, d\kappa$, dX_L, dY_L, dZ_L에 대해 1차식이 되었으며 고차식으로 인한 오차는 무시할 정도 수준으로 e_x, e_y로 나타내었다.

$$F_x = F_x^0 + \frac{\partial F_x}{\partial \omega} d\omega + \frac{\partial F_x}{\partial \phi} d\phi + \frac{\partial F_x}{\partial \kappa} d\kappa + \frac{\partial F_x}{\partial X_L} dX_L + \frac{\partial F_x}{\partial Y_L} dY_L + \frac{\partial F_x}{\partial Z_L} dZ_L + e_x = 0$$

$$F_y = F_y^0 + \frac{\partial F_y}{\partial \omega} d\omega + \frac{\partial F_y}{\partial \phi} d\phi + \frac{\partial F_y}{\partial \kappa} d\kappa + \frac{\partial F_y}{\partial X_L} dX_L + \frac{\partial F_y}{\partial Y_L} dY_L + \frac{\partial F_y}{\partial Z_L} dZ_L + e_y = 0$$

여기서 계수는 F_x^0, F_y^0의 첨자인 '0'는 초기값(미지수에 대해서 대략 알고 있는 값)을 넣었을 때의 계산된 값을 말한다.
다음으로 $d\omega \sim dZ_L$의 계수는 1차 미분식을 의미하며, 아래와 같이 구할 수 있다.

$$\frac{\partial F_x}{\partial X_L} = \frac{f}{W}\left(\frac{\partial U}{\partial X_L} - \frac{U}{W}\frac{\partial W}{\partial X_L}\right), \quad \frac{\partial F_y}{\partial X_L} = \frac{f}{W}\left(\frac{\partial V}{\partial X_L} - \frac{V}{W}\frac{\partial W}{\partial X_L}\right)$$

$$\frac{\partial F_x}{\partial Y_L} = \frac{f}{W}\left(\frac{\partial U}{\partial Y_L} - \frac{U}{W}\frac{\partial W}{\partial Y_L}\right), \quad \frac{\partial F_y}{\partial Y_L} = \frac{f}{W}\left(\frac{\partial V}{\partial Y_L} - \frac{V}{W}\frac{\partial W}{\partial Y_L}\right)$$

$$\frac{\partial F_x}{\partial Z_L} = \frac{f}{W}\left(\frac{\partial U}{\partial Z_L} - \frac{U}{W}\frac{\partial W}{\partial Z_L}\right), \quad \frac{\partial F_y}{\partial Z_L} = \frac{f}{W}\left(\frac{\partial V}{\partial Z_L} - \frac{V}{W}\frac{\partial W}{\partial Z_L}\right)$$

$$\frac{\partial F_x}{\partial \omega} = \frac{f}{W}\left(\frac{\partial U}{\partial \omega} - \frac{U}{W}\frac{\partial W}{\partial \omega}\right), \quad \frac{\partial F_y}{\partial \omega} = \frac{f}{W}\left(\frac{\partial V}{\partial \omega} - \frac{V}{W}\frac{\partial W}{\partial \omega}\right)$$

$$\frac{\partial F_x}{\partial \phi} = \frac{f}{W}\left(\frac{\partial U}{\partial \phi} - \frac{U}{W}\frac{\partial W}{\partial \phi}\right), \quad \frac{\partial F_y}{\partial \phi} = \frac{f}{W}\left(\frac{\partial V}{\partial \phi} - \frac{V}{W}\frac{\partial W}{\partial \phi}\right)$$

$$\frac{\partial F_x}{\partial \kappa} = \frac{f}{W}\left(\frac{\partial U}{\partial \kappa} - \frac{U}{W}\frac{\partial W}{\partial \kappa}\right), \quad \frac{\partial F_y}{\partial \kappa} = \frac{f}{W}\left(\frac{\partial V}{\partial \kappa} - \frac{V}{W}\frac{\partial W}{\partial \kappa}\right)$$

여기서,

$$\frac{\partial}{\partial X_L}\begin{bmatrix} U \\ V \\ W \end{bmatrix} = M\begin{bmatrix} -1 \\ 0 \\ 0 \end{bmatrix},$$

$$\frac{\partial}{\partial Y_L}\begin{bmatrix} U \\ V \\ W \end{bmatrix} = M\begin{bmatrix} 0 \\ -1 \\ 0 \end{bmatrix},$$

$$\frac{\partial}{\partial Z_L}\begin{bmatrix} U \\ V \\ W \end{bmatrix} = M\begin{bmatrix} 0 \\ 0 \\ -1 \end{bmatrix},$$

$$\frac{\partial}{\partial \omega}\begin{bmatrix} U \\ V \\ W \end{bmatrix} = M\begin{bmatrix} 0 & 0 & 0 \\ 0 & 0 & 1 \\ 0 & -1 & 0 \end{bmatrix}\begin{bmatrix} X-X_L \\ Y-Y_L \\ Z-Z_L \end{bmatrix},$$

$$\frac{\partial}{\partial \phi}\begin{bmatrix} U \\ V \\ W \end{bmatrix} = M_k M_\phi\begin{bmatrix} 0 & 0 & -1 \\ 0 & 0 & 0 \\ 1 & 0 & 0 \end{bmatrix}\begin{bmatrix} X-X_L \\ Y-Y_L \\ Z-Z_L \end{bmatrix},$$

$$\frac{\partial}{\partial \chi}\begin{bmatrix} U \\ V \\ W \end{bmatrix} = M\begin{bmatrix} 0 & 1 & 0 \\ -1 & 0 & 0 \\ 0 & 0 & 0 \end{bmatrix}\begin{bmatrix} X-X_L \\ Y-Y_L \\ Z-Z_L \end{bmatrix}$$

선형화된 식을 행렬의 형태로 나타내면, 아래와 같다. 즉, 1개의 GCP만 있으면 x,y에 대한 2개의 행이 만들어진다. GCP개수가 n개라면 2n개의 행이 만들어진다.

$$\underbrace{\begin{bmatrix} \frac{\partial F_x}{\partial X_L} & \frac{\partial F_x}{\partial Y_L} & \frac{\partial F_x}{\partial Z_L} & \frac{\partial F_x}{\partial \omega} & \frac{\partial F_x}{\partial \phi} & \frac{\partial F_x}{\partial \chi} \\ \frac{\partial F_y}{\partial X_L} & \frac{\partial F_y}{\partial Y_L} & \frac{\partial F_y}{\partial Z_L} & \frac{\partial F_y}{\partial \omega} & \frac{\partial F_y}{\partial \phi} & \frac{\partial F_y}{\partial \chi} \end{bmatrix}}_{A}\underbrace{\begin{bmatrix} dX_L \\ dY_L \\ dZ_L \\ d\omega \\ d\phi \\ d\chi \end{bmatrix}}_{\xi} + \underbrace{\begin{bmatrix} e_x \\ e_y \end{bmatrix}}_{e} = \underbrace{\begin{bmatrix} -F_x^0 \\ -F_y^0 \end{bmatrix}}_{y} = \underbrace{\begin{bmatrix} -\left(x+f\frac{U}{W}\right) \\ -\left(y+f\frac{V}{W}\right) \end{bmatrix}}_{y}$$

여기서 솔루션인 ξ(싸이 or 크싸이)는 최소제곱법에 의해 아래와 같이 구할 수 있다. 여기서 완전한 솔루션은 존재하지 않는 식을 풀어서 나오는 최확값이기 때문에 ^(햇)을 붙여서 표시하였다. 이 개념은 직선상에 놓여있지 않은 세 개의 점을 지나는 직선을 생성하고 싶을 때, 세 점과 가장 가깝게 지나가는 직선을 만든 것으로 생각하면 된다. 세 점이 하나의 직선 상에 완벽하게 존재하지 않으므로 가장 오차를 적게 하는 직선식을 ^(햇)을 붙여 나타냈다고 보면 된다.

최확값 $\hat{\xi} = (A^T A)^{-1}(A^T y)$

잔차 $\tilde{e} = y - A\hat{\xi}$

최확값은 X_L, Y_L, Z_L과 ω, ϕ, κ 자체 값이 아니라 변화량인 dX_L, dY_L, dZ_L과 $d\omega, d\phi, d\kappa$ 이다. 따라서 초기치로 넣어주었던 값에 이 값을 더해주어야 보정된 위치/자세가 구해진다.

$$
\begin{aligned}
X_L &= X_L^0 + dX_L \\
Y_L &= Y_L^0 + dY_L \\
Z_L &= Z_L^0 + dZ_L
\end{aligned}
$$

$$
\begin{aligned}
\omega &= \omega^0 + d\omega \\
\phi &= \phi^0 + d\phi \\
\kappa &= \kappa^0 + d\kappa
\end{aligned}
$$

보정량인 dX_L, dY_L, dZ_L과 $d\omega, d\phi, d\kappa$ 가 무시할 정도 수준 (예: 10^{-6})보다 크면 보정된 값을 초기치로 하여 다시 행렬을 구성하여 반복 계산해야 한다.

예제를 한번 풀어보도록 한다. 주어진 카메라의 초점거리는 아래와 같으며, 왜곡은 없다고 가정한다.

focal = 152.916; % mm
EOP 초기치 X_L, Y_L, Z_L과 ω, ϕ, κ = [1009.923 1038.056 649.6 0 0 102.83°];

다음으로 아래에 4개의 GCPs의 지상좌표가 주어져 있고, 그에 해당하는 영상좌표가 주어져 있다.

GCPs 번호	지상좌표 (m)		
	X	Y	Z
1	1268.102	1455.027	22.606
2	732.181	545.344	22.299
3	1454.553	731.666	22.649
4	545.245	1268.232	22.336

GCPs 번호	영상좌표 (mm)	
	x	y
1	86.421	-83.977
2	-100.916	92.582
3	-98.322	-89.161
4	78.812	98.123

Step 1. EOP 초기치를 이용하여 회전행렬을 구해보면,

$$M = \begin{bmatrix} -0.2215 & 0.975157 & -0.00231 \\ -0.97493 & -0.2214 & 0.022183 \\ 0.021119 & 0.00717 & 0.999751 \end{bmatrix}$$

Step 2.

GCP번호 1번에 대해

$\begin{bmatrix} U \\ V \\ W \end{bmatrix} = M \begin{bmatrix} X - X_L \\ Y - Y_L \\ Z - Z_L \end{bmatrix}$ 를 구해보면,

$$\begin{bmatrix} U \\ V \\ W \end{bmatrix} = M \begin{bmatrix} X - X_L \\ Y - Y_L \\ Z - Z_L \end{bmatrix} = \begin{bmatrix} -0.2215 & 0.975157 & -0.00231 \\ -0.97493 & -0.2214 & 0.022183 \\ 0.021119 & 0.00717 & 0.999751 \end{bmatrix} \begin{bmatrix} 1268.102 - 1009.923 \\ 1455.027 - 1038.056 \\ 22.606 - 649.6 \end{bmatrix} = \begin{bmatrix} 349.2296 \\ -344.3253 \\ -626.9940 \end{bmatrix} m$$

나머지 GCP에 대해서도 모두 구한다.

Step 3.

사진은 1장이므로 미지수는 dX_L, dY_L, dZ_L과 $d\omega, d\phi, d\kappa$ 6개이다. 공선조건식은 하나의 영상점당 2개의 식이 만들어지는데, 전체 GCP가 4개이므로 총 8개의 식(행)이 만들어진다. 따라서 A행렬의 크기는 8행 6열(8 by 6)이 된다. A행렬을 구하기 위해 첫 번째 GCP에 대해 dX_L과 $d\omega$계수만 구해보면,

$$\frac{\partial}{\partial X_L}\begin{bmatrix} U \\ V \\ W \end{bmatrix} = M \begin{bmatrix} -1 \\ 0 \\ 0 \end{bmatrix} = \begin{bmatrix} 0.2215 \\ 0.97493 \\ -0.021119 \end{bmatrix}, \quad \frac{\partial}{\partial \omega}\begin{bmatrix} U \\ V \\ W \end{bmatrix} = M \begin{bmatrix} 0 & 0 & 0 \\ 0 & 0 & 1 \\ 0 & -1 & 0 \end{bmatrix} \begin{bmatrix} X - X_L \\ Y - Y_L \\ Z - Z_L \end{bmatrix} = \begin{bmatrix} -611.340 \\ 139.2297 \\ -416.9710 \end{bmatrix}$$

따라서,

$$\frac{\partial F_x}{\partial X_L}=\frac{f}{W}\left(\frac{\partial U}{\partial X_L}-\frac{U}{W}\frac{\partial W}{\partial X_L}\right)=\frac{152.916}{-626.9940}\left(0.2215-\frac{349.2296}{-626.9940}(-0.021119)\right)=-0.0542$$

$$\frac{\partial F_x}{\partial \omega}=\frac{f}{W}\left(\frac{\partial U}{\partial \omega}-\frac{U}{W}\frac{\partial W}{\partial \omega}\right)=\frac{152.916}{-626.9940}\left(-611.340-\frac{349.2296}{-626.9940}(-416.9710)\right)=205.7408$$

아래 A 행렬에서 굵은 글씨로 표시해둔 부분이 위에서 계산한 첫 GCP에 대한 $\frac{\partial F_x}{\partial X_L}$과 $\frac{\partial F_x}{\partial \omega}$이다. 첫 번째 GCP의 $\frac{\partial F_y}{\partial X_L}$는 y이므로 두 번째 행의 첫 번째 열의 요소인 -0.2378이 된다. 네 번째 GCP의 $\frac{\partial F_y}{\partial \phi}$라면 8번째 행의 5번째 열인 221.6906이 된다. 나머지 계수들을 각자 구해보도록 한다.

A =

-0.05416	0.237798	0.135843	***205.7408***	-1.11542	83.97663
-0.2378	-0.05416	-0.13394	-89.8035	183.6775	85.17273
-0.05413	0.237682	-0.16272	229.2722	-11.2378	-92.6852
-0.23768	-0.05413	0.147752	-106.756	190.1352	-102.074
-0.05416	0.237815	-0.15463	196.4754	102.7097	89.14513
-0.23781	-0.05416	-0.14219	9.608706	212.3194	-96.9457
-0.05413	0.237696	0.127326	178.4055	93.12186	-97.9918
-0.2377	-0.05413	0.156221	2.001922	221.6906	79.86686

Step 4. 다음으로 y벡터 연산을 수행해보자.

첫 번째 GCP에 대한 x요소는

$$-\left(x+f\frac{U}{W}\right)=-\left(86.421+152.916\frac{349.2296}{-626.9940}\right)=-1.24827$$

y요소는 $-\left(y+f\frac{V}{W}\right)=-\left(-83.977+152.916\frac{-344.3253}{-626.9940}\right)=0.000366$이다. 나머지 GCP에 대해 모두 구해보면,

A =	
	-1.24827
	0.000366
	-1.15836
	0.10324
	1.376278
	0.015871
	1.054861
	-0.13125

Step 5. 이제 행렬 A, 벡터 y가 구해졌으므로 최소제곱을 통해 솔루션을 구하자.

$$\hat{\xi} = (A^TA)^{-1}(A^Ty) = \begin{bmatrix} 18.0161\,m \\ 6.0484\,m \\ -1.1132\,m \\ -0.0071\,rad \\ 0.0212\,rad \\ -0.00059575\,rad \end{bmatrix}$$

Step 6. 이 값은 초기값으로 넣은 EOP에 대한 보정량이다. 즉 X축으로는 약 18m가량, Y축방향으로는 6m 가량을 이동하라는 말이다. 따라서, 이를 보정한다.

$$X_L = X_L^0 + dX_L = 1027.9391$$
$$Y_L = Y_L^0 + dY_L = 1044.10443$$
$$Z_L = Z_L^0 + dZ_L = 648.4868$$

$$\omega = \omega^0 + d\omega = -0.0071$$
$$\phi = \phi^0 + d\phi = 0.0212$$
$$\kappa = \kappa^0 + d\kappa = 1.7941$$

보정된 값은 처음 초기값으로 넣은 EOP보다는 정확해졌다. 그러나 이 값을 다시 초기치로 넣어 Step1~Step 6을 계산하고 보정량이 또 있는지 확인이 필요하다. 따라서 보정된 값을 초기치로 하여 A, y행렬을 다시 구성하고 솔루션을 구해보면, 반복 연산할 때마다 그 크기가 감소하게 되며, 본 예제에서는 4번째 반복 계산 때에는 그 크기가 무시할 정도의 크기로 수렴되어 더 이상 반복이 필요 없음을 알 수 있다.

dX_L	=	18.01607	➡	-0.082	➡…➡	1.50E-09
dY_L		6.048427		0.009364		4.74E-09
dZ_L		-1.11322		-0.2895		-3.70E-10
$d\omega$		-0.00714		-2.84E-05		-5.31E-12
$d\phi$		0.021194		-7.30E-05		1.86E-12
$d\kappa$		-0.0006		7.78E-05		-3.07E-14

따라서 마지막 보정이 완료된 값인 EOP가 최종 위치/자세정보가 된다.

최종 EOP =	1027.8571 m
	1044.1138 m
	648.1974 m
	-0.007171231 rad
	0.021121067 rad
	1.794204088 rad

본 계산은 매트랩 최대 자릿수로 이루어졌기 때문에, 위에 제시된 값들과 독자가 계산한 값의 약간의 차이를 보일 수 있으니 주의하라.

- 단일 사진 외부표정요소 보정하기 (매트랩 구현)

```
<입력1: 기준점 지상좌표 X,Y,Z>
<입력2: 기준점 사진좌표 x,y>
<입력3: 카메라 IOP, 초점거리 focal, 주점이동량 xp, yp, 방사왜곡 k0~k3, 편심왜곡 p1, p2, CMOS 정보 PIXEL_SIZE, COL,ROW>
<입력4: 초기치 EOP XL, YL, ZL, omega, phi, kappa>
<출력: 보정된 EOP XL, YL, ZL, omega, phi, kappa>

MAX_ITER = 20;
TOLERANCE = 1e-6;
iter =0;

EOP = init_EOP;
delta = ones(6,1);
```

```
while any(abs(delta)>TOLERANCE) && (iter < MAX_ITER)
    mat_A = zeros(2*N_GCP,6);
    vec_y = zeros(2*N_GCP,1);

    iter = iter + 1;

    XL = EOP(1);
    YL = EOP(2);
    ZL = EOP(3);
    w = EOP(4);
    p = EOP(5);
    k = EOP(6);

    sw=sin(w);  cw=cos(w); sp=sin(p);  cp=cos(p); sk=sin(k);  ck=cos(k);
    Mw = [1 0 0;0 cw sw;0 -sw cw];
    Mp = [cp 0 -sp;0 1 0;sp 0 cp];
    Mk = [ck sk 0;-sk ck 0;0 0 1];
    M  = Mk*Mp*Mw;

    for j=1:N_GCP
        dXYZ = [X(j);Y(j);Z(j)]-[XL; YL; ZL];
        UVW = M*dXYZ;
        U = UVW(1); V = UVW(2); W = UVW(3);

         % XL
        tmp = [-1; 0; 0];
        dUVW = M*tmp;
        mat_A(2*j-1,1) = focal*(W*dUVW(1)-U*dUVW(3))/W^2;
        mat_A(2*j,1) = focal*(W*dUVW(2)-V*dUVW(3))/W^2;

        % YL
        tmp = [0; -1; 0];
        dUVW = M*tmp;
        mat_A(2*j-1,2) = focal*(W*dUVW(1)-U*dUVW(3))/W^2;
        mat_A(2*j,2) = focal*(W*dUVW(2)-V*dUVW(3))/W^2;

        % ZL
```

```
    tmp = [0; 0; -1];
    dUVW = M*tmp;
    mat_A(2*j-1,3) = focal*(W*dUVW(1)-U*dUVW(3))/W^2;
    mat_A(2*j,3) = focal*(W*dUVW(2)-V*dUVW(3))/W^2;

    % w
    tmp = [0 0 0;0 0 1;0 -1 0];
    dUVW = M*tmp*dXYZ;
    mat_A(2*j-1,4) = focal*(W*dUVW(1)-U*dUVW(3))/W^2;
    mat_A(2*j,4) = focal*(W*dUVW(2)-V*dUVW(3))/W^2;

    % p
    tmp = [0 0 -1;0 0 0;1 0 0];
    dUVW = Mk*Mp*tmp*Mw*dXYZ;
    mat_A(2*j-1,5) = focal*(W*dUVW(1)-U*dUVW(3))/W^2;
    mat_A(2*j,5) = focal*(W*dUVW(2)-V*dUVW(3))/W^2;

    % k
    tmp = [0 1 0;-1 0 0;0 0 0];
    dUVW = tmp*M*dXYZ;
    mat_A(2*j-1,6) = focal*(W*dUVW(1)-U*dUVW(3))/W^2;
    mat_A(2*j,6) = focal*(W*dUVW(2)-V*dUVW(3))/W^2;

    % lens distortion 계산
    x_bar = x(j) - x0;
    y_bar = y(j) - y0;
    r2 = x_bar^2+y_bar^2;% radial distance
    r4 = r2^2;
    r6 = r2*r4;

    dx = x_bar*(k0 + k1*r2 + k2*r4 + k3*r6) + (2*x_bar^2+r2)*p1 + 2*p2*x_bar*y_bar;
    dy = y_bar*(k0 + k1*r2 + k2*r4 + k3*r6) + 2*p1*x_bar*y_bar+ (2*y_bar^2+r2)*p2;


    vec_y(2*j-1,1) = -(x(j) - x0 + dx + focal*U/W);
    vec_y(2*j,1) = -(y(j) - y0 + dy +focal*V/W);
end
```

```
    N = mat_A'*mat_A;
    C = mat_A'*vec_y;

    delta = pinv(N)*C;

    EOP(1) = EOP(1) + delta(1);
    EOP(2) = EOP(2) + delta(2);
    EOP(3) = EOP(3) + delta(3);
    EOP(4) = EOP(4) + delta(4);
    EOP(5) = EOP(5) + delta(5);
    EOP(6) = EOP(6) + delta(6);
end

e = vec_y - mat_A*delta; % residual
sigma_sq = e'*e/(2*N_GCP-6);
sigma0 = sqrt(sigma_sq);
D_eop = sigma_sq*pinv(N); % variance
```

3. 번들 조정

번들 조정 또는 번들 블록 조정의 경우 단일 사진 표정의 경우를 여러 영상으로 확장한 것이다. 단, 다른 점은 공액점(conjugate point, 또는 접합점 tie point)의 추가 활용이 가능하다는 점이다 (그림 96 참조). 즉, 하나의 사진보다 여러 사진을 한 번에 조정하여 표정요소를 구하므로 보다 사진 간의 구속 효과가 높아져서 전체적인 신뢰도 및 사진 간의 일치도도 향상된다.

번들 조정식의 구현은 상대적으로 매우 복잡하다. 개념적으로는 단일 사진을 활용하여 외부표정요소를 구해내는 정도의 이해만으로도 실무 적용에는 큰 무리가 없으므로, 본 장은 더욱 깊은 이해를 원할 때 학습도록 하면 된다.

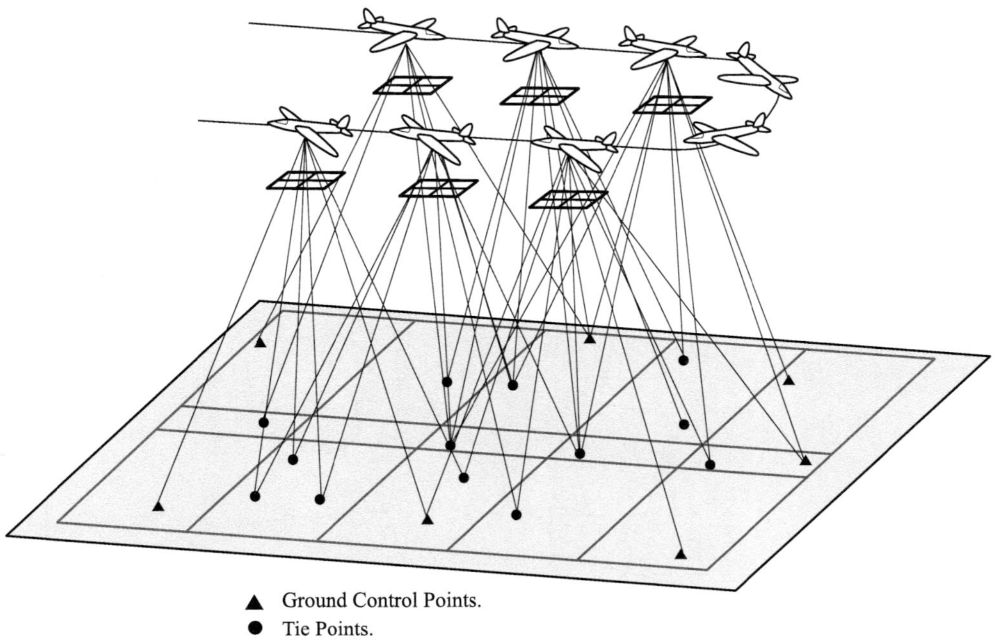

그림 96. 번들조정(지상기준점과 공액점 활용)

우선 1장의 사진일 때 공선조건식을 선형화(1차식 형태)한 기본모양을 상기해보자. 1개의 GCP에 대해 1개의 영상점이 생성되고, 해당 영상점은 x, y 2개의 사진좌표를 가지므로, A행렬에는 2개의 행이 만들어졌다. 또한 미지수 벡터인 ξ는 한 장의 사진에 대한 위치 3개, 자세 3개 총 외부표정요소 6개가 존재하였다. 따라서 만약에 GCP개수가 n개라면 A는 2n개의 행으로 구성되지만, ξ는 그대로 6개의 요소만 갖는다.

$$\underbrace{\begin{bmatrix} \frac{\partial F_x}{\partial X_L} & \frac{\partial F_x}{\partial Y_L} & \frac{\partial F_x}{\partial Z_L} & \frac{\partial F_x}{\partial \omega} & \frac{\partial F_x}{\partial \phi} & \frac{\partial F_x}{\partial \kappa} \\ \frac{\partial F_y}{\partial X_L} & \frac{\partial F_y}{\partial Y_L} & \frac{\partial F_y}{\partial Z_L} & \frac{\partial F_y}{\partial \omega} & \frac{\partial F_y}{\partial \phi} & \frac{\partial F_y}{\partial \kappa} \end{bmatrix}}_{A} \underbrace{\begin{bmatrix} dX_L \\ dY_L \\ dZ_L \\ d\omega \\ d\phi \\ d\kappa \end{bmatrix}}_{\xi} + \underbrace{\begin{bmatrix} e_x \\ e_y \end{bmatrix}}_{e} = \underbrace{\begin{bmatrix} -F_x^0 \\ -F_y^0 \end{bmatrix}}_{y} = \underbrace{\begin{bmatrix} -\left(x + f\frac{U}{W}\right) \\ -\left(y + f\frac{V}{W}\right) \end{bmatrix}}_{y}$$

자 이제 2장의 사진이 존재하고, 지상의 기준점이 1개가 주어졌는데, 기준점이 두 사진에 모두에 관측되었다고 가정하자. 이때는 각 사진에서 1개씩 영상점이 만들어지고, 각 영상점마다 2개의 식이 만들어지므로 A행렬은 4행(영상점개수2개x2개식)으로 늘어나며, 미지수인 ξ는 각 사진당 6개의 외부표정요소를 갖게 되므로 총 12개의 미지수가 생성된다. 따라서 아래와 같이 식이 확장된다. 즉, (1)번 사진에 나타난 점(i)에 대해 x, y 2행의 식이 생성되었고, 다음으로 (2)번 사진에 나타난 점(ii)에 대해서도 x, y 2행의 식이 생성되었다. 미지수는 총 12개이나 식의 수가 총 4개이므로 현재 단계에서는 미지수를 풀어낼 수가 없다. 참고로 미지수가 12개라면 최소한 식이 12개 이상이어야지만 풀어낼 수 있겠다.

하나의 영상 점 당 2개의 공선조건식 생성

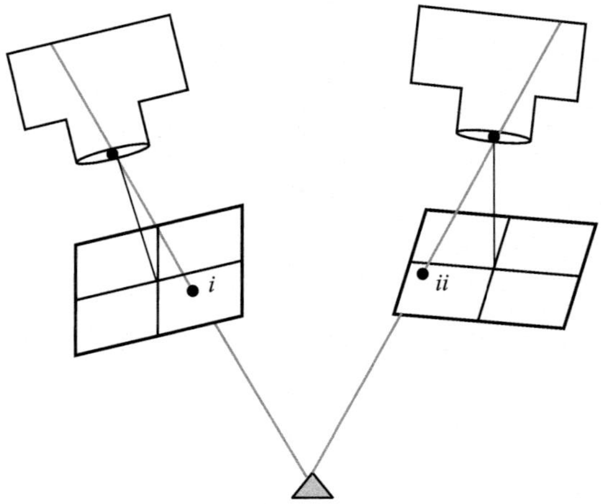

그림 97. 2장 사진(1, 2번)과 1개 기준점 번들조정식 구성

$$\begin{bmatrix} \frac{\partial F_x^{(i)}}{\partial X_{L_{(1)}}} & \frac{\partial F_x^{(i)}}{\partial Y_{L_{(1)}}} & \frac{\partial F_x^{(i)}}{\partial Z_{L_{(1)}}} & \frac{\partial F_x^{(i)}}{\partial \omega_{(1)}} & \frac{\partial F_x^{(i)}}{\partial \phi_{(1)}} & \frac{\partial F_x^{(i)}}{\partial \kappa_{(1)}} & 0 & 0 & 0 & 0 & 0 & 0 \\ \frac{\partial F_y^{(i)}}{\partial X_{L_{(1)}}} & \frac{\partial F_y^{(i)}}{\partial Y_{L_{(1)}}} & \frac{\partial F_y^{(i)}}{\partial Z_{L_{(1)}}} & \frac{\partial F_y^{(i)}}{\partial \omega_{(1)}} & \frac{\partial F_y^{(i)}}{\partial \phi_{(1)}} & \frac{\partial F_y^{(i)}}{\partial \kappa_{(1)}} & 0 & 0 & 0 & 0 & 0 & 0 \\ 0 & 0 & 0 & 0 & 0 & 0 & \frac{\partial F_x^{(ii)}}{\partial X_{L_{(2)}}} & \frac{\partial F_x^{(ii)}}{\partial Y_{L_{(2)}}} & \frac{\partial F_x^{(ii)}}{\partial Z_{L_{(2)}}} & \frac{\partial F_x^{(ii)}}{\partial \omega_{(2)}} & \frac{\partial F_x^{(ii)}}{\partial \phi_{(2)}} & \frac{\partial F_x^{(ii)}}{\partial \kappa_{(2)}} \\ 0 & 0 & 0 & 0 & 0 & 0 & \frac{\partial F_y^{(ii)}}{\partial X_{L_{(2)}}} & \frac{\partial F_y^{(ii)}}{\partial Y_{L_{(2)}}} & \frac{\partial F_y^{(ii)}}{\partial Z_{L_{(2)}}} & \frac{\partial F_y^{(ii)}}{\partial \omega_{(2)}} & \frac{\partial F_y^{(ii)}}{\partial \phi_{(2)}} & \frac{\partial F_y^{(ii)}}{\partial \kappa_{(2)}} \end{bmatrix} \begin{bmatrix} dX_{L_{(1)}} \\ dY_{L_{(1)}} \\ dZ_{L_{(1)}} \\ d\omega_{(1)} \\ d\phi_{(1)} \\ d\kappa_{(1)} \\ dX_{L_{(2)}} \\ dY_{L_{(2)}} \\ dZ_{L_{(2)}} \\ d\omega_{(2)} \\ d\phi_{(2)} \\ d\kappa_{(2)} \end{bmatrix}$$

$$+ \begin{bmatrix} e_x^{(i)} \\ e_y^{(i)} \\ e_x^{(ii)} \\ e_y^{(ii)} \end{bmatrix} = \begin{bmatrix} -F_x^{0^{(i)}} \\ -F_y^{0^{(i)}} \\ -F_x^{0^{(ii)}} \\ -F_y^{0^{(ii)}} \end{bmatrix}$$

이제 본 수식을 좀 더 간단하게 나타내보면, (1) 사진의 외부표정요소를 가지고 (i)영상점 공선조건식을 미분한 행렬을 아래와 같이 $B_{(1)}^{(i)}$로 나타내고, (1) 사진의 외부표정요소 미지수 벡터를 $\xi_{(1)}$로 나타내면 상기 식은 줄임 행태로 나타낼 수 있다. B행렬 기본 크기는 2행6열, ξ는 6행1열인 것을 잘 생각해두라. (2)번 영상의 (ii)점에 대한 행렬은 $B_{(2)}^{(ii)}$, (2)사진의 미지수 벡터는 $\xi_{(2)}$가 된다.

$$B_{(1)}^{(i)} = \begin{bmatrix} \frac{\partial F_x^{(i)}}{\partial X_{L_{(1)}}} & \frac{\partial F_x^{(i)}}{\partial Y_{L_{(1)}}} & \frac{\partial F_x^{(i)}}{\partial Z_{L_{(1)}}} & \frac{\partial F_x^{(i)}}{\partial \omega_{(1)}} & \frac{\partial F_x^{(i)}}{\partial \phi_{(1)}} & \frac{\partial F_x^{(i)}}{\partial \kappa_{(1)}} \\ \frac{\partial F_y^{(i)}}{\partial X_{L_{(1)}}} & \frac{\partial F_y^{(i)}}{\partial Y_{L_{(1)}}} & \frac{\partial F_y^{(i)}}{\partial Z_{L_{(1)}}} & \frac{\partial F_y^{(i)}}{\partial \omega_{(1)}} & \frac{\partial F_y^{(i)}}{\partial \phi_{(1)}} & \frac{\partial F_y^{(i)}}{\partial \kappa_{(1)}} \end{bmatrix}, \quad \xi_{(1)} = \begin{bmatrix} dX_{L_{(1)}} \\ dY_{L_{(1)}} \\ dZ_{L_{(1)}} \\ d\omega_{(1)} \\ d\phi_{(1)} \\ d\kappa_{(1)} \end{bmatrix}$$

아래와 같이 보다 단순하게 선형화된 공선조건식을 나타낼 수 있다.

$$\begin{bmatrix} B_{(1)}^{(i)} & 0 \\ 0 & B_{(2)}^{(ii)} \end{bmatrix} \begin{bmatrix} \xi_{(1)} \\ \xi_{(2)} \end{bmatrix} + e = \begin{bmatrix} -F^{0^{(i)}} \\ -F^{0^{(ii)}} \end{bmatrix}$$

- 만약 2개의 기준점 a, b가 존재하고, 두 영상에 모두 나타나서 a1,a2,b1,b2 영상점을 생성한 경우에는 A행렬의 크기와 ξ 크기는 얼마인가?
  ξ는 두 사진이므로 각각의 사진마다 위치/자세 6개씩 총 12개의 요소이며, A는 (영상점 개수4개x2개식)이 되므로 총 8개의 행과 12개의 열로 이루어진 행렬이 된다.

$$\begin{bmatrix} B_{(1)}^{(a1)} & 0 \\ B_{(1)}^{(b1)} & 0 \\ 0 & B_{(2)}^{(a2)} \\ 0 & B_{(2)}^{(b2)} \end{bmatrix} \begin{bmatrix} \xi_{(1)} \\ \xi_{(2)} \end{bmatrix} + e = \begin{bmatrix} -F^{0^{(a1)}} \\ -F^{0^{(b1)}} \\ -F^{0^{(a2)}} \\ -F^{0^{(b2)}} \end{bmatrix}$$

- 만약 3개의 기준점 a,b,c가 존재하는데, 처음 두 기준점은 두 영상에 모두 존재하지만 (a1,a2,b1,b2), 마지막 기준점 c는 (1)번 영상에만 나타났다면(c1) A행렬의 크기와 ξ 크기는 얼마인가?
  ξ는 두 사진 그대로이므로 총 12개의 요소이며, 처음 두 기준점은 두 영상 모두 나타났으므로 4개의 영상점이 생성되었고, 마지막 기준점은 (1)번 영상에만 나타나므로, 1

개의 영상점이 생성되었다. 따라서 총 5개의 영상점이 생성되며, 각 영상 점당 2개의 공선조건식이 만들어지므로 총 10개의 행이 만들어진다. 따라서 A의 크기는 10행x12 열이다.

$$\begin{bmatrix} B_{(1)}^{(a1)} & 0 \\ B_{(1)}^{(b1)} & 0 \\ 0 & B_{(2)}^{(a2)} \\ 0 & B_{(2)}^{(b2)} \\ B_{(1)}^{(c1)} & 0 \end{bmatrix} \begin{bmatrix} \xi_{(1)} \\ \xi_{(2)} \end{bmatrix} + e = \begin{bmatrix} -F^{0^{(a1)}} \\ -F^{0^{(b1)}} \\ -F^{0^{(a2)}} \\ -F^{0^{(b2)}} \\ -F^{0^{(c1)}} \end{bmatrix}$$

- 만약 6장의 사진이 촬영되었으며, 기준점은 총 5개(a,b,c,d,e)가 활용되었다. 그런데 기준점 a, b는 (1),(2),(3),(4),(5) 사진에 나타났고, c, d는 (2),(3),(4),(5)사진, e는 (5), (6) 사진에 나타났다. A행렬의 크기와 ξ 크기는 얼마인가?
  ξ는 6 사진이므로 총 36(6×6)개의 요소임. a, b가 5장의 사진에 나타났으므로 사진점이 총 10개, c, d는 4장의 사진에 나타났으므로 사진점이 총 8개, e는 두 사진에 나타났으므로 사진점이 총 2개이다. 따라서 총 사진점의 수는 20개이다. 사진점 당 공선조건식 수가 2개씩 만들어지므로, A의 크기는 40행×36열이다. 본 예는 미지수 개수 36개보다 식의 수가 많으므로 추정할 수 있다.

다음으로 접합점을 번들조정식에 도입하는 방법에 대해 알아보자. 접합점은 다시 말해 중복 영상에서 동일한 지점으로 인식된 지점이며, 해당하는 지상좌표의 값은 모르는 점을 말한다. 만약 지상좌표를 안다면 해당 점은 기준점이 된다. 그러나 GNSS와 INS 등의 센서를 통해 사진의 개략적인 위치와 자세를 알 수 있으므로 접합점의 지상좌표 또한 부정확하더라도 추정은 가능하다. 따라서 **접합점 또한 기본적으로 기준점과 같은 수식을 사용할 수가 있다**. 단, 접합점의 지상 좌표를 그대로 사용하게 되면 문제가 발생하므로 이에 대한 보완 수식이 필요하게 된다.
접합점이 많을수록 기준점의 수를 줄여나갈 수가 있다. 더욱 자세히 설명하면, 1개의 접합점이 5개의 영상에 나타났을 경우 식이 총 10개 만들어진다. 그러나 해당 접합점의 지상좌표를 모르므로 미지수가 3개이다. 따라서 총 7개의 식만큼을 풀이에 기여할 수 있다. 자 이제 접합점을 사용하기 위해서, **기준점 또한 지상좌표 정확도가 완벽하지는 않다**는 가정으로부터 출발한다. 즉 **지상좌표의 정확도의 차이가 있을 뿐 기준점과 접합점은 사용 수식이 완전히 동일할 수가 있다.**

우선 이제 2장 사진과 2개 기준점(a, b)이 존재하는데, 여기에 2개의 접합점(c, d)이 존재한다고 가정하자. 기준점 a, b는 (1),(2)번 사진에서 각각 a1, a2, b1, b2 총 4개의 영상점을 생성해 내고, 접합점 또한 두 영상에서 c1, c2, d1, d2 총 4개의 영상점을 생성하므로 총 8개의 영상점이 생성된다. 따라서 번들조정식은 아래와 같이 A행렬이 총 16행(영상점 개수 8개x2개식), 12열(2사진)을 갖게 된다.

$$\begin{bmatrix} B_{(1)}^{(a1)} & 0 \\ B_{(1)}^{(b1)} & 0 \\ 0 & B_{(2)}^{(a2)} \\ 0 & B_{(2)}^{(b2)} \\ B_{(1)}^{(c1)} & 0 \\ B_{(1)}^{(d1)} & 0 \\ 0 & B_{(2)}^{(c2)} \\ 0 & B_{(2)}^{(d2)} \end{bmatrix} \begin{bmatrix} \xi_{(1)} \\ \xi_{(2)} \end{bmatrix} + e = \begin{bmatrix} -F^{0^{(a1)}} \\ -F^{0^{(b1)}} \\ -F^{0^{(a2)}} \\ -F^{0^{(b2)}} \\ -F^{0^{(c1)}} \\ -F^{0^{(d1)}} \\ -F^{0^{(c2)}} \\ -F^{0^{(d2)}} \end{bmatrix}$$

앞서 기준점 및 접합점의 지상좌표가 완벽하지 않다는 가정을 둔다고 했으므로, 이제 **기준점 및 접합점 모두 지상좌표값을 미지수로 둔다**. 이럴 때 지상좌표도 미지수이므로 미지수로 F식을 편미분 해야 한다. 지상의 a점 좌표로 a1 영상점 공선조건식을 편미분하면 아래와 같이 행렬식을 구할 수 있다.

$$C_a^{(a1)} = \begin{bmatrix} \dfrac{\partial F_x^{(a1)}}{\partial X_a} & \dfrac{\partial F_x^{(a1)}}{\partial Y_a} & \dfrac{\partial F_x^{(a1)}}{\partial Z_a} \\ \dfrac{\partial F_y^{(a1)}}{\partial X_a} & \dfrac{\partial F_y^{(a1)}}{\partial Y_a} & \dfrac{\partial F_y^{(a1)}}{\partial Z_a} \end{bmatrix}, \quad \xi_a = \begin{bmatrix} dX_a \\ dY_a \\ dZ_a \end{bmatrix}$$

여기서, $\begin{cases} \dfrac{\partial F_x}{\partial X} = \dfrac{f}{W}\left(\dfrac{\partial U}{\partial X} - \dfrac{U}{W}\dfrac{\partial W}{\partial X}\right) \\ \dfrac{\partial F_x}{\partial Y} = \dfrac{f}{W}\left(\dfrac{\partial U}{\partial Y} - \dfrac{U}{W}\dfrac{\partial W}{\partial Y}\right) \\ \dfrac{\partial F_x}{\partial Z} = \dfrac{f}{W}\left(\dfrac{\partial U}{\partial Z} - \dfrac{U}{W}\dfrac{\partial W}{\partial Z}\right) \end{cases}, \quad \begin{cases} \dfrac{\partial F_y}{\partial X} = \dfrac{f}{W}\left(\dfrac{\partial V}{\partial X} - \dfrac{V}{W}\dfrac{\partial W}{\partial X}\right) \\ \dfrac{\partial F_y}{\partial Y} = \dfrac{f}{W}\left(\dfrac{\partial V}{\partial Y} - \dfrac{V}{W}\dfrac{\partial W}{\partial Y}\right) \\ \dfrac{\partial F_y}{\partial Z} = \dfrac{f}{W}\left(\dfrac{\partial V}{\partial Z} - \dfrac{V}{W}\dfrac{\partial W}{\partial Z}\right) \end{cases}$

$$\frac{\partial}{\partial X}\begin{bmatrix} U \\ V \\ W \end{bmatrix} = M\begin{bmatrix} 1 \\ 0 \\ 0 \end{bmatrix}, \frac{\partial}{\partial Y}\begin{bmatrix} U \\ V \\ W \end{bmatrix} = M\begin{bmatrix} 0 \\ 1 \\ 0 \end{bmatrix}, \frac{\partial}{\partial Z}\begin{bmatrix} U \\ V \\ W \end{bmatrix} = M\begin{bmatrix} 0 \\ 0 \\ 1 \end{bmatrix}$$

이제 앞서 도출되었던 선형식에 통합하여 작성하면 아래와 같이 기준점 및 접합점 지상좌표에 대한 A_2행렬 및 미지벡터 ξ_2가 추가되었다.

$$\underbrace{\begin{bmatrix} B_{(1)}^{(a1)} & 0 \\ B_{(1)}^{(b1)} & 0 \\ 0 & B_{(2)}^{(a2)} \\ 0 & B_{(2)}^{(b2)} \\ B_{(1)}^{(c1)} & 0 \\ B_{(1)}^{(d1)} & 0 \\ 0 & B_{(2)}^{(c2)} \\ 0 & B_{(2)}^{(d2)} \end{bmatrix}}_{A_1} \underbrace{\begin{bmatrix} \xi_{(1)} \\ \xi_{(2)} \end{bmatrix}}_{\xi_1} + \underbrace{\begin{bmatrix} C_a^{(a1)} & 0 & 0 & 0 \\ 0 & C_b^{(b1)} & 0 & 0 \\ C_a^{(a2)} & 0 & 0 & 0 \\ 0 & C_b^{(b2)} & 0 & 0 \\ 0 & 0 & C_c^{(c1)} & 0 \\ 0 & 0 & 0 & C_d^{(d1)} \\ 0 & 0 & C_c^{(c2)} & 0 \\ 0 & 0 & 0 & C_d^{(d2)} \end{bmatrix}}_{A_2} \underbrace{\begin{bmatrix} \xi_a \\ \xi_b \\ \xi_c \\ \xi_d \end{bmatrix}}_{\xi_2} + e = \underbrace{\begin{bmatrix} -F^{0^{(a1)}} \\ -F^{0^{(b1)}} \\ -F^{0^{(a2)}} \\ -F^{0^{(b2)}} \\ -F^{0^{(c1)}} \\ -F^{0^{(d1)}} \\ -F^{0^{(c2)}} \\ -F^{0^{(d2)}} \end{bmatrix}}_{y}$$

다시 말해 상기의 각 행은 관측된 영상점에 대한 공선조건식을 외부표정요소 ξ_1와 기준점 및 접합점 지상좌표 ξ_2로 편미분하여 생성한 관측방정식이다. 이제 외부표정요소 및 지상좌표 자체도 외부로부터 관측한 값이 존재하므로 관측방정식을 각각 만들어볼 수 있다.

$$z_{EOP} = \xi_1 + e_{EOP}$$
$$z_{GCP} = \xi_2 + e_{GCP}$$

여기서 z_{EOP}는 외부표정요소 초기치와 예측값의 차이이다. ξ_1는 X_L, Y_L, Z_L과 ω, ϕ, χ이 아닌, dX_L, dY_L, dZ_L과 $d\omega, d\phi, d\chi$인 것을 기억하면 이해가 될 것이다. 마찬가지로 z_{GCP}는 지상좌표의 초기치와 예측값의 차이이다.

그러면 3개의 관측방정식을 모두 통합해보면,

$$\begin{bmatrix} y \\ z_{EOP} \\ z_{GCP} \end{bmatrix} = \begin{bmatrix} A_1 & A_2 \\ I & 0 \\ 0 & I \end{bmatrix} \begin{bmatrix} \xi_1 \\ \xi_2 \end{bmatrix} + \begin{bmatrix} e \\ e_{EOP} \\ e_{GCP} \end{bmatrix}$$

여기서, I는 단위행렬, 0은 영행렬

여기서, $A_{all} = \begin{bmatrix} A_1 \, A_2 \\ I \quad 0 \\ 0 \quad I \end{bmatrix}, y_{all} = \begin{bmatrix} y \\ z_{EOP} \\ z_{GCP} \end{bmatrix}, e_{all} = \begin{bmatrix} e \\ e_{EOP} \\ e_{GCP} \end{bmatrix}$이라고 하면,

$A_{all}\xi + e_{all} = y_{all}$이 된다.

최소제곱법에 의한 풀이는

$$\begin{bmatrix} \hat{\xi_1} \\ \hat{\xi_2} \end{bmatrix} = (A_{all}^T P_{all} A_{all})^{-1} (A_{all}^T P_{all} y_{all})$$

여기서, $P_{all} = \begin{bmatrix} P & 0 & 0 \\ 0 & P_{EOP} & 0 \\ 0 & 0 & P_{GCP} \end{bmatrix}$

P는 영상좌표 관측에 대한 경중률 행렬, P_{EOP}는 초기치로 입력된 외부표정요소에 대한 경중률 행렬, P_{GCP}는 기준점 또는 접합점의 지상좌표에 대한 경중률 행렬이다.

여기서 개념적으로 이해를 하면 좋을 부분은 경중률 행렬의 역할이다. 해당 **식 구성에 사용되는 기준점 및 접합점의 영상점 좌표, 지상점 좌표, 그리고 외부표정요소의 신뢰도**를 반영한다. 번들 조정을 하기 위해 3가지의 관측값이 필요한데, 먼저 기준점 및 접합점과 관련하여 영상좌표의 관측이 필요하다. 따라서 영상점들의 관측이 신뢰도 있게 이루어진 것인지 경중률을 입력할 수 있다. 다음으로 해당 기준점 및 접합점의 지상좌표 관측값이 얼마나 신뢰도 있는지 입력하는 것이 P_{GCP}이다. 예를 들어 기준점은 신뢰도가 높으므로 해당 항목을 높은값을 설정하고, 접합점 지상좌표는 신뢰도가 낮으므로 낮은 값을 설정한다. 마지막으로 초기치로 사용된 외부표정요소가 얼마나 신뢰도 있는지를 입력하는 것이 P_{EOP}이다. 예를 들어, 일반 GPS로 관측한 위치 정보의 경우 낮은값을 설정하고, RTK와 같은 방식을 사용했을 경우에는 보다 높은값을 설정한다. 신뢰도 높은값을 넣었을 경우 입력된 값에서 솔루션이 크게 벗어나지 않게 되며, 신뢰도가 낮은 값을 입력했을 경우 솔루션이 입력값에서 많이 벗어난 범위에서 얻어질 수 있도록 해주는 것이 경중률 행렬이다.

예제를 한번 풀어보도록 한다. 주어진 카메라의 초점거리는 아래와 같으며, 왜곡은 없다고 가정한다. 두 사진의 외부표정요소 초기치도 제시되어 있다. 참고로 본 예제는 항공

사진의 예는 아니며, 지상근접사진의 예이다. 따라서 지상좌표 범위가 수m 공간에 펼쳐져 있는 것으로 제시되었다.

focal = ; 6.538 % mm
영상 크기 가로 3073 pixels, 세로 2305 pixels
1픽셀 크기 1.8 micron
1번 사진 EOP 초기치 X_L, Y_L, Z_L과 ω, ϕ, κ = [1700 2700 4300 -0.01 -0.3 0] %단위: mm, radian
2번 사진 EOP 초기치 X_L, Y_L, Z_L과 ω, ϕ, κ = [2500 2700 4300 -0.01 0.3 0] %단위: mm, radian

다음으로 아래에 7개의 GCP 및 접합점의 지상좌표가 주어져 있고, 그에 해당하는 두 사진의 영상좌표가 주어져 있다.

지상점 번호	지상좌표 (mm)			비고
	X	Y	Z	
1	1783.48	2722.55	2175.53	기준점
2	1672.14	2329.2	2166.92	기준점
3	2441.64	2336.2	2197.46	기준점
4	1537.47	2132.36	2365.63	접합점 지상 좌표
5	2055.46	3029.71	2432.28	기준점
6	2082.66	1924.44	2821.51	기준점
7	1779.44	2116.43	1932.2	접합점 지상 좌표

번호	1번 사진 영상좌표 (mm)		2번 사진 영상좌표 (mm)	
	x	y	x	y
1	-0.83495	1.16919	-0.47214	1.0116
2	-1.18861	-0.13779	-0.79466	-0.22257
3	1.278054	-0.07916	1.659006	-0.25891
4 접합점	-1.70069	-0.90823	-1.46911	-0.8942
5	0.196866	2.455776	0.161856	2.332278
6	0.71028	-2.12753	-0.22806	-2.30994
7 접합점	-0.83898	-0.72475	-0.25483	-0.80424

사진은 2장이므로 외부표정요소 미지수는 1, 2번 사진 각각 dX_L, dY_L, dZ_L과 $d\omega, d\phi, d\kappa$ 총 12개이고, 기준점 및 접합점 총 7개 점에 대한 지상좌표 X,Y,Z이므로 21개이다. 따라서 전체 미지수 개수는 33개이다. 공선조건식은 하나의 영상점당 2개의 식이 만들어지므로 총 14개 영상점에 대해 28개의 관측방정식이 생성된다. 따라서 A1행렬의 크기는 28행 12열, A2행렬은 28행 21열이 된다.
다음으로 외부표정요소 12개의 관측방정식 및 지상좌표 21개의 관측방정식이 생성된다. 즉, 총 식의 개수는 61개(영상좌표 관측방정식 28개 + 외부표정요소 관측방정식 12개 + 지상좌표 관측방정식 21개)이다.

Step 0. 세 가지 가중치 행렬을 구한다.
- 영상 좌표측정 가중치 행렬
영상좌표가 모두 14개이므로 총 28개의 영상좌표 관측치가 만들어진다. 따라서 영상좌표 측정의 **가중치 행렬 P의 크기는 28x28**이다. 본 예제에서는 영상좌표 측정이 0.5픽셀(0.9 micron = 0.0009 mm)로 정확히 이루어졌다고 보고 가중치를 $\frac{1}{0.0009^2}$로 설정한다(1픽셀로 두고 해도 큰 문제는 없다). 이것은 **가중치는 표준편차의 제곱에 반비례**한다는 조정론 기본원리에 따른 것이다. 따라서 P의 대각선을 모두 $\frac{1}{0.0009^2}$로 설정하고 나머지는 모두 0으로 설정한다.

- 외부표정요소 가중치 행렬
외부표정요소 가중치 행렬인 P_{EOP}의 크기는 **사진 2장이므로 12개의 외부표정요소**이므로, **크기가 12×12**이다. 외부표정요소 초기치가 신뢰도가 높지 않다고 보고 오차가 1000이라고 가정하면 가중치를 $\frac{1}{1000^2}$으로 설정할 수 있다. 따라서 P_{EOP}의 대각선으로 $\frac{1}{1000^2}$로 설정하고 나머지는 모두 0으로 설정한다.

- 지상좌표 가중치 행렬
총 7개의 지상점인데 각 지상점 당 X,Y,Z 3개의 좌표값을 갖게 되므로 총 21개이다. 따라서 **21×21의 행렬 크기를** 갖는다. 본 예제에서는 정확하게 관측된 지상기준점의 X,Y,Z 방향으로 약 0.5mm의 오차를 가진다고 가정하면, 가중치를 $\frac{1}{0.5^2}$로 설정할 수 있고, 접합점은 지상좌표를 모르므로 큰 값인 1000mm 오차를 갖는다고 설정하여 $\frac{1}{1000^2}$와 같이 가중치를 설정한다. 따라서 P_{GCP}의 대각선 요소를 해당값으로 설정하고 나머지는 모두 0으로 설정한다.

Step 1. A_1행렬을 만든다.

A_1행렬의 해당 요소를 구하기 위해 1번 영상의 첫 번째 영상좌표에 대해 dX_L과 $d\omega$계수만 구해보면, 1번 영상에 대한 점이므로, 1번 영상의 회전행렬을 구한다.

$$M = \begin{bmatrix} 0.955336489 & 0.002955153 & 0.295505431 \\ 0 & 0.99995 & -0.009999833 \\ -0.295520207 & 0.009553206 & 0.955288723 \end{bmatrix}$$

해당 영상좌표의 지상좌표 초기값으로 $\begin{bmatrix} U \\ V \\ W \end{bmatrix} = M \begin{bmatrix} X-X_L \\ Y-Y_L \\ Z-Z_L \end{bmatrix}$를 구해보면,

$$\begin{bmatrix} U \\ V \\ W \end{bmatrix} = M \begin{bmatrix} X-X_L \\ Y-Y_L \\ Z-Z_L \end{bmatrix} = \begin{bmatrix} 0.955336489 & 0.002955153 & 0.295505431 \\ 0 & 0.99995 & -0.009999833 \\ -0.295520207 & 0.009553206 & 0.955288723 \end{bmatrix} \begin{bmatrix} 1783.48-1700 \\ 2722.55-2700 \\ 2175.53-4300 \end{bmatrix} = \begin{bmatrix} -547.97429 \\ 43.7932184 \\ -2053.9368 \end{bmatrix}$$

다음으로, X_L과 ω로 해당 영상좌표 x,y를 미분한 값인 $\frac{\partial F_x}{\partial X_L}$, $\frac{\partial F_y}{\partial X_L}$, $\frac{\partial F_x}{\partial \omega}$, $\frac{\partial F_y}{\partial \omega}$을 구한다.

먼저 세부 항목 계산을 먼저 수행하고,

$$\frac{\partial}{\partial X_L}\begin{bmatrix} U \\ V \\ W \end{bmatrix} = M \begin{bmatrix} -1 \\ 0 \\ 0 \end{bmatrix} = \begin{bmatrix} -0.9553 \\ 0 \\ 0.2955 \end{bmatrix}$$

따라서,

$$\frac{\partial F_x}{\partial X_L} = \frac{f}{W}\left(\frac{\partial U}{\partial X_L} - \frac{U}{W}\frac{\partial W}{\partial X_L}\right) = \frac{6.538}{-2053.94}\left(-0.9553 - \frac{-547.97}{-2053.94}(0.2955)\right) = 0.003292$$

$$\frac{\partial F_y}{\partial X_L} = \frac{f}{W}\left(\frac{\partial V}{\partial X_L} - \frac{V}{W}\frac{\partial W}{\partial X_L}\right) = \frac{6.538}{-2053.94}\left(0 - \frac{43.7932}{-2053.94}(0.2955)\right) = -0.0000201$$

또한 $\frac{\partial}{\partial\omega}\begin{bmatrix} U \\ V \\ W \end{bmatrix} = M\begin{bmatrix} 0 & 0 & 0 \\ 0 & 0 & 1 \\ 0 & -1 & 0 \end{bmatrix}\begin{bmatrix} X-X_L \\ Y-Y_L \\ Z-Z_L \end{bmatrix} = \begin{bmatrix} -12.94178096 \\ -2124.14 \\ -41.83725955 \end{bmatrix}$ 이므로,

$$\frac{\partial F_x}{\partial\omega} = \frac{f}{W}\left(\frac{\partial U}{\partial\omega} - \frac{U}{W}\frac{\partial W}{\partial\omega}\right) = \frac{6.538}{-2053.94}\left(-12.94178 - \frac{-547.974}{-2053.94}(-41.8373)\right) = 0.005665785$$

$$\frac{\partial F_y}{\partial\omega} = \frac{f}{W}\left(\frac{\partial V}{\partial\omega} - \frac{V}{W}\frac{\partial W}{\partial\omega}\right) = \frac{6.538}{-2053.94}\left(-2124.14 - \frac{43.7932}{-2053.94}(-41.8373)\right) = 6.764301602$$

나머지 영상좌표 편미분 dX_L, dY_L, dZ_L과 $d\omega, d\phi, d\kappa$에 대해서는 직접 구해보도록 한다.

결과적으로 전체 A_1행렬은 아래와 같이 구성된다. A_1행렬의 크기는 28행 12열임을 이해하라. 위에서 구한 값의 위치는 굵은 이탤릭 글씨로 나타내었다.

		1번사진						2번사진					
영상좌표		XL	YL	ZL	omega	phi	kappa	XL	YL	ZL	omega	phi	kappa
1번 사진	1x	***0.0032920***	0.0000013	0.0001294	***0.0056658***	-7.0033622	-0.1394006	0.0000000	0.0000000	0.0000000	0.0000000	0.0000000	0.0000000
	1y	***-0.0000201***	0.0031836	0.0000330	***6.7643016***	0.0371910	-1.7442873	0.0000000	0.0000000	0.0000000	0.0000000	0.0000000	0.0000000
	2x	0.0033799	-0.0000004	-0.0000441	0.0154003	-7.2229810	1.1238034	0.0000000	0.0000000	0.0000000	0.0000000	0.0000000	0.0000000
	2y	0.0001634	0.0032105	-0.0005602	7.0559177	-0.3637535	-2.1162244	0.0000000	0.0000000	0.0000000	0.0000000	0.0000000	0.0000000
	3x	0.0027660	0.0000097	0.0009740	-0.3338533	-6.5477425	1.0043770	0.0000000	0.0000000	0.0000000	0.0000000	0.0000000	0.0000000
	3y	0.0001330	0.0029258	-0.0004593	6.3188085	0.0387713	0.2523821	0.0000000	0.0000000	0.0000000	0.0000000	0.0000000	0.0000000
	4x	0.0041574	0.0000035	0.0003491	-0.0877302	-6.8534378	1.0239407	0.0000000	0.0000000	0.0000000	0.0000000	0.0000000	0.0000000
	4y	0.0001886	0.0040685	-0.0006504	6.8235821	-0.2249102	-1.4360823	0.0000000	0.0000000	0.0000000	0.0000000	0.0000000	0.0000000
	5x	0.0034264	0.0000065	0.0006533	0.2275852	-6.6201052	-1.2075905	0.0000000	0.0000000	0.0000000	0.0000000	0.0000000	0.0000000
	5y	-0.0001892	0.0034723	0.0005770	6.6755924	0.1353264	-0.7326688	0.0000000	0.0000000	0.0000000	0.0000000	0.0000000	0.0000000
	6x	0.0041352	0.0000106	0.0010647	-0.8099856	-6.5530826	3.2446788	0.0000000	0.0000000	0.0000000	0.0000000	0.0000000	0.0000000
	6y	0.0006255	0.0042447	-0.0020647	7.8771390	-0.1558431	-0.3140225	0.0000000	0.0000000	0.0000000	0.0000000	0.0000000	0.0000000
	7x	0.0028183	-0.0000023	-0.0002322	0.1990014	-7.5945117	2.2482215	0.0000000	0.0000000	0.0000000	0.0000000	0.0000000	0.0000000
	7y	0.0002666	0.0026151	-0.0008882	7.7612449	-0.9037614	-2.6282073	0.0000000	0.0000000	0.0000000	0.0000000	0.0000000	0.0000000
2번 사진	1x	0.0000000	0.0000000	0.0000000	0.0000000	0.0000000	0.0000000	0.0027653	-0.0000093	-0.0009327	-0.0408499	-6.5421988	-0.1277637
	1y	0.0000000	0.0000000	0.0000000	0.0000000	0.0000000	0.0000000	0.0000168	0.0029178	0.0000253	6.1994115	0.0032378	-0.1656865
	2x	0.0000000	0.0000000	0.0000000	0.0000000	0.0000000	0.0000000	0.0026734	-0.0000104	-0.0010358	0.3619712	-6.5698121	0.9994802

2y	0.0000000	0.0000000	0.0000000	0.0000000	0.0000000	0.0000000	-0.0001292	0.0028558	-0.0004463	6.2571847	-0.0697185	-0.4560567
3x	0.0000000	0.0000000	0.0000000	0.0000000	0.0000000	0.0000000	0.0033438	-0.0000009	-0.0000927	0.0317595	-7.0477726	1.1043186
3y	0.0000000	0.0000000	0.0000000	0.0000000	0.0000000	0.0000000	-0.0001608	0.0032165	-0.0005521	6.9636949	0.3083615	1.8256213
4x	0.0000000	0.0000000	0.0000000	0.0000000	0.0000000	0.0000000	0.0034565	-0.0000140	-0.0013989	0.3515319	-6.5849931	0.9336493
4y	0.0000000	0.0000000	0.0000000	0.0000000	0.0000000	0.0000000	-0.0001568	0.0037103	-0.0005440	6.2095586	-0.0791550	-0.5542932
5x	0.0000000	0.0000000	0.0000000	0.0000000	0.0000000	0.0000000	0.0033327	-0.0000079	-0.0007946	-0.2768374	-6.5664981	-1.1909678
5y	0.0000000	0.0000000	0.0000000	0.0000000	0.0000000	0.0000000	0.0001840	0.0034245	0.0005607	6.5808090	-0.0786295	0.4316489
6x	0.0000000	0.0000000	0.0000000	0.0000000	0.0000000	0.0000000	0.0040805	-0.0000115	-0.0011458	0.8716984	-6.5425021	3.2231293
6y	0.0000000	0.0000000	0.0000000	0.0000000	0.0000000	0.0000000	-0.0006173	0.0042167	-0.0020377	7.8146740	0.0845790	0.1715654
7x	0.0000000	0.0000000	0.0000000	0.0000000	0.0000000	0.0000000	0.0021415	-0.0000082	-0.0008165	0.6996710	-6.5650939	1.9597564
7y	0.0000000	0.0000000	0.0000000	0.0000000	0.0000000	0.0000000	-0.0002026	0.0022805	-0.0006778	6.6828089	-0.1261581	-0.4208796

Step 2. 행렬 A_2를 만들어본다.
다음으로 지상점을 미지수로 하여 F_x와 F_y를 미분하고 행렬 A_2를 만들어본다.

지상점의 1번 영상점 X,Y,Z에 대하여 미분해보는 예를 보이면,

먼저,

$\begin{bmatrix} U \\ V \\ W \end{bmatrix} = \begin{bmatrix} -547.9742937 \\ 43.79321843 \\ -2053.936835 \end{bmatrix} m$ 이고, 세부 계산을 아래와 같이 수행한 후

$$\frac{\partial}{\partial X}\begin{bmatrix} U \\ V \\ W \end{bmatrix} = M\begin{bmatrix} 1 \\ 0 \\ 0 \end{bmatrix} = \begin{bmatrix} 0.9553 \\ 0 \\ -0.2955 \end{bmatrix},$$

$$\frac{\partial}{\partial Y}\begin{bmatrix} U \\ V \\ W \end{bmatrix} = M\begin{bmatrix} 0 \\ 1 \\ 0 \end{bmatrix} = \begin{bmatrix} 0.002955 \\ 0.99995 \\ 0.009553 \end{bmatrix},$$

$$\frac{\partial}{\partial Z}\begin{bmatrix} U \\ V \\ W \end{bmatrix} = M\begin{bmatrix} 0 \\ 0 \\ 1 \end{bmatrix} = \begin{bmatrix} 0.295505 \\ -0.0099998 \\ 0.9552887 \end{bmatrix}$$

따라서,

$$\frac{\partial F_x}{\partial X}=\frac{f}{W}\left(\frac{\partial U}{\partial X}-\frac{U}{W}\frac{\partial W}{\partial X}\right)=\frac{6.538}{-2053.94}\left(0.9553-\frac{-547.97}{-2053.94}(-0.2955)\right)=-0.00329195$$

$$\frac{\partial F_y}{\partial X}=\frac{f}{W}\left(\frac{\partial V}{\partial X}-\frac{V}{W}\frac{\partial W}{\partial X}\right)=\frac{6.538}{-2053.94}\left(0-\frac{43.7932}{-2053.94}(-0.2955)\right)=0.00002006$$

$$\frac{\partial F_x}{\partial Y}=\frac{f}{W}\left(\frac{\partial U}{\partial Y}-\frac{U}{W}\frac{\partial W}{\partial Y}\right)=\frac{6.538}{-2053.94}\left(0.002955-\frac{-547.97}{-2053.94}(0.009553)\right)=-0.00000129$$

$$\frac{\partial F_y}{\partial Y}=\frac{f}{W}\left(\frac{\partial V}{\partial Y}-\frac{V}{W}\frac{\partial W}{\partial Y}\right)=\frac{6.538}{-2053.94}\left(0.99995-\frac{43.7932}{-2053.94}(0.009553)\right)=-0.00318364$$

$$\frac{\partial F_x}{\partial Z}=\frac{f}{W}\left(\frac{\partial U}{\partial Z}-\frac{U}{W}\frac{\partial W}{\partial Z}\right)=\frac{6.538}{-2053.94}\left(0.295505-\frac{-547.97}{-2053.94}(0.9552887)\right)=-0.00012937$$

$$\frac{\partial F_y}{\partial Z}=\frac{f}{W}\left(\frac{\partial V}{\partial Z}-\frac{V}{W}\frac{\partial W}{\partial Z}\right)=\frac{6.538}{-2053.94}\left(-0.0099998-\frac{43.7932}{-2053.94}(0.9552887)\right)=-0.00003300$$

나머지 지상좌표에 대해서도 모두 영상좌표 편미분을 구해보도록 한다. A_2행렬은 28행 21열이 됨을 이해하라.

	영상좌표	지상좌표 1			지상좌표 2			지상좌표 3			지상좌표 4			지상좌표 5			지상좌표 6			지상좌표 7		
1번 사진	1x	-0.00329	-1.29E-06	-0.00013	0	0	0	0	0	0	0	0	0	0	0	0	0	0	0	0	0	0
	1y	2.01E-05	-0.00318	-3.30E-05	0	0	0	0	0	0	0	0	0	0	0	0	0	0	0	0	0	0
	2x	0	0	0	-0.00338	4.41E-07	4.41E-05	0	0	0	0	0	0	0	0	0	0	0	0	0	0	0
	2y	0	0	0	-0.00016	-0.00321	0.00056	0	0	0	0	0	0	0	0	0	0	0	0	0	0	0
	3x	0	0	0	0	0	0	-0.00277	-9.74E-06	-0.00097	0	0	0	0	0	0	0	0	0	0	0	0
	3y	0	0	0	0	0	0	-0.00013	-0.00293	0.000459	0	0	0	0	0	0	0	0	0	0	0	0
	4x	0	0	0	0	0	0	0	0	0	-0.00416	-3.49E-06	-0.00035	0	0	0	0	0	0	0	0	0
	4y	0	0	0	0	0	0	0	0	0	-0.00019	-0.00407	0.00065	0	0	0	0	0	0	0	0	0
	5x	0	0	0	0	0	0	0	0	0	0	0	0	-0.00343	-6.53E-06	-0.000653252	0	0	0	0	0	0
	5y	0	0	0	0	0	0	0	0	0	0	0	0	0.000189	-0.00347	-0.000576965	0	0	0	0	0	0
	6x	0	0	0	0	0	0	0	0	0	0	0	0	0	0	0	-0.004135222	-1.06E-05	-0.001064685	0	0	0
	6y	0	0	0	0	0	0	0	0	0	0	0	0	0	0	0	-0.000625535	-0.004244746	0.002064734	0	0	0
	7x	0	0	0	0	0	0	0	0	0	0	0	0	0	0	0	0	0	0	-0.002818338	2.32E-06	0.00023224
	7y	0	0	0	0	0	0	0	0	0	0	0	0	0	0	0	0	0	0	-0.000266635	-0.002615076	0.00088815
2번 사진	1x	-0.00277	9.33E-06	0.000933	0	0	0	0	0	0	0	0	0	0	0	0	0	0	0	0	0	0
	1y	-1.68E-05	-0.00292	-2.53E-05	0	0	0	0	0	0	0	0	0	0	0	0	0	0	0	0	0	0
	2x	0	0	0	-0.00267	1.04E-05	0.001036	0	0	0	0	0	0	0	0	0	0	0	0	0	0	0
	2y	0	0	0	0.000129	-0.00286	0.000446	0	0	0	0	0	0	0	0	0	0	0	0	0	0	0
	3x	0	0	0	0	0	0	-0.00334	9.27E-07	9.27E-05	0	0	0	0	0	0	0	0	0	0	0	0
	3y	0	0	0	0	0	0	0.000161	-0.00322	0.000552	0	0	0	0	0	0	0	0	0	0	0	0
	4x	0	0	0	0	0	0	0	0	0	-0.00346	1.40E-05	0.001399	0	0	0	0	0	0	0	0	0
	4y	0	0	0	0	0	0	0	0	0	0.000157	-0.00371	0.000544	0	0	0	0	0	0	0	0	0
	5x	0	0	0	0	0	0	0	0	0	0	0	0	-0.00333	7.95E-06	0.000794624	0	0	0	0	0	0
	5y	0	0	0	0	0	0	0	0	0	0	0	0	-0.00018	-0.00342	-0.00056072	0	0	0	0	0	0
	6x	0	0	0	0	0	0	0	0	0	0	0	0	0	0	0	-0.004080477	1.15E-05	0.001145804	0	0	0
	6y	0	0	0	0	0	0	0	0	0	0	0	0	0	0	0	0.000617253	-0.004216688	0.00203768	0	0	0
	7x	0	0	0	0	0	0	0	0	0	0	0	0	0	0	0	0	0	0	-0.002141505	8.17E-06	0.00081652
	7y	0	0	0	0	0	0	0	0	0	0	0	0	0	0	0	0	0	0	0.000202601	-0.002280505	0.00067779

Step 3. 다음으로 y벡터 연산을 수행해보자.

첫 번째 GCP에 대한 x요소는 $-\left(x+f\dfrac{U}{W}\right)=-\left(-0.83495+6.538\dfrac{-547.97}{-2053.94}\right)=-0.91$

y요소는 $-\left(y+f\dfrac{V}{W}\right)=-\left(1.16919+6.538\dfrac{43.79}{-2053.94}\right)=-1.03$이다.

나머지 GCP에 대해 모두 구해보도록 한다. 참고로 y는 영상좌표 14개에 대한 관측값으로서 총 28개의 요소를 갖는다(A행렬의 행의 크기와 동일).

$y=$

-0.90934
-1.02979
-0.92761
-0.98601
-1.02567
-0.92521
0.264612
-0.11571
-0.92953
-1.24819
-1.0243
-1.11715
-1.78923
-1.52347
0.306454
-0.88384
0.338607
-0.77691
0.166615
-0.84541
0.914813
-0.03945
0.269793
-1.14131
0.399625
-0.91319
-0.16605
-1.15552

Step 4. z_{EOP}, z_{GCP}

z_{EOP}, z_{GCP}은 입력한 초기값과 예측된 값의 차이이다. 여기서는, 예측된 값과 초기값과 동일하므로 모두 0으로 처리한다. 즉, z_{EOP}의 크기는 12x1, z_{GCP}는 7개의 점이므로 (7x3)로 계산하여 21x1이다. 해당 크기의 모두 0인 벡터가 된다.

Step 5. 이제 행렬 A_1, A_2, 벡터 y, z_{EOP}, z_{GCP} 가 모두 구해졌으므로 최소제곱을 통해 솔루션을 구하자. $A_{all} = \begin{bmatrix} A_1 & A_2 \\ I & 0 \\ 0 & I \end{bmatrix}, y_{all} = \begin{bmatrix} y \\ z_{EOP} \\ z_{GCP} \end{bmatrix}, e_{all} = \begin{bmatrix} e \\ e_{EOP} \\ e_{GCP} \end{bmatrix}$ 이라고 하면, 최소제곱법에 의한 풀이는

$$\begin{bmatrix} \hat{\xi_1} \\ \hat{\xi_2} \end{bmatrix} = (A_{all}^T P_{all} A_{all})^{-1} (A_{all}^T P_{all} y_{all}) =$$

28.14566
-321.371
-161.065
-0.00818
0.140276
-0.02265
15.04548
-242.655
-185.996
-0.02946
-0.01315
0.017986
-0.23545
-3.34926
0.853148
-2.24073
-5.03201
1.392155
2.756254
-0.2815
-0.53407
-262.037
-311.086
-282.299
2.535673
4.56185
2.563043
-2.81577
4.101063
-4.27418
298.4841
318.3666
225.9263

Step 6. 앞서 구해진 $\begin{bmatrix} \hat{\xi_1} \\ \hat{\xi_2} \end{bmatrix}$은 초기값으로 넣은 외부표정요소 및 지상좌표에 대한 보정량이다. 따라서, 이를 초기값에 더하여 보정해준다. 1번 사진 외부표정요소의 경우 아래와 같이 업데이트된다.

$$X_L = X_L^0 + dX_L = 1700 + 28.14566 = 1728.146$$
$$Y_L = Y_L^0 + dY_L = 2700 - 321.371 = 2378.629$$
$$Z_L = Z_L^0 + dZ_L = 4300 - 161.065 = 4138.935$$
$$\omega = \omega^0 + d\omega = -0.01 - 0.00818 = -0.01818$$
$$\phi = \phi^0 + d\phi = -0.3 + 0.140276 = -0.15972$$
$$\kappa = \kappa^0 + d\kappa = 0 - 0.02265 = -0.02265$$

보정 후의 값이 외부표정요소 및 지상좌표의 예측값이 된다.

Step 7. Step1~6까지를 반복

Step 6에서 새로 구해진 외부표정요소와 지상좌표 예측값을 초기치로 설정하여 Step1~6까지를 반복한다.
주의할 곳은 z_{EOP}, z_{GCP}를 구할 때, 초기치 값에서 Step 6에서 구해진 예측값을 빼주어야 한다. 따라서 이제는 0 값이 아닌 벡터가 된다.

두 번째 계산 결과인 $\begin{bmatrix} \hat{\xi_1} \\ \hat{\xi_2} \end{bmatrix}$를 첫 번째 계산의 예측값에 또 더해주어 두 번째 예측값을 구하며, Step 1~6까지를 반복하면 된다. 보정량인 $\begin{bmatrix} \hat{\xi_1} \\ \hat{\xi_2} \end{bmatrix}$의 크기가 무시할 만큼 (약 10^{-6} 정도) 작아질 때까지 반복한다.

본 예제에서는 반복 연산을 6회 정도 후 보정량이 0에 수렴되었다.
외부표정요소 및 지상좌표 최종예측값은 아래와 같이 구해졌다. 초기치로 넣었던 값 대비하여 얼마나 변화하였는지 비교해보라. 특히 지상좌표에서 기준점으로 넣었던 좌표값은 큰 변화가 없는데 비해, 접합점 좌표(4번, 7번)는 큰 변화를 보인다. 이것은 접합점의 지상좌표가 원래 정확하지 않았을 뿐 아니라, 이를 고려하여 가중치를 낮게 설정한 것과 직결된다고 볼 수 있다.

외부표정요소 초기값	
X_{L1}	1716.047
Y_{L1}	2420.675
Z_{L1}	4171.145
ω_1	-0.0275
ϕ_1	-0.15879
κ_1	-0.01432
X_{L2}	2502.848
Y_{L2}	2424.66
Z_{L2}	4125.818
ω_2	-0.01052
ϕ_2	0.280196
κ_2	0.01161

➡

외부표정요소 최종예측값	
X_{L1}	1716.047
Y_{L1}	2420.675
Z_{L1}	4171.145
ω_1	-0.0275
ϕ_1	-0.15879
κ_1	-0.01432
X_{L2}	2502.848
Y_{L2}	2424.66
Z_{L2}	4125.818
ω_2	-0.01052
ϕ_2	0.280196
κ_2	0.01161

➡

외부표정요소 변동량	
X_{L1}	16.04672
Y_{L1}	-279.325
Z_{L1}	-128.855
ω_1	-0.0175
ϕ_1	0.141211
κ_1	-0.01432
X_{L2}	2.848063
Y_{L2}	-275.34
Z_{L2}	-174.182
ω_2	-0.00052
ϕ_2	-0.0198
κ_2	0.01161

지상좌표 초기값		
1	X	1783.769
	Y	2722.379
	Z	2176.007
2	X	1672.88
	Y	2329.125
	Z	2167.164
3	X	2441.861
	Y	2335.729
	Z	2196.599
4	X	1538.323
	Y	2132.217
	Z	2361.992
5	X	2054.805
	Y	3030.271
	Z	2432.38
6	X	2082.064
	Y	1924.596
	Z	2821.551
7	X	1782.411
	Y	2116.999
	Z	1938.262

➡

지상좌표 최종예측값		
1	X	1783.769
	Y	2722.379
	Z	2176.007
2	X	1672.88
	Y	2329.125
	Z	2167.164
3	X	2441.861
	Y	2335.729
	Z	2196.599
4	X	1538.323
	Y	2132.217
	Z	2361.992
5	X	2054.805
	Y	3030.271
	Z	2432.38
6	X	2082.064
	Y	1924.596
	Z	2821.551
7	X	1782.411
	Y	2116.999
	Z	1938.262

차이

지상좌표 변동량		
1	X	0.288729803
	Y	-0.171395683
	Z	0.476783846
2	X	0.740352125
	Y	-0.074913027
	Z	0.243561114
3	X	0.221302354
	Y	-0.471147359
	Z	-0.861093266
4	X	**-299.1470875**
	Y	**-300.1427499**
	Z	**-303.6383237**
5	X	-0.654662316
	Y	0.561199207
	Z	0.100080834
6	X	-0.595727645
	Y	0.156395422
	Z	0.040742626
7	X	**302.9707548**
	Y	**300.5693192**
	Z	**306.0621765**

- 매트랩 함수로 번들 조정하기 (매트랩 사용)

```
<입력1: 기준점 지상좌표 worldPoints>
<입력2: 기준점 사진좌표 imagePoints, 영상 크기 ImageSize>
<출력: 카메라 파라미터 파일 cameraParams>

cameraParams = estimateCameraParameters(imagePoints,worldPoints, ...
    ImageSize=imageSize);

또는

camExtrinsics = estimateExtrinsics(imagePoints,worldPoints,intrinsics);
```

- 번들 조정하기 (매트랩 구현)

```
<입력1: 기준점 사진좌표 GCPPPs = [Photo# GCP# x y std_x std_y;...] 개수 num_GCPIPs>
<입력2: 기준점 지상좌표 GCPs_est = [X Y Z...], 오차 GCP_std = [std_X std_Y std_Z...]>
<입력3: 카메라 파라미터 IOP_est = [focal xp, yp, k0~k3, p1, p2], 오차량 IOP_std>
<입력4: 각 사진 외부표정요소 초기치 EOP_est = [XL YL ZL omega phi kappa...] 및 오차량 EOP_std>

%% weight matrix and initial values for IOP, EOP and GCP
% IOP
IOP_init = IOP_est;
IOP_index = IOP_std ~= 0;
P_IOP = diag(1./IOP_std(IOP_index).^2); % 내부표정요소 가중치 행렬

% IP
P_IP = zeros(2*num_GCPIPs); % 영상좌표 가중치 행렬
for j=1:num_GCPIPs
    P_IP(2*j-1:2*j,2*j-1:2*j) = diag(1./GCPPPs(j,5:6).^2);    % weight for collinearity eq
end

% EOP
EOP_init = EOP_est;
P_EOP = diag(1./EOP_std(:).^2); % 외부표정요소 가중치 행렬

% GCP
GCPs_init = GCPs_est;
P_GCP = diag(1./GCP_std(:).^2); % 지상좌표 가중치 행렬
```

```
% P_all 전체 가중치 행렬 구성
P_all = zeros(2*num_GCPIPs+num_IOP+num_EOP+3*num_GCPs);
P_all(1:num_IOP,1:num_IOP) = P_IOP;
P_all(num_IOP+1:num_IOP+2*num_GCPIPs,num_IOP+1:num_IOP+2*num_GCPIPs) = P_IP;
P_all(num_IOP+2*num_GCPIPs+1:num_IOP+2*num_GCPIPs+num_EOP,num_IOP+2*num_GCPIPs+1:num_IOP+2
*num_GCPIPs+num_EOP) =
P_all(num_IOP+2*num_GCPIPs+1:num_IOP+2*num_GCPIPs+num_EOP,num_IOP+2*num_GCPIPs+1:num_IOP+2
*num_GCPIPs+num_EOP) + P_EOP;
P_all(num_IOP+2*num_GCPIPs+num_EOP+1:end,num_IOP+2*num_GCPIPs+num_EOP+1:end) =
P_all(num_IOP+2*num_GCPIPs+num_EOP+1:end,num_IOP+2*num_GCPIPs+num_EOP+1:end) + P_GCP;

%% Iteration
MAX_ITER = 100;
TOLERANCE = 1e-6;
iter =0;
while iter < MAX_ITER
    iter = iter + 1;

    mat_A_all = zeros(2*num_GCPIPs+num_IOP+num_EOP+3*num_GCPs,num_IOP+num_EOP+3*num_GCPs);
    vec_y_all = zeros(2*num_GCPIPs+num_IOP+num_EOP+3*num_GCPs,1);

    % stochastic constraint
    if num_IOP > 0
        z0_IOP = IOP_init(IOP_index) - IOP_est(IOP_index);
        mat_A_all(2*num_GCPIPs+1:2*num_GCPIPs+num_IOP,1:num_IOP) = eye(num_IOP);
        vec_y_all(2*num_GCPIPs+1:2*num_GCPIPs+num_IOP) = z0_IOP;
    end

    z0_EOP = EOP_init - EOP_est;
    mat_A_all(2*num_GCPIPs+num_IOP+1:2*num_GCPIPs+num_IOP+num_EOP,...
        num_IOP+1:num_IOP+num_EOP) = eye(num_EOP);
    vec_y_all(2*num_GCPIPs+num_IOP+1:2*num_GCPIPs+num_IOP+num_EOP) = z0_EOP;

    zo_GCP = GCPs_init - GCPs_est;
    mat_A_all(2*num_GCPIPs+num_IOP+num_EOP+1:2*num_GCPIPs+num_IOP+num_EOP+3*num_GCPs,...
        num_IOP+num_EOP+1:num_IOP+num_EOP+3*num_GCPs) = eye(3*num_GCPs);
    vec_y_all(2*num_GCPIPs+num_IOP+num_EOP+1:end) = zo_GCP;

    % normal equation formation from each image point
    for j=1:num_GCPIPs
```

```
% initialize design matrix for IOP/EOP and GCP
mat_A1 = zeros(2,num_IOP);
mat_A2 = zeros(2,6);
mat_A3 = zeros(2,3);
vec_y = zeros(2,1);

% read Photo and GCP ID
Photo_ID = GCPPPs(j,1);
GCP_ID = GCPPPs(j,2);

% read image points
x = GCPPPs(j,3);                    % photo coordinates
y = GCPPPs(j,4);

% read IOP
focal = IOP_est(1);
xp = IOP_est(2);                    % principal point
yp = IOP_est(3);
k0 = 0; k1 = IOP_est(4); k2 = IOP_est(5); k3 = IOP_est(6);
p1 = IOP_est(8); p2 = IOP_est(9);

% read GCP
GCP_idx = find(GCPs(:,1) == GCP_ID);
X = GCPs_est(3*GCP_idx-2);
Y = GCPs_est(3*GCP_idx-1);
Z = GCPs_est(3*GCP_idx);

% read EOP
XL = EOP_est(6*Photo_ID-5);
YL = EOP_est(6*Photo_ID-4);
ZL = EOP_est(6*Photo_ID-3);
omega = EOP_est(6*Photo_ID-2);
phi = EOP_est(6*Photo_ID-1);
kappa = EOP_est(6*Photo_ID);

%
sw=sin(omega);  cw=cos(omega);
sp=sin(phi);    cp=cos(phi);
sk=sin(kappa);  ck=cos(kappa);
Mw = [1 0 0;0 cw sw;0 -sw cw];
Mp = [cp 0 -sp;0 1 0;sp 0 cp];
```

```
Mk = [ck sk 0;-sk ck 0;0 0 1];
M  = Mk*Mp*Mw;

dXYZ = [X; Y; Z] - [XL; YL; ZL];
UVW = M*dXYZ;
U = UVW(1); V = UVW(2); W = UVW(3);

% design matrix for IOP
x_bar = (x-xp);
y_bar = (y-yp);
if num_IOP > 0
    tmp1 = [U/W -1 0 x_bar*r^2 x_bar*r^4 x_bar*r^6 ...
        3*x_bar^2+y_bar^2 2*x_bar*y_bar x_bar];
    tmp2 = [V/W 0 -1 y_bar*r^2 y_bar*r^4 y_bar*r^6 ...
        2*x_bar*y_bar x_bar^2+3*y_bar^2 y_bar];
    mat_A1(1,1:num_IOP) = tmp1(IOP_index);
    mat_A1(2,1:num_IOP) = tmp2(IOP_index);
end

% design matrix for EOP
% XL
tmp = [-1; 0; 0];
dUVW = M*tmp;
mat_A2(1,1) = focal*(W*dUVW(1)-U*dUVW(3))/W^2;
mat_A2(2,1) = focal*(W*dUVW(2)-V*dUVW(3))/W^2;

% YL
tmp = [0; -1; 0];
dUVW = M*tmp;
mat_A2(1,2) = focal*(W*dUVW(1)-U*dUVW(3))/W^2;
mat_A2(2,2) = focal*(W*dUVW(2)-V*dUVW(3))/W^2;

% ZL
tmp = [0; 0; -1];
dUVW = M*tmp;
mat_A2(1,3) = focal*(W*dUVW(1)-U*dUVW(3))/W^2;
mat_A2(2,3) = focal*(W*dUVW(2)-V*dUVW(3))/W^2;

% w
tmp = [0 0 0;0 0 1;0 -1 0];
dUVW = M*tmp*dXYZ;
```

```
mat_A2(1,4) = focal*(W*dUVW(1)-U*dUVW(3))/W^2;
mat_A2(2,4) = focal*(W*dUVW(2)-V*dUVW(3))/W^2;

% p
tmp = [0 0 -1;0 0 0;1 0 0];
dUVW = Mk*Mp*tmp*Mw*dXYZ;
mat_A2(1,5) = focal*(W*dUVW(1)-U*dUVW(3))/W^2;
mat_A2(2,5) = focal*(W*dUVW(2)-V*dUVW(3))/W^2;

% k
tmp = [0 1 0;-1 0 0;0 0 0];
dUVW = tmp*M*dXYZ;
mat_A2(1,6) = focal*(W*dUVW(1)-U*dUVW(3))/W^2;
mat_A2(2,6) = focal*(W*dUVW(2)-V*dUVW(3))/W^2;

% design matrix for GCP
% X
tmp = [1; 0; 0];
dUVW = M*tmp;
mat_A3(1,1) = focal*(W*dUVW(1)-U*dUVW(3))/W^2;
mat_A3(2,1) = focal*(W*dUVW(2)-V*dUVW(3))/W^2;

% Y
tmp = [0; 1; 0];
dUVW = M*tmp;
mat_A3(1,2) = focal*(W*dUVW(1)-U*dUVW(3))/W^2;
mat_A3(2,2) = focal*(W*dUVW(2)-V*dUVW(3))/W^2;

% Z
tmp = [0; 0; 1];
dUVW = M*tmp;
mat_A3(1,3) = focal*(W*dUVW(1)-U*dUVW(3))/W^2;
mat_A3(2,3) = focal*(W*dUVW(2)-V*dUVW(3))/W^2;

% mat_A_all
if num_IOP > 0
    mat_A_all(2*j-1:2*j,1:num_IOP) = mat_A1;
end
mat_A_all(2*j-1:2*j,num_IOP+6*Photo_ID-5:num_IOP+6*Photo_ID) = mat_A2;
mat_A_all(2*j-1:2*j,num_IOP+num_EOP+3*GCP_idx-2:num_IOP+num_EOP+3*GCP_idx) = mat_A3;
```

```
        % vec_y
        r = sqrt((x-xp)^2 + (y-yp)^2);        % radial distance
        r2 = r^2;
        r4 = r2^2;
        r6 = r2*r4;
        dx = x_bar*(k0 + k1*r2 + k2*r4 + k3*r6) + (2*x_bar^2+r2)*p1 + 2*p2*x_bar*y_bar;
        dy = y_bar*(k0 + k1*r2 + k2*r4 + k3*r6) + 2*p1*x_bar*y_bar+ (2*y_bar^2+r2)*p2;

        vec_y(1,1) = -(x - xp + dx + focal*U/W);
        vec_y(2,1) = -(y - yp + dy + focal*V/W);
        vec_y_all(2*j-1:2*j) = vec_y;
    end
    %

    % least square
    mat_N = mat_A_all'*P_all*mat_A_all;
    mat_c = mat_A_all'*P_all*vec_y_all;
    xi_hat = mat_N₩mat_c;

    % iteration check
    if max(abs(xi_hat)) < TOLERANCE
        break;
    end

    % update
    IOP_est(IOP_index) = IOP_est(IOP_index) + xi_hat(1:num_IOP);
    EOP_est = EOP_est + xi_hat(num_IOP+1:num_IOP+num_EOP);
    GCPs_est = GCPs_est + xi_hat(num_IOP+num_EOP+1:end);
end % while
```

4. 상호표정과 절대표정

현재는 많은 사진을 촬영하고 기준점을 넣어 이를 모두 한 번에 처리하는 번들조정 기법이 일반화되어 있으나, 과거에는 기준점 없이 사진 간의 상호 관계만 미리 계산하여 입체시를 먼저 만들고, 이후 기준점을 입력하여 지도좌표로 변환하는 과정을 거쳤다. 이 두 단계를 각각 **상호표정**(relative orientation)**과 절대표정**(absolute orientation)이라고 부른다. 현재는 쓰임새가 높지 않으나 개념이 필요한 때도 있으므로 알아둘 필요가 있다.

그림 98과 같이 사진 촬영 시 대상체가 카메라를 통해 영상으로 기록된다. 다음으로 촬영된 영상을 이용하여 대상체의 정보를 알아내려고 하지만, 사진 촬영 시의 정확한 위치/자세를 모르면 대상체의 정보를 알아낼 수가 없다.

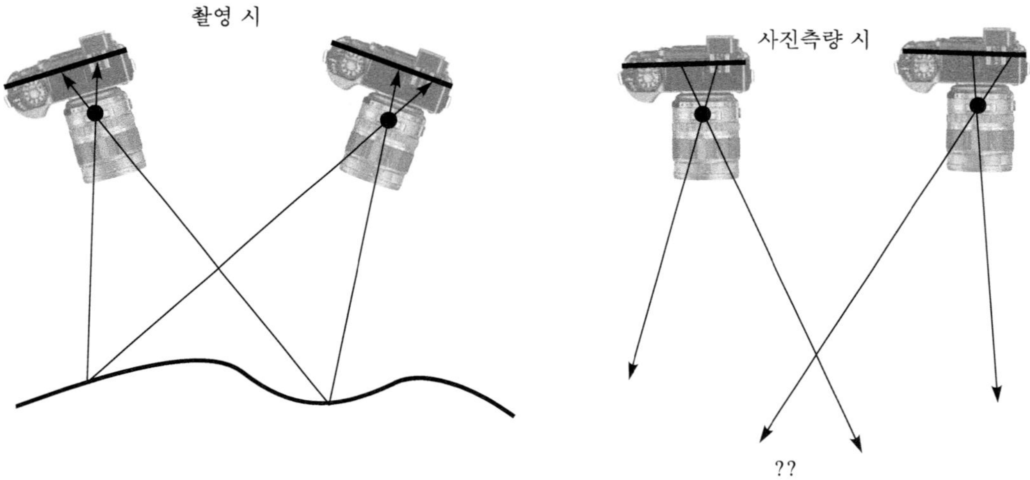

그림 98. 사진 촬영 시 기하 vs 사진측량 시 기하

따라서 두 카메라 위치/자세를 보정하여 그림 98과 같이 광선끼리 만나도록 만들고 지상의 정보를 계산할 수 있도록 조정해야 한다. 이를 통해 대상체의 형상이 도출될 수 있다. 그러나, 두 카메라의 위치 관계는 여러 가지가 있을 수 있고, 따라서 A,B,C와 같이 축척이 바뀌거나 회전된 형태의 지상좌표가 계산될 수 있다. 이렇게 두 영상 간의 상호관계만 맞추어 지상의 형상을 도출하기 위한 표정을 상호표정이라고 한다. **상호표정을 통해 만든 지상의 3차원 형상을 모델이라 부른다.**

상호표정을 위해서는 그림 99에서 보는 것과 같이 광선을 일치시키기 위한 접합점(공액점)이 필요하며 최소 5개의 접합점이 필요하다. 왜냐하면, 한 개의 접합점당 좌/우 사진에서 4개의 공선조건식이 생성되는 반면 (한 장의 사진에서는 하나의 사진점당 x, y로 두 개 식이 만들어진다) 미지수가 지상좌표 X,Y,Z 3개이므로 한 개의 접합점당 1개의 식이 생기는 효과가 있다. 반면, 두 영상의 상호표정을 위해서는 좌측 사진의 위치와 자세

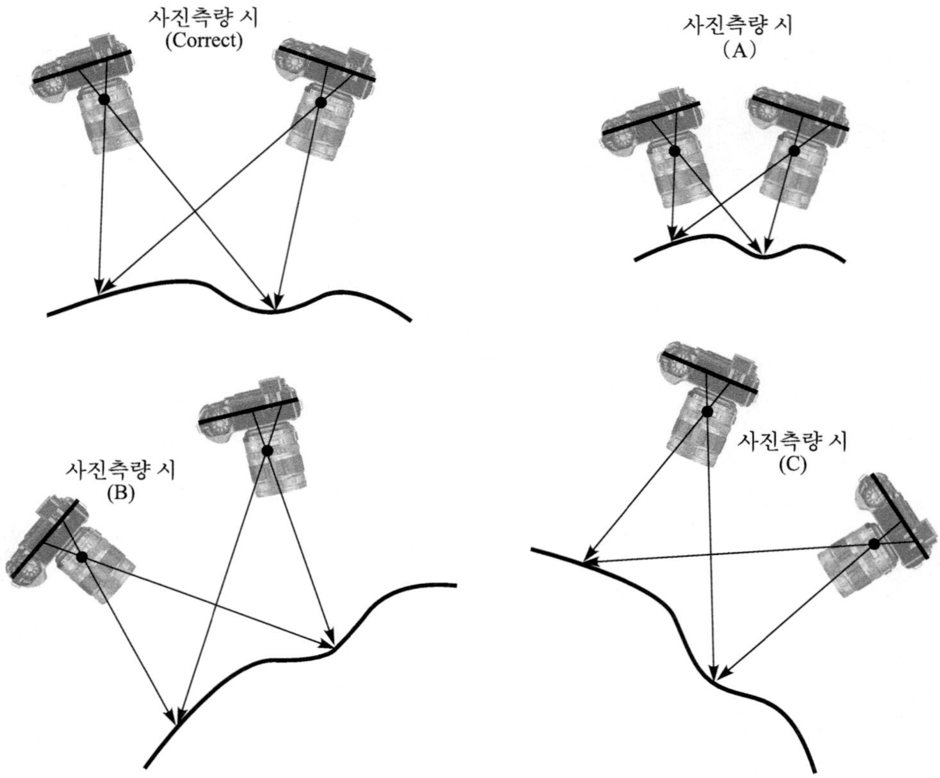

그림 99. 상호표정의 여러 시나리오

를 고정시키고 또한 우측사진까지 X축으로의 거리는 고정하게 되며, 미지수로는 Y축과 Z축으로의 상대적인 거리 2개 및 회전량 3개로서 총 5개이다. 따라서 접합점 5개면 식이 5개 생성되므로 식의 개수가 미지수의 개수를 넘어서서 풀이가 가능해진다.

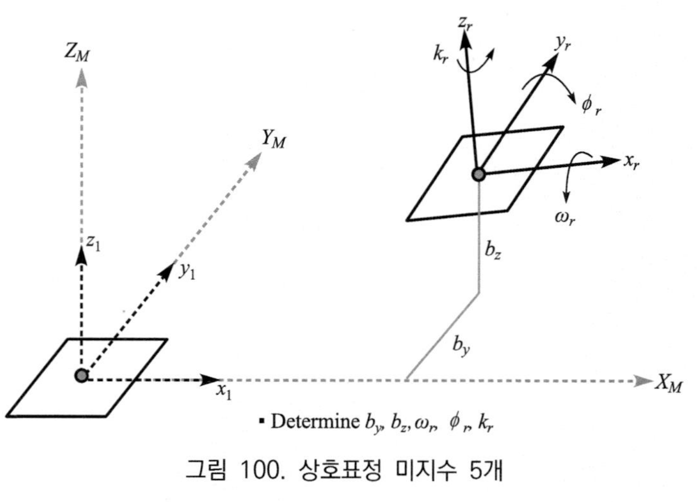

그림 100. 상호표정 미지수 5개

상호표정이 완료되면 두 영상 간의 좌표 관계가 수립되며, 그림 101과같이 투영면에 투영할 경우 **에피폴라 영상**이 생성되며, 입체시에 방해가 되는 y방향의 시차를 제거하고 표고정보와 연관이 있는 x-시차만을 남겨 입체시를 가능하게 해준다. 즉, 상호표정을 수행했다고 하여 y-시차가 제거되는 것은 아니지만, y-시차를 제거할 수 있는 정보가 획득되었다고 볼 수 있다.

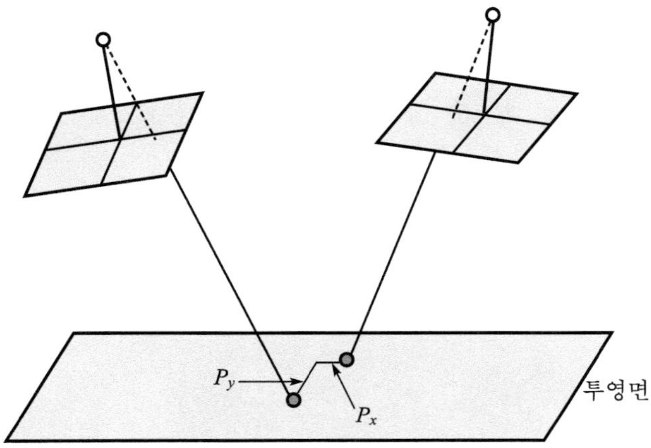

그림 101. 상호표정 후 y-시차의 제거

절대 표정이라는 것은 상호표정을 통해 만들어진 대상체의 모델을 실제 대상체와 동일한 크기와 방향을 갖도록 축척과 회전을 변화시켜주는 것을 지칭한다. 따라서 상호표정을 통해 계산된 위치를 아래와 같은 이동, 회전, 축척 변화를 통해 실제 지상좌표를 갖게끔 보정하게 된다. 이때, 이동, 회전, 축척 계산을 위한 기준점이 필요하며, **일직선에 위치하지 않은 3개 이상의 3차원 기준점**이 필요하다. 왜냐하면 미지수가 축척 1개, 회전 3개, 이동 3개로서 총 7개이며, 따라서 식의 수가 총 7개 이상 필요하기 때문이다. 즉, 3차원 기준점 1개당 아래 X,Y,Z 식의 3개 식이 만들어지므로 3개의 기준점이면, 총 9개의 식이 만들어져서 충분하게 된다. 수평/수직기준점을 나누면 수평기준점은 최소 2개 이상 (수평 축척 변환), 수직 위치 보정을 위해 수직 기준점은 3개가량 필요하다.

$$\begin{bmatrix} \Delta X_G \\ \Delta Y_G \\ \Delta Z_G \end{bmatrix} = \begin{bmatrix} X_G \\ Y_G \\ Z_G \end{bmatrix} + sR \begin{bmatrix} X_M \\ Y_M \\ Z_M \end{bmatrix}$$

여기서, $\begin{bmatrix} X_M \\ Y_M \\ Z_M \end{bmatrix}$은 상호표정을 통해 계산된 모델 좌표, $\begin{bmatrix} X_G \\ Y_G \\ Z_G \end{bmatrix}$은 절대표정을 통해 보정된

지상좌표, $s, R, \begin{bmatrix} \Delta X_G \\ \Delta Y_G \\ \Delta Z_G \end{bmatrix}$ 은 축척, 3차원 회전변환, 이동량을 말한다.

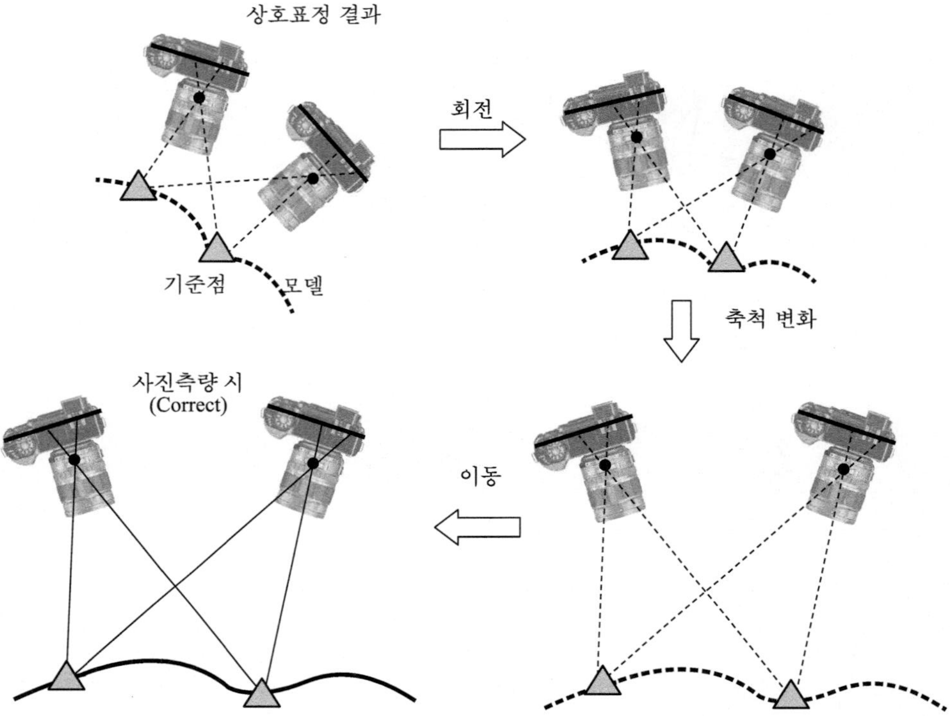

그림 102. 절대표정의 개념

요약해보면 상호표정은 두 영상 간의 공액점(conjugate point 또는 접합점 tie point)만으로 영상을 조정하여 3차원 위치를 계산하는 과정이며, 이로 인해 지상기준점이 필요 없기 때문에 절대적인 위치 정보가 지상과 일치하지는 않는다. 절대표정은 상호표정을 통해 만들어진 모델 정보를 절대위치로 옮겨주는 작업이며 기준점이 필요한 과정이다.
번들조정은 상호표정, 번들조정 등을 하나의 식으로 해결하는 프로세스이며, 현재 가장 많이 사용되고 있는 방식이다.

기사시험 문제

1 **GPS/INS를 이용한 항공사진측량의 장점으로 옳은 것은?**

① 해석적 내부표정을 쉽게 할 수 있다.
② 해석적 상호표정을 쉽게 할 수 있다.
③ 지상기준점측량의 작업량을 줄일 수 있다.
④ 수치사진측량 기술을 적용할 수 있다.

2 **항공삼각측량의 조정방법으로 사진을 기본단위로 하며 정확도가 가장 높은 것은?**

① DLT(Direct Linear Transformation)
② 광속조정법(Bundle Adjistment)
③ 독립모형법(Indeoeoendent Model Triangulation)
④ 부등각사상변환법(Affine Transformation)

3 **지상기준점의 설치를 최소화하여 항공삼각측량을 수행하려고 할 경우, 항공기에 탑재해야 할 장비는?**

① SAR와 LIDAR ② GPS와 LIDAR ③ GPS와 INS ④ MSS와 INS

4 **GPS/INS 통합시스템에 대한 설명으로 옳은 것은?**

① GPS/INS는 가상 기준점을 이용한 GPS 측량기법이다.
② GPS/INS를 이용하면 항공기에서 중력이상을 측정할 수 있다.
③ GPS/INS는 항공기에서 직접 수치표고모델을 생성하는 장비이다.
④ GPS/INS를 이용하면 항공사진측량에서 지상기준점측량 비용을 절감할 수 있다.

5 **스트립 조정법으로 항공사진측량을 수행할 경우 필요한 최소의 3차원 지상기준점 개수는?**

① 1개 ② 3개 ③ 6개 ④ 9개

6 **광속조정법(Bundle Adjustment)을 이용하여 항공삼각측량을 수행할 경우, 사진 3장이 중복된 부분에서 2점에 대한 지상좌표와 각각의 사진좌표를 측정할 경우 생성되는 공선조건식의 수는?**

① 4개 ② 6개 ③ 12개 ④ 24개

7 **번들조정법(광속조정법)에서 적용하는 기본 수학모형식은?**

① 공선조건식 ② 공면조건식 ③ 공액조건식 ④ 공간조건식

8 **해석적 항공삼각측량 방법 중 정밀좌표관측기로 관측한 블록 내의 사진좌표를 이용하여 직접 절대좌표를 구하는 방법은?**

① 독립모델법 ② 다항식조정법 ③ 사진조정법 ④ 광속조정법

9 **항공사진측량에서 지상기준점을 선정할 때의 유의사항에 대한 설명으로 틀린 것은?**

① 상공에서 보여야 한다.
② 시간적으로 변화하지 않아야 한다.
③ 급한 경사의 지표면이나 경사변환선 상의 점은 피한다.
④ 불리한 조건하에서는 측선을 연장한 가상점을 택한다.

10 **대공표지에 대한 설명으로 틀린 것은?**

① 대공표지는 사진상에서 정확하게 그 위치를 결정하고자 할 때 설치한다.
② 설치 장소의 상공은 45° 이상의 시계를 확보하여야 한다.
③ 대공표지를 하고자 하는 점이 자연점으로 표지를 설치하지 않고도 사진상에 명료하게 확인되는 경우에는 생략할 수 있다.
④ 대공표지는 항공사진 촬영이 끝나면 즉시 철거하여야 한다.

11 **대공표지에 관한 설명으로 옳은 것은?**

① 지면보다 주로 낮게 설치한다.
② 대공표지로 사용되는 재료는 콘크리트로 규정되어 있다.
③ 상공은 30°정도의 각도로 열어 두어야 한다.
④ 사진 상에서 확인 가능한 자연점이 있는 경우에는 생략할 수 있다.

12 **수치항공영상을 이용한 상호표정시 입체영상에서 공액점을 자동으로 측정하기 위해 사용되는 기법은?**

① 영상 모자이크 ② 영상정합 ③ 보간법 ④ 편위수정

13 **대공표지에 관한 설명으로 옳은 것은?**

① 지면보다 주로 낮게 설치한다.
② 대공표지로 사용되는 재료는 콘크리트로 규정되어 있다.
③ 상공은 천정으로부터 15°정도의 시계를 확보할 수 있어야 한다.
④ 지상에 적당한 장소가 없을 때에는 지붕 위에 설치할 수 있다.

14 **절대표정에 필요한 지상기준점의 구성으로 적합한 것은?**

① 상호독립적인 수평기준점(X, Y) 4개
② 동일 직선상에 존재하는 지상기준점(X, Y, Z) 3개
③ 상호독립적인 수평기준점(X, Y) 2개와 수직기준점(Z) 3개
④ 상호독립적인 지상기준점(X, Y, Z) 2개

15 **절대표정에서 결정되는 것으로 옳은 것은?**

① 축척, 수준면, 위치
② 촬영점의 위치, 회전각, 주점
③ 초점거리, 렌즈왜곡, 대기보정
④ 입체사진의 기선길이, 회전각, 중복도

16 **상호표정에 대한 설명으로 옳은 것은?**

① 평면(x, z)방향 시차를 소거하는 것
② 높이(z)방향 시차를 소거하는 것
③ 횡(x)방향 시차를 소거하는 것
④ 종(y)방향 시차를 소거하는 것

17 **절대표정에 대한 설명으로 옳지 않은 것은?**

① 현 입체모델에서 수평위치 기준 2점, 수직위치 기준점 3점이면 절대표정이 가능하다.
② 지상기준점이 없는 경우는 접합점(tie point)과 공면조건식으로 절대표정을 수행한다.
③ 상호표정으로 생성된 3차원 모델과 지상좌표계와의 기하학적 관계를 수립한다.
④ 절대표정으로 수행하면 접합점(tie point)에 대한 지상점좌표를 계산할 수 있다.

18 **다음 수식은 어느 표정에 필요한 것인가? (단, (XG, YG, ZG)는 지상좌표, S는 축척, (r11, r12, ⋯ , r33)는 회전행렬, (xm, ym, zm)은 모델좌표, (XT, YT, ZT)는 원점이동량)**

$$\begin{bmatrix} X_G \\ Y_G \\ Z_G \end{bmatrix} = S \begin{bmatrix} r_{11} & r_{12} & r_{13} \\ r_{21} & r_{22} & r_{23} \\ r_{31} & r_{32} & r_{33} \end{bmatrix} \begin{bmatrix} x_m \\ y_m \\ z_m \end{bmatrix} + \begin{bmatrix} X_T \\ Y_T \\ Z_T \end{bmatrix}$$

① 내부표정　② 외부표정　③ 상호표정　④ 절대표정

19 **모델좌표계를 지상좌표계로 변환하는 표정은 무엇이며, 이때 필요한 좌표는?**

① 상호표정 - 지상기준점 좌표 ② 상호표정 - 공액점 좌표
③ 절대표정 - 지상기준점 좌표 ④ 절대표정 - 공액점 좌표

20 **사진기준점 측량에서 입체모형좌표값을 계산하는 과정은?**

① 내부표정 ② 상호표정 ③ 절대표정 ④ 외부표정

21 **해석적 절대표정을 수행할 때 필요한 최소한의 관측방정식 개수는?**

① 5 ② 6 ③ 7 ④ 8

22 **상호표정요소를 계산하기 위하여 측정하여야 할 공액점의 최소 개수는?**

① 2개 ② 3개 ③ 4개 ④ 5개

23 **상호표정에 사용하는 요소가 아닌 것은?**

① λ (축척계수) ② κ (Z축에 대한 회전)
③ φ (Y축에 대한 회전) ④ ω (X축에 대한 회전)

24 **수치사진측량(digital photogrammetry)에서 상호표정의 자동화를 위해 요구되는 기법은?**

① 디지타이징 ② 좌표등록
③ 영상정합 ④ 직접표정

(힌트) 접합점을 추출하기 위한 과정

25 **상호표정에 대한 설명으로 옳지 않은 것은?**

① 절대표정과는 독립적인 표정으로 상호 영향이 없다.
② 일반적으로 내부표정 후에 작업이 이루어진다.
③ 5개의 표정인자로 표정점이 5점 있으면 가능하지만 일반적으로 대칭으로 6점을 취한다.
④ 종시차를 소거시키는 작업이다.

정답 [01] ③ [02] ② [03] ③ [04] ④ [05] ② [06] ③ [07] ① [08] ④ [09] ④ [10] ④
[11] ④ [12] ② [13] ④ [14] ③ [15] ① [16] ④ [17] ② [18] ④ [19] ③ [20] ②
[21] ③ [22] ④ [23] ① [24] ③ [25] ①

개념 정립 문제

1 에피폴라 영상의 특징에 대해 설명하라.

2 지상기준점의 세 가지 요건은?

3 대상지역에 지상기준점으로 취할만한 마땅한 지형지물이 존재하지 않을 경우 인위적으로 기준점을 설치하여 운용해야 하는데, 이것을 무엇이라 하는가?

4 한 장의 사진에 기준점이 6개 존재할 경우, 몇 개의 공선조건식이 만들어지는가?

정답 (1) y-시차(종시차)가 제거되어 같은 지점은 동일한 라인에 위치함
(2) 정확할 것, 사진에서 식별이 잘 될 것, 대상 영역에 골고루 분포될 것
(3) 대공 표지
(4) 12개

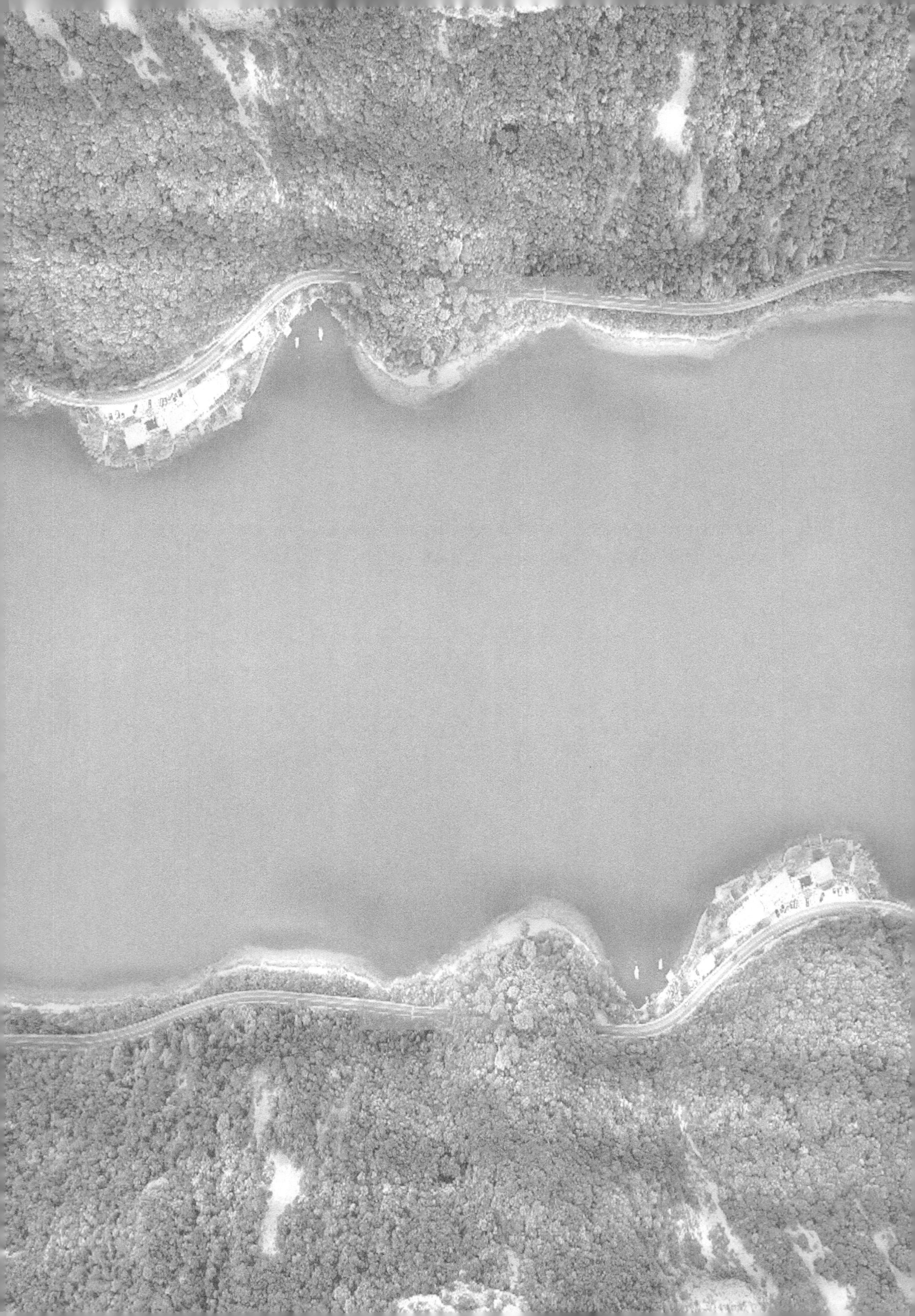

CHAPTER 09

입체영상 처리

CHAPTER 09 입체영상 처리

1. 에피폴라 기하

에피폴라 영상을 이해하기 위해서는 우선 에피폴라 라인에 대해 이해해야 한다. 그림 103과 같이 좌측영상의 건물모서리 한점을 선택하고 지상으로 광선을 내보낸다고 생각하면 지상 정확한 지점에 닿았을 때 그 지점을 우측영상으로 투영하면 동일한 건물모서리에 맺히게 될 것이다. 그러나 좌측에서 나온 광선의 모든 지점에 대해 우측영상으로 투영하며 많은 점이 생성되게 되는데 이 점들을 이으면 직선이 만들어지며 이 선을 **에피폴라 라인**이라고 한다. 우측사진에서 한 점을 선택하여 좌측영상으로 투영해도 마찬가지의 에피폴라 라인이 생성된다.
그림 103에서 좌측영상의 한 점과 우측영상의 대응되는 점은 같은 영상 라인(행 좌표)에 위치해 있지 않은데, 그 차이를 **y-시차(y-parallax, 종시차)**라고 한다.

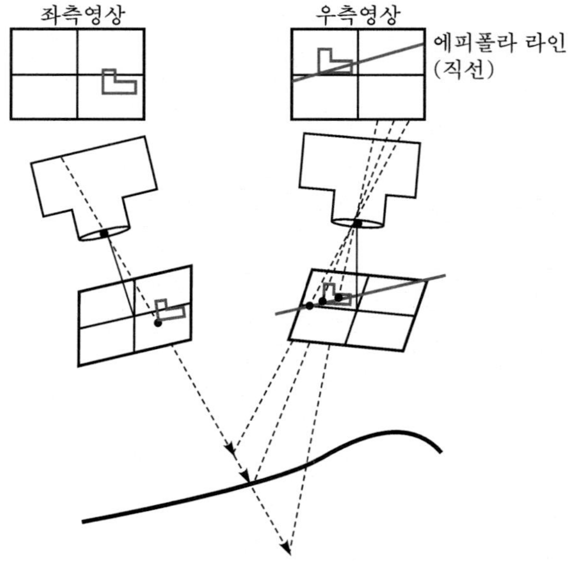

그림 103. 에피폴라 라인 생성

그런데 만약 영상을 획득할 때 좌/우측영상의 자세가 동일하다면 이 에피폴라 라인은 이미지의 수평과 평행하게 만들어지게 되는데, 이렇게 **좌/우 영상의 동일한 지점이 동일한 영상 라인에 위치**하게 되면 이러한 영상을 에피폴라 영상이라고 한다. 이렇게 **에피폴라**

영상을 제작하면 y-시차는 0에 가까워지게 되며, y-시차가 0에 가까우면 우리 눈과 같이 사물을 입체로 볼 수 있게 된다. 남은 것은 두 영상좌표가 column 방향으로 다른 것인데 이것을 **x-시차(x-parallax, 횡시차)**라고 하며 이 차이를 이용하여 지상의 높이값을 구할 수가 있게 된다.

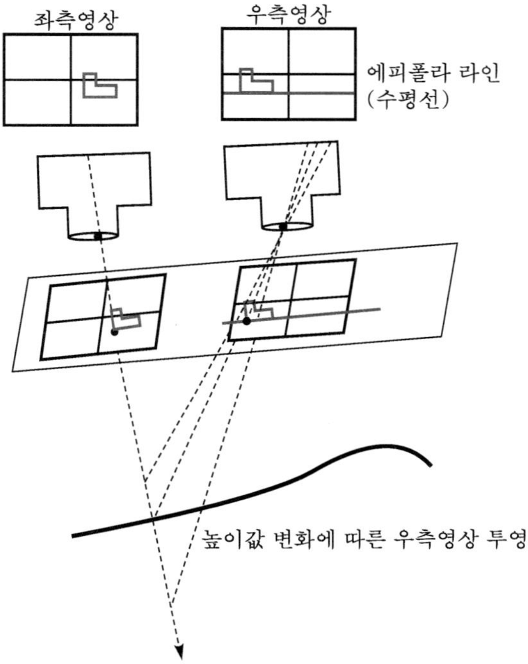

그림 104. 자세가 동일할 경우 에피폴라 라인의 수평화

2. Fundamental Matrix

입체사진 처리에서 많이 보게 되는 용어 중 하나가 **펀더멘탈(Fundamental) 행렬**이다. 그림 105에서 보는 것과 같이 두 사진의 중심은 O_1, O_2이고 이 둘을 잇는 벡터가 V_{12}이다. 좌/우 영상에서 p_1, q_1와 지상점 P를 잇는 벡터가 V_1, V_2이다. 이 세 벡터는 하나의 면을 만들게 된다. 이 면을 **에피폴라 면**이라고 한다.

먼저 V_{12} 벡터는 카메라 위치의 차이로 아래와 같이 구할 수 있다.

$$V_{12} = \begin{bmatrix} X_{L2} - X_{L1} \\ Y_{L2} - Y_{L1} \\ Z_{L2} - Z_{L1} \end{bmatrix}$$

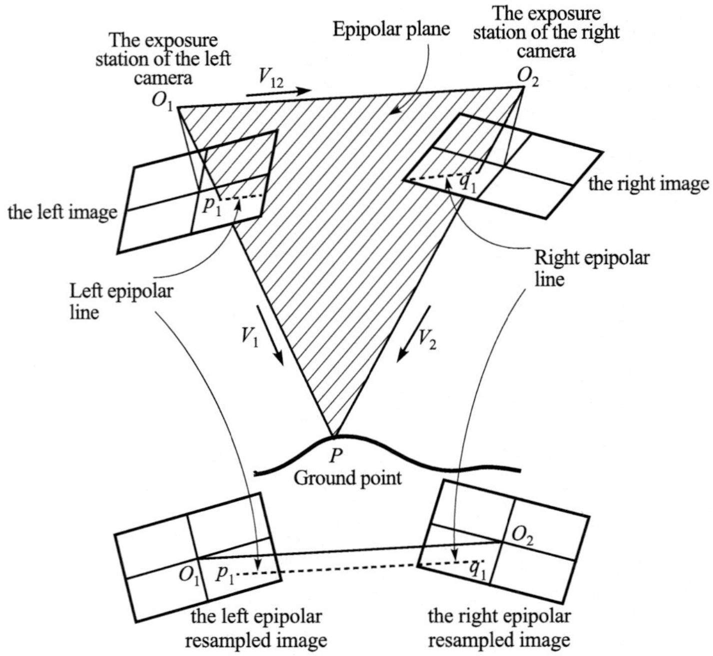

그림 105. 좌/우 영상의 V_1, V_2, V_{12} 벡터는 하나의 면을 생성: 에피폴라 면

다음으로 V_1, V_2벡터는 공선조건식으로부터 구해질 수 있는데, 축척 계수를 빼고 만들면 소문자로 v_1, v_2로 나타내어 아래와 같이 구할 수 있다. 여기서, C, A행렬을 만들었는데 C는 주점이동량과 초점거리를 적용하기 위한 행렬이며, A행렬은 픽셀좌표를 사진좌표로 바꾸기 위한 행렬이다.

$$v_1 = M_1^T \begin{bmatrix} x_1 - x_p \\ y_1 - y_p \\ -f \end{bmatrix} = M_1^T \underbrace{\begin{bmatrix} 1\, 0 - x_p \\ 0\, 1 - y_p \\ 0\, 0\, -f \end{bmatrix}}_{C} \begin{bmatrix} x_1 \\ y_1 \\ 1 \end{bmatrix} = M_1^T C \begin{bmatrix} x_1 \\ y_1 \\ 1 \end{bmatrix} = M_1^T C \underbrace{\begin{bmatrix} p & 0 & -\dfrac{COL}{2}p \\ 0 & -p & \dfrac{ROW}{2}p \\ 0 & 0 & 1 \end{bmatrix}}_{A} \begin{bmatrix} r_1 \\ c_1 \\ 1 \end{bmatrix} = M_1^T CA \begin{bmatrix} r_1 \\ c_1 \\ 1 \end{bmatrix}$$

$$v_2 = M_2^T \begin{bmatrix} x_2 - x_p \\ y_2 - y_p \\ -f \end{bmatrix} = M_2^T \underbrace{\begin{bmatrix} 1\, 0 - x_p \\ 0\, 1 - y_p \\ 0\, 0\, -f \end{bmatrix}}_{C} \begin{bmatrix} x_2 \\ y_2 \\ 1 \end{bmatrix} = M_2^T C \begin{bmatrix} x_2 \\ y_2 \\ 2 \end{bmatrix} = M_2^T C \underbrace{\begin{bmatrix} p & 0 & -\dfrac{COL}{2}p \\ 0 & -p & \dfrac{ROW}{2}p \\ 0 & 0 & 1 \end{bmatrix}}_{A} \begin{bmatrix} r_2 \\ c_2 \\ 1 \end{bmatrix} = M_2^T CA \begin{bmatrix} r_2 \\ c_2 \\ 1 \end{bmatrix}$$

여기서, p는 픽셀크기

V_{12}와 v_1, v_2 세 벡터가 하나의 면을 생성하기 위한 조건은 아래와 같다.

$$Det(v_1, V_{12}, v_2) = v_1^T (V_{12} \times v_2) = 0$$

여기서,

$$(V_{12} \times v_2) = \underbrace{\begin{bmatrix} 0 & -(Z_{L2} - Z_{L1}) & (Y_{L2} - Y_{L1}) \\ (Z_{L2} - Z_{L1}) & 0 & -(X_{L2} - X_{L1}) \\ -(Y_{L2} - Y_{L1}) & (X_{L2} - X_{L1}) & 0 \end{bmatrix}}_{V} v_2$$

따라서

$$Det(v_1, V_{12}, v_2) = \left(M_1^T CA \begin{bmatrix} c_1 \\ r_1 \\ 1 \end{bmatrix} \right)^T V \left(M_2^T CA \begin{bmatrix} c_2 \\ r_2 \\ 1 \end{bmatrix} \right)$$

$$= [c_1 \ \ r_1 \ \ 1] \underbrace{A^T C^T M_1 V M_2^T CA}_{F} \begin{bmatrix} c_2 \\ r_2 \\ 1 \end{bmatrix} = [c_1 \ \ r_1 \ \ 1] F \begin{bmatrix} c_2 \\ r_2 \\ 1 \end{bmatrix} = 0$$

보는 것과 같이 F를 펀더멘탈 행렬이라고 부른다. 즉, 좌/우 영상의 두 점의 좌표 사이의 관계를 하나의 식으로 묶어주는 행렬이라고 이해하면 된다. 또한 그중 일부인 $M_1 V M_2^T$를 **이쎈셜 행렬(Essential Matrix)**이라고 부른다.

이제, 펀더멘탈 행렬을 풀어서 적어서 행렬의 곱을 풀어보자.

$$[c_1 \ \ r_1 \ \ 1] \begin{bmatrix} f_{11} & f_{12} & f_{13} \\ f_{21} & f_{22} & f_{23} \\ f_{31} & f_{32} & f_{33} \end{bmatrix} \begin{bmatrix} c_2 \\ r_2 \\ 1 \end{bmatrix} = 0$$

본 식을 행렬의 곱으로 풀어보면 아래와 같이 구해지는데, 좌측에 있는 좌/우 영상좌표들이 충분히 주어지면 우측의 펀더멘탈 행렬의 요소들을 구해낼 수가 있게 된다. 그러나 우항의 벡터가 영벡터이기 때문에 그냥은 구해지지 않고 Singular Value Decomposition을 통해 구할 수가 있다.

$$[r_1 r_2 \ \ r_1 c_2 \ \ r_1 \ \ c_1 r_2 \ \ c_1 c_2 \ \ c_1 \ \ r_2 \ \ c_2 \ \ 1] [f_{11} \ \ f_{12} \ \ f_{13} \ \ f_{21} \ \ f_{22} \ \ f_{23} \ \ f_{31} \ \ f_{32} \ \ f_{33}]^T = 0$$

펀더멘탈 행렬 F를 구하고 나면 좌측 영상좌표와의 곱을 k로 나타내고 다시 펀더멘탈 행렬의 식을 적으면,

$$k^{T} = \begin{bmatrix} c_1 & r_1 & 1 \end{bmatrix} F$$

$$k^{T} \begin{bmatrix} c_2 \\ r_2 \\ 1 \end{bmatrix} = \begin{bmatrix} k_1 \, k_2 \, k_3 \end{bmatrix} \begin{bmatrix} c_2 \\ r_2 \\ 1 \end{bmatrix} = 0$$

이제 이 식을 풀어보면 아래와 같이 직선식이 나옴을 알 수 있다. 즉, 에피폴라 기하 개념으로 보았을 때 에피폴라 직선이 생성된다고 했는데 그것을 수식으로 확인해볼 수가 있다.

$$r_2 = -\frac{k_2}{k_1} c_2 - \frac{k_3}{k_1}$$

매트랩을 이용하여 펀더멘탈 매트릭스를 구할 수 있는데, 이 부분은 아래 키포인트 매칭과 함께 설명하도록 한다.

3. 키포인트 매칭

매칭이라는 것은 한쪽 영상의 하나의 관심점을 다른 영상에서 해당 위치를 찾는 작업을 말한다. 매칭 기법에는 크게 피쳐매칭과 영역기반 매칭 두 가지로 구분할 수 있는데, 피쳐매칭이란 내가 선택한 화소 주변의 밝기값 변화에 대한 정보를 기반으로 그 특성과 유사한 지점을 찾는 기법이며, 영역기반 매칭은 설정된 영역에서 1:1 화소값 대응을 통해 유사한 지점을 찾는 기법이다.

피쳐매칭으로 가장 많이 활용되고 있는 기법은 SIFT(scale invariant feature transform)와 SURF(speeded up robust feature)가 있고, 영역기반 매칭은 대표적으로 **상관계수 매칭** NCC(normalized cross correlation)가 있다. 사진측량에서 두 기법의 활용 목적은 약간 다른데, SIFT나 SURF는 키포인트 매칭을 할 경우에 주로 사용된다.

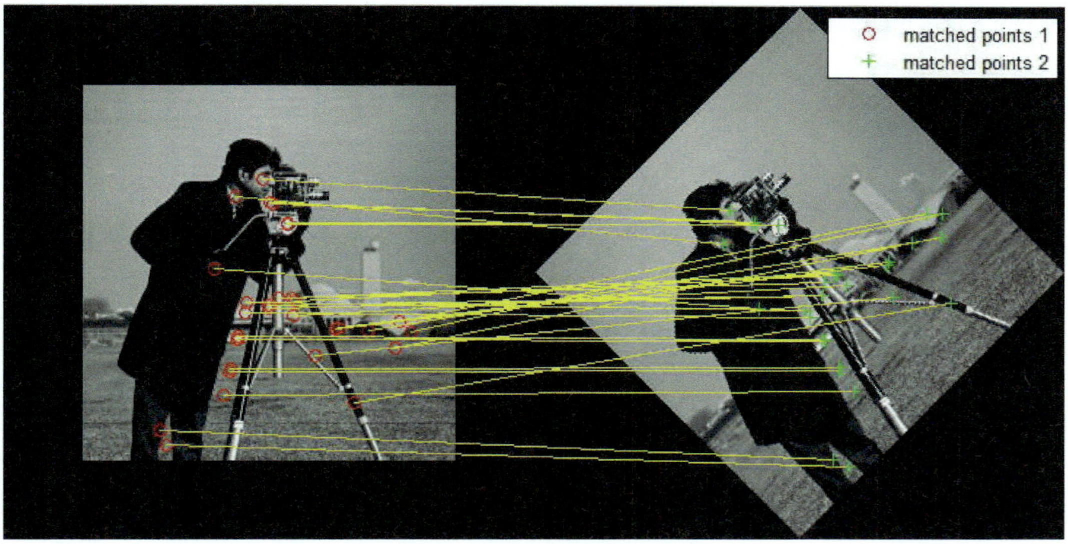

그림 106. 이미지 매칭의 예

<u>키포인트(특징점)</u>라는 것은 영상에서 정보가 많은 점을 일컫는 말로서, 그 정보라는 것은 사물의 모서리와 같이 화소값이 변화가 뚜렷해서 알아보기 쉬운 점들인 경우가 많다. 영상에서 키포인트를 찾을 때 가장 많이 사용하는 기법은 <u>SIFT feature</u>나 <u>Harris corner point연산자</u>이다. 그림 106 예에서 좌측 사진에서 우선 동그라미를 찾았는데 그 점들이 키포인트들이다. 그리고는 해당 키포인트가 우측사진에 어느 점에 해당하는지 자동으로 찾게 되는데 이 부분이 매칭이다. 즉, 두 영상에서 각각 키포인트를 추출하고, 추출된 키포인트끼리 모든 조합에 대해 비교하여 가장 나은 매칭쌍을 찾는 것이다. SIFT나 SURF는 사진이 회전해 있거나 축척이 어느 정도 달라져도 유사성을 찾아주기 때문에, 위치나 자세를 정확히 모르는 영상의 처리 시 유용하다.

매트랩에서 아래 함수들을 사용하면 키포인트를 추출하고 매칭도 수행할 수 있다. 그러나 매칭은 필연적으로 **<u>오매칭(mismatch)</u>**를 수반하게 되는데, 이때 앞서 배운 펀더멘탈 매트랙스 개념을 이용하여 오매칭을 걸러내게된다. 이렇게 피쳐탐지 --> 피쳐추출 --> 매칭 ➡ 펀더멘탈매트릭스로 오매칭 제거의 과정을 거치면 최종 매칭점을 도출할 수 있다. **<u>펀더멘탈 매트릭스를 구하면 에피폴라 직선상에 매칭점들이 위치해 있어야 하므로 그렇지 않은 점들은 오매칭으로 구분하여 걸러내는 것이다.</u>**

- detectHarrisFeatures 또는 detectSURFFeatures 또는 detectSIFTFeatures
- extractFeatures
- matchFeatures

- estimateFundamentalMatrix

아래 예제는 매트랩 함수를 활용하여 SURF피쳐 기반 두 영상간의 매칭점을 도출하는 예이다. "estimateFundamentalMatrix" 함수의 결과로 펀더멘탈 행렬이 계산됨을 볼 수 있다.

- SURF 매칭점 구하기 (매트랩)

```
<입력: 영상 I1, I2>
<출력: 매칭점 matchedPoints1 , matchedPoints2>

% Find the SURF features.
points1 = detectSURFFeatures(I1);
points2 = detectSURFFeatures(I2);

% Extract the features.
[f1,vpts1] = extractFeatures(I1,points1);
[f2,vpts2] = extractFeatures(I2,points2);

% Retrieve the locations of matched points.
indexPairs = matchFeatures(f1,f2,'Unique',true,'MatchThreshold',1) ;
matchedPoints1 = vpts1(indexPairs(:,1));
matchedPoints2 = vpts2(indexPairs(:,2));

[fMatrix, inliers] =
estimateFundamentalMatrix(matchedPoints1,matchedPoints2,'Method','MSAC','DistanceThreshold',5,'N
umTrials',1000000);

figure;
showMatchedFeatures(I1, I2, matchedPoints1(inliers,:),matchedPoints2(inliers,:),'montage', 'PlotOptions',
{'ro','go','y--'});

matchedPoints1 = matchedPoints1(inliers,:).Location;
matchedPoints2 = matchedPoints2(inliers,:).Location;
```

그림 107. 두 시기 교각 영상의 매칭 예

4. 에피폴라 영상 생성

원 영상을 에피폴라 영상으로 변환하게 되면 그림 108과같이 에피폴라 라인이 대각선의 형태를 보이다가 영상의 수평과 평행하게 만들어지며, 이렇게 된 경우에만 두 영상을 입체로 디스플레이도 가능하고, 더욱 효율적인 입체영상 처리가 가능하게 된다.

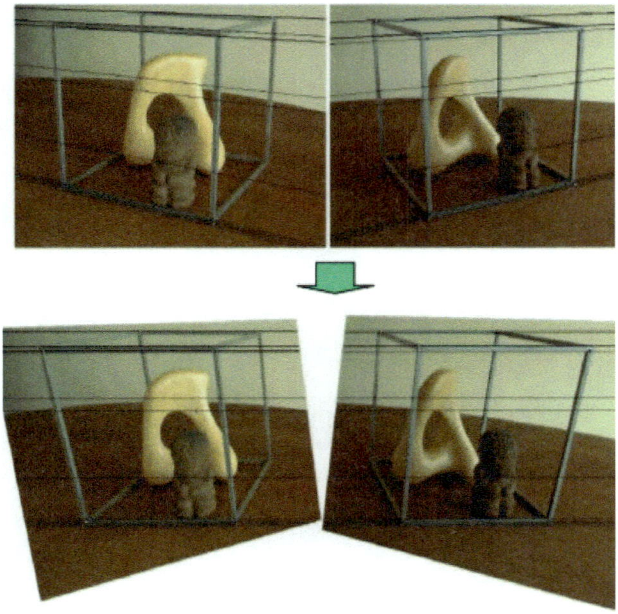

그림 108. 에피폴라 영상 생성

영화 아바타 촬영 시 사용되는 스테레오 카메라와 같이 처음부터 두 카메라가 동일한 자세로 촬영될 수 있도록 설계되었을 때 영상획득 시 바로 에피폴라 영상으로 활용할 수 있지만, 항공사진이나 드론 사진과 같이 하나의 카메라로 한 지점을 촬영하고 다른 위치로 이동하여 중복 촬영해야 할 때에는 두 영상의 자세를 동일하게 유지하기는 쉽지 않다.

따라서 이러한 에피폴라 영상을 생성해서 입체로 처리해야 하는 과정이 필요하게 된다.

그림 109. 영화 촬영에 사용되는 스테레오 카메라

에피폴라 영상을 생성하는 방법은 카메라 위치/자세 정보가 없는 경우와 있는 경우로 크게 2가지로 나뉠 수 있다. 첫 번째, 해당 정보가 없는 경우 두 영상에서 매칭점들을 뽑아 이를 기반으로 펀더멘탈 행렬을 만들고 이를 활용하게 된다. 아래 매트랩 프로그램을 제시하였다.

- 에피폴라 영상 생성 (매트랩 활용)

```
<입력1: 영상 I1, I2>
<입력2: 매칭점 matchedPoints1, matchedPoints2>
<입력3: 펀더멘탈 매트릭스 fMatrix>
<출력: 에피폴라 영상 I1rect, I2rect>

[tform1, tform2] = estimateStereoRectification(fMatrix, ...
  matchedPoints1,matchedPoints2,size(I2));

[I1Rect, I2Rect] = rectifyStereoImages(I1,I2,tform1,tform2);

figure;
imshow(stereoAnaglyph(I1Rect,I2Rect));
```

5. 고밀도(dense) 매칭

상관계수(NCC) 매칭은 위치나 자세를 정확히 다 알고 있고 두 영상이 동일한 축척을 갖고, 회전등이 없을 때 피처매칭보다 훨씬 빠르게 동일한 지점을 찾게 해주는 연산자이다. 그림 110과 같이 검색 범위 내에서 윈도우를 이동시키며 두 영상의 윈도우 내의 화소값을 비교하여 가장 유사성이 높은 위치를 찾는 방법이다. 아래 식에서 보는 것과 같이 기준 영상 L의 관심지점 주변 $w \times w$ 픽셀 크기의 윈도우 내의 화소값과 대상 영상 R의 관심지점 주변 $w \times w$ 픽셀 내 화소값을 이용하여 유사도를 측정한다. NCC가 1에 가까운 값일수록 유사도가 높음을 의미하며, 일반적으로 0.7 이상이면 유사도가 높다고 판단한다.

$$NCC = \frac{\sum_{i=1}^{w}\sum_{j=1}^{w}(L_{ij}-\overline{L})(R_{ij}-\overline{R})}{\sqrt{\left[\sum_{i=1}^{w}\sum_{j=1}^{w}(L_{ij}-\overline{L})^2\right]\left[\sum_{i=1}^{w}\sum_{j=1}^{w}(R_{ij}-\overline{R})^2\right]}}$$

여기서, L 은 기준 영상에서 윈도우 내 영상, R은 검색 대상 영상에서 윈도우 내 영상. 둘 다 $w \times w$크기. $\overline{L}, \overline{R}$ 은 윈도우 내의 화소값의 평균.

매트랩과 같은 프로그램에서 "corr2"나 "xcorr2" 함수를 사용하면 쉽게 상관계수 매칭을 수행할 수 있다. 개념적으로는 타겟 영상의 검색범위를 한 칸씩 옮기며 NCC계산을 모두 수행하므로 연산량이 많을 것 같지만, "xcorr2" 등은 convolution theorem을 기반으로 푸리에변환을 통해 빠른 계산을 수행한다.

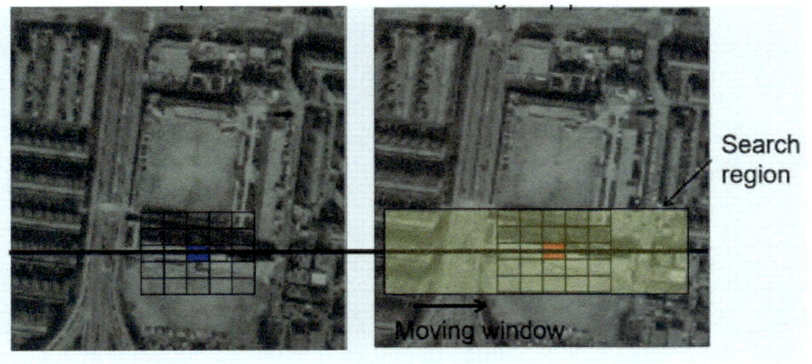

그림 110. 상관계수 계산을 위한 윈도우 이동

따라서 **번들조정을 통해 영상의 위치/자세를 모두 예측**하고 나면 **에피폴라 영상 생성을 통해 입체 쌍을 나란히 정렬**하고 정렬된 영상을 이용하여 **영상 내 모든 화소에 대해 입체매칭(상관계수 매칭)을 수행**하면 두 영상에서 화소쌍을 찾을 수 있게 된다. 다음으로 영상의 위치/자세 정보를 이용하여 찾아진 **화소쌍들의 3차원 지상좌표를 계산**할 수 있으므로 지상에는 무수히 많은 3차원 좌표를 가진 점들을 생성시킬 수 있게 된다. 이 결과물이 **포인트 클라우드**이다.
아래는 아주 간단한 예로서 매트랩 샘플을 제시한 것이며, 실제로는 속도향상, 오매칭 감소를 위한 여러 기법이 같이 구현되어야 한다.

- NCC기반 Dense matching 예 (매트랩 구현)

```
<입력: 에피폴라 영상 rect1, rect2>
<출력: 상관계수맵>

img2 = imread('rect1.tif');
img1 = imread('rect2.tif');
img1 = medfilt2(img1); % 노이즈 제거
img2 = medfilt2(img2);
NL = size(img1,1);  % 영상 크기
NC1 = size(img1,2);
NC2 = size(img2,2);
N = 15 ;% 매칭 window 15x15
for i=8:NL-7
    for j=8:NC1- 7
        temp_M1 = img1(i-7:i+7,j-7:j+7);
        max_cor = -1;
        for jj=max(8, j-30):min(j+30,NC2-7)
            temp_M2 = img2(i-7:i+7,jj-7:jj+7);
            cor = corr2(temp_M1,temp_M2);
            if cor > max_cor
                max_cor = cor;
                corM3(i,j) = cor;
                colM3(i,j) = jj; % 에피폴라영상은 라인이 동일하므로 컬럼차이만 기록
            end
        end
    end
end
```

```
save corM3 corM3
save colM3 colM3
```

- Block matching기반 Dense matching 예 (매트랩 사용)

```
<입력: 에피폴라 영상 rect1, rect2>
<출력: x시차(disparity)맵>

I1 = rgb2gray(imread('rect1.jpg'));
I2 = rgb2gray(imread('rect2.jpg'));
I1 = I1(:,1:146);

A = stereoAnaglyph(I1,I2);
figure
imshow(A)
title('Red-Cyan composite view of the rectified stereo pair image')

J1 = im2gray(I1);
J2 = im2gray(I2);
disparityRange = [0 16];
disparityMap = disparityBM(J1,J2,'DisparityRange',disparityRange,'UniquenessThreshold',20);

figure
imshow(disparityMap,disparityRange)
title('Disparity Map')
colormap jet
colorbar
```

기사시험 문제

1 **수치사진측량기법으로 DEM(Digital Elevation Model)을 자동으로 생성하려고 할 때, 다음 중 가장 적합한 영상은?**

① 팬크로매틱 영상 ② 에피폴라 영상
③ 경사영상 ④ 모자이크 영상

2 **시차(parallax)에 대한 설명으로 옳은 것은?**

① 종시차는 주점기선의 차를 반영한다.
② 종시차는 물체의 수평위치 차를 반영한다.
③ 횡시차는 물체의 고저 차를 반영한다.
④ 횡시차가 없어야 입체시가 된다.

3 **시차에 대한 설명으로 틀린 것은?**

① 입체모델에서 표고가 높은 곳이 낮은 곳보다 시차가 더 크다.
② 시차는 촬영기선을 기준으로 비행방향 선분을 횡시차, 비행방향에 직각인 성분을 종시차라한다.
③ 종시차가 존재하는 대상물은 입체시가 되지 않는다.
④ 횡시차는 대상물 간 수평위치 차이를 반영한다.

4 **영역기준 영상정합시 기준영역에 대한 탐색영역의 크기를 줄이기 위해 사용하는 공액점의 제약요소로 가장 적합한 것은?**

① 에필폴라 기하 ② 최소제곱 조정
③ 교차 상관계수 ④ 신경망 지수

5 **입체 모델을 이루는 한 쌍의 사진을 입체시할 경우에 최적의 조건은?**

① 종시차와 횡시차가 모두 있어야 한다.
② 종시차가 없어야 하고 횡시차는 있어야 한다.
③ 종시차가 있어야 하고 횡시차는 없어야 한다.
④ 종시차와 횡시차 모두 없어야 한다.

정답 [01] ② [02] ③ [03] ④ [04] ① [05] ②

개념 정립 문제

1 좌측영상의 한 점과 우측 영상의 대응되는 점의 행좌표의 차이를 무엇이라 하는가?

2 입체영상에서 두 사진의 중심을 잇는 벡터와 좌/우 영상에서 영상점에서 뻗어나온 두 벡터가 하나의 면을 만들게 되는데, 이 면을 무엇이라 하는가?

3 피쳐매칭 기법으로 가장 많이 활용되고 있는 두 기법을 제시하라.

4 입체영상간에 매칭을 수행한 후 오매칭(mismatch)을 걸러내야 하는데 이 때 가장 많이 기하학적 제약조건으로 활용되는 수식은?

5 피쳐매칭과 고밀도 매칭과의 유사점과 차이점에 관해 설명하라.

6 **고밀도 매칭 시 에피폴라 영상을 사용해야 하는 이유에 대하여 설명하라.**

7 **고밀도 매칭 시 전통적으로 가장 많이 활용하는 매칭 기법은?**

정답

(1) y-시차(y-parallax, 종시차)

(2) 에피폴라 면

(3) SIFT, SURF

(4) 에피폴라 선형식(펀더멘탈 행렬식)

(5) 유사점: 입체영상에서 동일한 지점을 찾는 기법, 차이점: 피쳐매칭의 경우 각 영상에서 특징점을 먼저 추출한 후 특성이 유사한 특징점 간의 짝을 맺어주는 방법이며, 고밀도 매칭은 영상 내의 모든 점에 대해 대응되는 영상에서의 짝을 찾는 기법

(6) 에피폴라 영상을 생성하면, 입체영상 간의 짝이 되는 영상점이 동일한 행에 위치하게 된다. 따라서 매칭 시 동일한 행만 검색하여 매칭하게 되므로 매칭 시간이 현격히 줄어들게 되며, 두 번째로는 제한된 영역 내에 매칭을 수행하게 되므로 오매칭을 줄일 수 있다.

(7) 상관계수 매칭 (NCC: normalized cross correlation)

CHAPTER 10

사진측량 결과물

CHAPTER 10

사진측량 결과물

1. 포인트 클라우드

포인트 클라우드(point cloud)는 3차원 좌표를 갖는 점들의 군집으로 이해하면 된다. 그림 111에서 보이는 예와 같이 점들이 존재하며 각 점들은 3차원 좌표값과 RGB색깔값을 갖는다. 데이터는 텍스트 형태로 저장할 수 있으며, 또는 **포인트 클라우드의 표준포맷인 LAS 포맷**으로 저장하여 타 SW 등에서 활용할 수 있다.

그림 111. 포인트 클라우드 예

2. DEM

DEM(Digital Elevation Model)은 수치표고모형이라는 용어로 사용되고 있으며, 지형지물에 대한 표고 정보를 나타낸 데이터이다. DEM을 보다 세분화하면 **DSM(Digital Surface Model)**과 **DTM(Digital Terrain Model)**로 나뉠 수 있는데, DSM은 건물이나 나무 등 지물에 대한 표고값을 모두 포함하고 있는 데이터이며, DTM은 지표면에 대한 표고만을 나타낸 데이터이다. 두 데이터의 활용도가 다른데, DSM은 통신, 가시권 분석 등에 사용되고, DTM은 수문학 등에서 많이 사용되는 데이터이다. 따라서 지형도에서 볼 수 있는 **등고선으로 표고 데이터를 제작하면 DTM**이 된다.

그림 112. DSM vs. DTM
(출처: http://www.satpalda.com/blogs/3d-landscape-dsmdtm-service)

보통 입체 영상 처리 및 입체 매칭을 통해 영상의 각 지점에 대한 지상좌표를 계산하면 포인트 클라우드가 생성되는데, 이 포인트 클라우드를 영상과 같은 형태의 래스터 데이터로 만들면 DSM을 생성할 수가 있다. 그림 113에서 좌측이 포인트 클라우드 데이터이며, 우측은 DSM이다. DSM의 밝기값은 높이값을 나타내도록 되어 있어 두 데이터 간의 밝기값이 달라졌다.

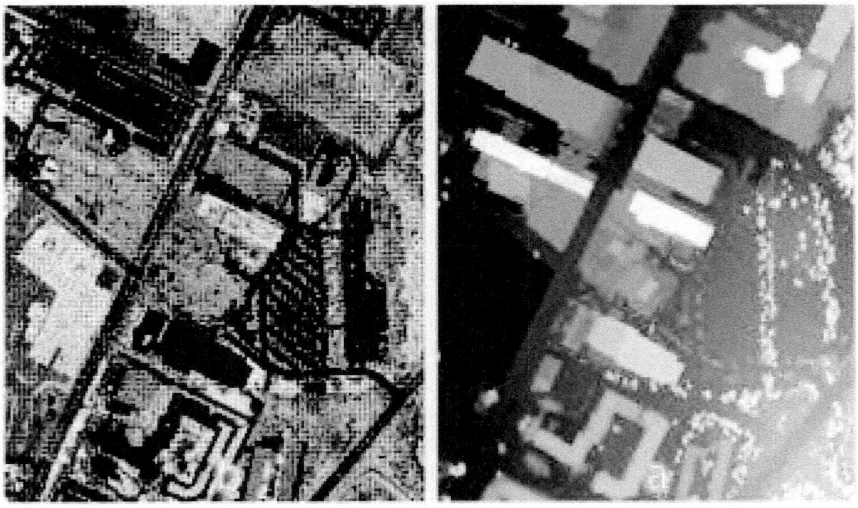

그림 113. 포인트 클라우드를 DSM으로 변환

3. 정사사진

앞서 사진측량 기하 기초 부분에서 중심투영과 정사투영의 차이에 대해서 학습하였다. 다시 말해 중심투영을 통해 촬영되는 영상은 기복변위가 존재하는 영상으로서, 대상체의 높낮이에 따라 수평의 위치가 변화되어 나타난다. **정사영상(orthoimage)**은 지도와 같이 대상체의 높낮이와 관계없이 지상의 수평위치가 동일하면 영상에서도 수평위치가 동일하게 나타나는 올바른(正) 사진이란 뜻을 갖는다. 그림 114와 같이 건물의 예를 들면 건물 아래와 지붕의 축척이 다르며, 수평위치가 같아야 하는데 사진상에서 수평위치 또한 다르다. 따라서 이러한 영상을 우측영상처럼 정사영상으로 바꾸는 작업을 거치는데 이를 **정사보정(ortho rectification)**이라고 한다.

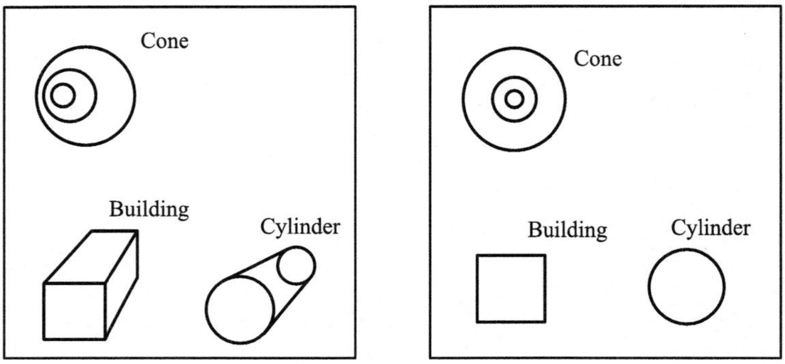

그림 114. 중심투영과 정사투영 시 지형지물의 표현 형태

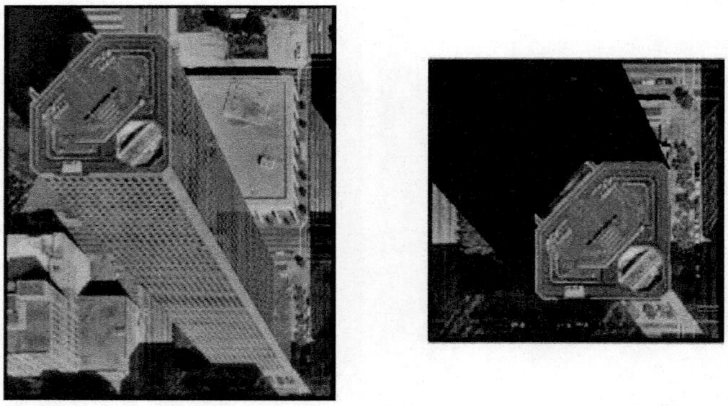

Perspective Projection　　Orthogonal Projection

그림 115. 건물의 경우 중심투영과 정사투영

정사보정을 위해서는 대상체의 높낮이 정보를 알아야만 한다. 드론이나 항공사진의 경우 대상체의 표고 정보인 **DEM가 필수 입력사항**이다. 정사보정은 먼저 그림 116과 같이 DEM 각 격자를 세분화하여 최종 원하는 정사영상의 해상도로 설정한다(ortho라고 표시된 면). 예를 들어, 10m격자 간격의 DEM을 입력했다 하더라도 최종적으로 원하는 정사영상의 해상도가 10cm일 경우, DEM을 10cm 수평 격자로 쪼개어 빈칸의 영상을 만들어둔다. 다음으로 격자별로 수평위치와 표고값을 알 수 있으므로 해당 DEM 위치의 좌표를 공선조건식을 통해 영상(raw image)의 좌표를 계산하고 해당 위치의 화소값을 읽어서 정사영상(ortho)에 입력한다. 즉, 그림 116에서 correct라고 된 부분에 읽어온 화소값을 저장한다. 따라서 정사영상 생성은 공선조건식만 잘 이해하여 사용하면 되며, 구현 또한 어렵지 않다.

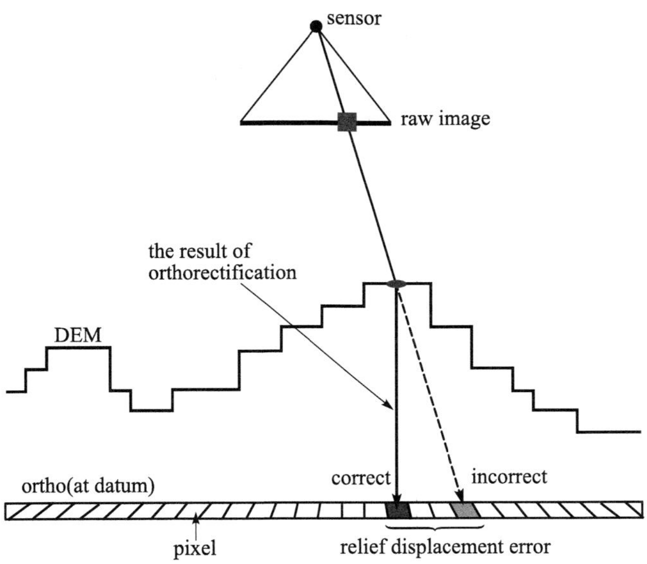

그림 116. 정사보정 (출처: https://catalyst.earth/)

주의할 점은 정사영상 생성에 가장 큰 영향을 미치는 요소가 DEM인데, 일반적으로, 건물이나 나무 등은 나타나 있지 않은 순수 지표면에 대한 DEM(DTM, Digital Terrain Model이라 많이 지칭한다)에 대한 정보만 사용하여 정사영상을 생성하는 경우가 많아서, 지형에 대한 보정은 완료되나, 나무나 건물의 기복변위는 수정되지 않고 사용하는 경우가 많다. 그림 117과 같이 네이버나 다음지도 등에 제공되는 항공 영상도 지형에 대한 보정만 거친 정사영상인 경우가 많다. 따라서 건물 아랫면에 대한 위치 정보는 정확하고 지도와 축척도 일치한다. 그러나 건물 모서리 부분의 아래와 지붕은 수평위치가 동일해야 함에도 동일하지 않게 표시되고 축척 또한 다르다. 이러한 건물까지 모두 정사보정하려면 정확하고 정밀한 건물 표고, 형상에 대한 정보가 필요한데, 이러한 정보까지 획득하는 것은 많은 작업을 필요로 한다. 따라서 최근에는 중복하여 촬영한 영상들을 활용하여 영상의 중앙부분(영상의 중앙부분은 기복변위가 적다)만을 사용하여 모자이크 후 제공함으로써 기복변위가 많은 영상 부분을 제외하여 서비스하고 있다. 엄밀하게 건물이 정사보정 된 것은 아니므로 개념적으로 혼동하지 않도록 한다.

그림 117. 지표면만 정사 보정되고 건물은 정사보정 되지 않음

4. 체크포인트와 정확도 확인(RMSE)

체크포인트가 확보된 이후 사진측량을 통해 계산된 위치의 정확도를 평가하기 위해 가장 많이 사용하는 인자는 RMSE(Root Mean Square of Error)이다.

$$RMSE = \sqrt{\frac{1}{n}\sum_{i=1}^{n}(\text{실제값} - \text{측정값})^2}$$

사진측량을 통해 X,Y,Z를 측정했다면, 세 가지로 나누어 체크포인트의 좌표값을 실제값으로 두고 비교하여 RMSE를 계산한다.

$$RMSE_X = \sqrt{\frac{1}{n}\sum_{i=1}^{n}(X_i - \widehat{X_i})^2}$$

$$RMSE_Y = \sqrt{\frac{1}{n}\sum_{i=1}^{n}(Y_i - \widehat{Y_i})^2}$$

$$RMSE_Z = \sqrt{\frac{1}{n}\sum_{i=1}^{n}(Z_i - \hat{Z}_i)^2}$$

여기서, X_i, Y_i, Z_i는 실제값, $\hat{X}_i, \hat{Y}_i, \hat{Z}_i$는 측정치

또는 X, Y는 수평좌표이므로 수평거리를 만들면

$$RMSE_{XY} = \sqrt{(RMSE_X)^2 + (RMSE_Y)^2}$$

예제를 풀어보자.

	체크포인트 좌표			측정값 좌표		
	X	Y	Z	$\hat{X}$	$\hat{Y}$	$\hat{Z}$
1	257809.9	1020574	19.157	257809.9	1020574	20.63
2	259896.4	1018647	19.747	259895.7	1018648	19.184
3	261557	1015155	7.00	261556.8	1015155	8.044
4	264735.7	1019186	1.978	264735.5	1019187	3.503
5	267364.2	1020976	6.22	267364.5	1020976	6.826

각 X,Y,Z값들의 차이를 구하고 해당값을 제곱하면

	dX	dY	dZ	dX제곱	dY제곱	dZ제곱
1	0.000	0.000	-1.473	0.000	0.000	2.170
2	0.700	-1.000	0.563	0.490	1.000	0.317
3	0.200	0.000	-1.044	0.040	0.000	1.090
4	0.200	-1.000	-1.525	0.040	1.000	2.326
5	-0.300	0.000	-0.606	0.090	0.000	0.367
합계				0.660	2.000	6.269

제곱의 합을 구하고 총 개수로 나눈 후 제곱근을 구한다. 매트랩 함수를 사용할 때는 'rms'를 사용하여 'rms(dX)' 등으로 활용하면 된다.

$$\sigma_X = RMSE_X = \sqrt{\frac{1}{n}\sum_{i=1}^{n}(X_i - \hat{X}_i)^2} = \sqrt{\frac{0.660}{5}} = 0.363m$$

$$\sigma_Y = RMSE_Y = \sqrt{\frac{1}{n}\sum_{i=1}^{n}(Y_i - \hat{Y}_i)^2} = \sqrt{\frac{2.000}{5}} = 0.632m$$

$$\sigma_Z = RMSE_Z = \sqrt{\frac{1}{n}\sum_{i=1}^{n}(Z_i - \hat{Z}_i)^2} = \sqrt{\frac{6.269}{5}} = 1.120m$$

$$\sigma_{XY} = RMSE_{XY} = \sqrt{(RMSE_X)^2 + (RMSE_Y)^2} = \sqrt{0.363^2 + 0.632^2} = 0.729m$$

즉, 수평 방향으로는 72.9cm의 오차범위, 수직방향으로는 1.12m의 오차범위를 보인다고 해석할 수 있다. 단, **신뢰도는 1표준편차이므로 약 68%이다. 95% 신뢰도로 구하기 위해서는 2표준편차**로 하여 수평 방향으로는 약 0.729 x 2 = 1.45m, 수직방향으로는 1.12 x 2 = 2.24m의 오차범위를 보인다고 해석하면 된다.

5. 투영 오차(Projection Error)

번들조정이 진행되고 난 후, 접합점이나 기준점을 이용하여 지상점의 좌표를 공간 교회법(space intersection), 최소제곱법 등으로 구해낼 수 있다. 그러나 번들조정으로 예측된 카메라 정보, 촬영 시 위치/자세 등에는 오차가 포함되어 있을 수 있고 따라서 계산된 지상좌표 또한 오차가 존재한다. 이렇게 계산된 지상좌표값을 공선조건식으로 다시 영상좌표를 계산하는 것을 **재투영(re-projection)**이라고 하며, 재투영 시 원 영상좌표와 비교가 가능한데, 그 차이를 **투영오차(projection error) 또는 재투영오차(re-projection error)**라고 한다. 투영 오차가 작을수록 좌/우 사진에서 나온 광선이 빗겨나가지 않고 잘 일치했다는 뜻이다.

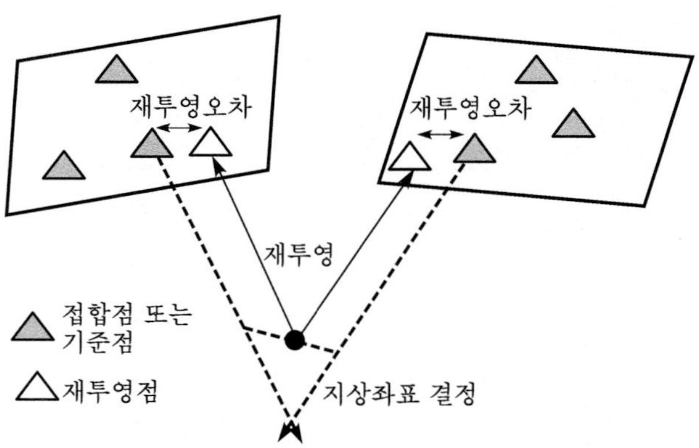

그림 118. 투영 오차의 개념

투영 오차의 개념을 이해해보기 위해 7장의 6.에서 2장의 입체영상으로 지상좌표를 구해봤는데, 해당 지상좌표를 영상으로 재투영해보자.

다시 데이터를 적어보자.
두 영상 접합점의 픽셀좌표 c1 = 5258; r1=6174; c2 = 3774; r2=5968;
공간교회법으로 계산된 지상좌표는 233367.76329, 315787.97635, 95.16826이었다.

해당 지상좌표를 공선조건식으로 두 영상으로 재투영하여 재투영점의 픽셀좌표를 계산해보면, 1번 2번 영상의 재투영점 좌표는 c1' = 5258.108; r1'=6173.384; c2' = 3773.945; r2'=5968.715이다. 따라서 원 픽셀좌표와의 차이는 아래와 같다 (단위는 픽셀).

$\Delta c1$ = c1' - c1 = 0.108, $\Delta r1$ = r1' - r1 = -0.616
$\Delta c2$ = c1' - c1 = -0.055, $\Delta r2$ = c1' - c1 = 0.715

따라서 절대값의 평균(mean)은

$\Delta c =$ (0.108+0.055)/2= 0.08 pixels,
$\Delta r =$(0.616+0.715)/2=0.67 pixels.
전체 평균: 0.37 pixels

본 예제는 점이 2개이기 때문에 RMS를 구하여 사용하는 것이 큰 의미가 없으나, 구해보면 아래와 같다.

$$RMS = \sqrt{\frac{0.108^2 + 0.055^2 + 0.616^2 + 0.715^2}{4}} = 0.48 \text{ pixels}$$

6. 오차타원체

앞서 $RMSE_X(\sigma_X)$, $RMSE_Y(\sigma_Y)$를 구했는데, 이 값은 X축, Y축 따로따로 1차원으로 해석하여 구한 값이다. 그런데 최대 오차 범위는 대각선 방향인 것을 알 수 있다. 따라서 대각선 방향을 타원체의 장축으로 하여, 오차 범위를 타원체로 그려볼 수 있는데 이를 **오차타원체**라고 한다. 타원체 식은 아래와 같으나, 여기서 그냥 X축이 장축이 되면 안

되고 대각선 방향이 장축이 되어야 한다. 따라서 대각선 방향이 장축이 되도록 타원체를 회전시킬 수 있는 회전행렬이 구해져야 하는데 이를 구하는 방법이 SVD(Singular Value Decomposition)이다.

$$\frac{x^2}{\sigma_{X'}^2} + \frac{y^2}{\sigma_{Y'}^2} = 1$$

D가 공분산 행렬일 때, 이를 SVD하면, 아래 식과 같이 U와 $\sum$로 분해되는데, U는 회전행렬, $\sum$는 대각선 방향의 장축/단축 길이 정보를 갖는다.

$$D = U \sum U^T$$

따라서 먼저 공분산 행렬 D을 구하여 SVD를 구한 후, $\sum$로 장축 단축 크기를 구하고, U를 통해 타원체를 회전시키면 된다.

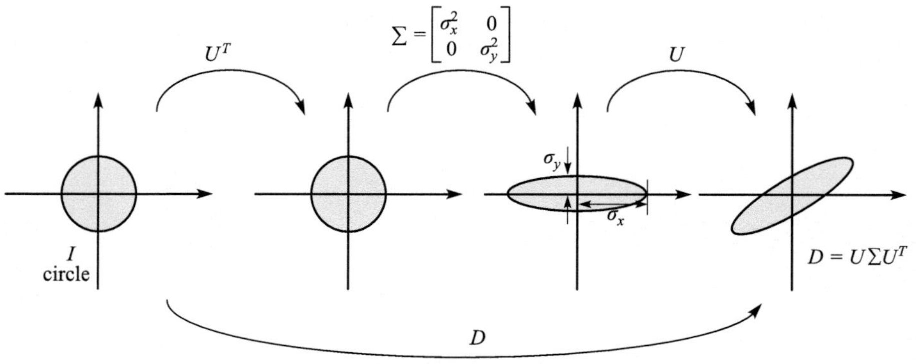

그림 119. 공분산행렬 D의 경우 SVD 결과인 U와 $\sum$의 역할

따라서 단계별로 생각해보면

Step 1. 편차를 계산한다. (측정값-참조값)
Step 2. 공분산 행렬을 계산한다.
Step 3. SVD를 계산한다.
Step 4. 장축/단축 길이를 구하여 타원체를 그린다.
Step 5. 회전변환을 통해 타원체를 회전한다.

- 오차타원체 (매트랩 구현)

```
v = [0.000  0.000 ; 0.700  -1.000 ; 0.200  0.000 ; 0.200  -1.000 ; -0.300  0.000 ]';

% compute covariance
disp('covariance matrix:');
D = v*v'/size(v,2);

% SVD
[U,S,V] = svd(D);

% computes an error ellipse
confidence = 1;          % 1표준편차
std_x = confidence*sqrt(S(1,1)); % 1표준편차 장축길이
std_y = confidence*sqrt(S(2,2)); % 1표준편차 단축길이
if std_x > std_y
    x = linspace(-std_x,+std_x,100);             % 100 ellipse point x
    y = sqrt(std_y^2.*(ones(1,100) - (x/std_x).^2)); % y 해당값
    xy1 = [x fliplr(x);y -y];
else
    y = linspace(-std_y,+std_y,100);
    x = sqrt(std_x^2.*(ones(1,100) - (y/std_y).^2));
    xy1 = [x -x;y fliplr(y)];
end

% rotation using U
xy2 = U*xy1;
x2 = xy2(1,:);
y2 = xy2(2,:);

% plot
figure, plot(x2,y2,'r','LineWidth',2); hold on; grid on;
plot(v(1,:),v(2,:),'b.','MarkerSize',12);   title(sprintf('Error   ellipse   with   %d   standard
deviation',confidence));
xlim([-1 1]); ylim([-1.5 1.5]);
```

기사시험 문제

1 **수치정사영상(digital ortho image)을 제작하기 위해 직접적으로 필요한 자료가 아닌 것은?**

① 수치지도 ② 수치표고모델(DEM)
③ 외부표정요소 ④ 촬영된 원래 영상

2 **정사투영 사진지도의 특징으로 틀린 것은?**

① 일반 사진과 동일한 투영법으로 생성된다.
② 사진을 수치형상모형에 투영하여 생성한다.
③ 지도와 동일한 좌표체계를 갖는다.
④ 지표면의 비고에 의한 변위가 새겨져있다.

3 **수치지형모형(DTM)으로부터 추출할 수 있는 정보로 가장 거리가 먼 것은?**

① 경사분석도 ② 가시권 분석도
③ 사면방향도 ④ 토지이용현황도

4 **정사투영사진의 특성에 대한 설명으로 옳지 않은 것은?**

① 기복변위가 없다.
② 편광입체시가 가장 잘 된다.
③ 지도의 등고선을 중첩할 수 있다.
④ 지표면의 비고에 관계없이 축척이 동일하다.

5 **조정집성 영상지도 제작에 사용되는 사진은?**

① 수렴사진 ② 경사사진 ④ 광각사진 ③ 정사사진

6 **정사영상 제작을 위한 수치미분편위수정 과정에서 제거되는 오차가 아닌 것은?**

① 영상의 내부표정 오차 ② 영상의 센서 노이즈
③ 지형의 기하학적 왜곡 ④ 센서 자세에 의한 왜곡

정답 [01] ① [02] ① [03] ④ [04] ② [05] ③ [06] ②

개념 정립 문제

1 투영오차란 무엇인가?

2 지상기준점 10개를 활용하여 GPS/INS로 획득된 외부표정요소를 사용하여 계산한 영상좌표와 정확한 영상좌표와의 차이가 아래와 같이 구해졌다. 이 때 column, row 방향의 RMSE는 얼마이고 대각선 방향의 RMSE는 얼마인가?

column 차이	row 차이
-1.54684	5.29487
-0.897	5.317673
-0.24719	5.340475
0.402575	5.363274
1.052257	5.386071
-2.77377	5.266601
-2.12397	5.289402
-1.47411	5.312206
-0.82422	5.335012
-0.17434	5.357817

정답 (1) 입체사진 접합점 영상좌표가 주어졌을 때 외부표정요소(위치/자세)에 기반하여 지상좌표를 계산하고, 계산된 지상좌표를 공선조건식으로 다시 영상좌표를 계산했을 때 처음 영상좌표와 계산된 영상좌표간의 차이를 투영오차라 한다.

(2) RMSE_column = 1.4 pixels, RMSE_row = 5.33 pixels, RMSE = 5.51 pixels

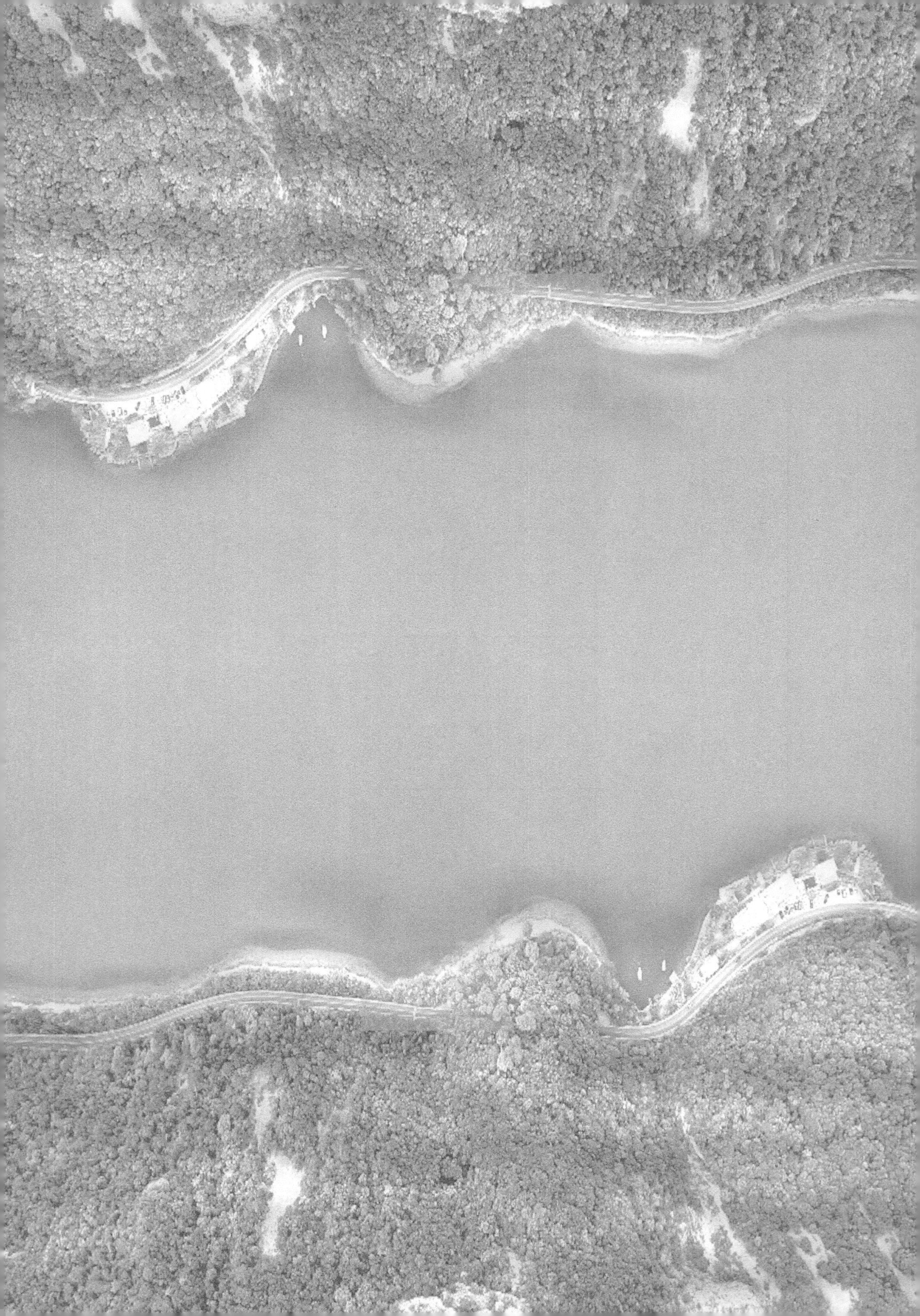

CHAPTER 11

상용 SW 프로세스 이해

CHAPTER 11 상용 SW 프로세스 이해

본 장에서는 상용 SW에서 입출력으로 사용되는 데이터나 매개변수를 돌이켜보고 앞서 배웠던 사진측량의 이론적인 부분과 어떻게 관련이 되는지를 알아보도록 한다. 산업계에서 가장 많이 활용하고 있는 Pix4D를 대상으로 하여 자동화된 처리 절차에서 우리가 학습했던 이론적인 내용이 어떻게 사용되는지를 살펴보도록 하자.

1. 자동화된 절차의 개요

드론을 이용한 자동화된 사진측량 프로세스는 크게 3단계로 나뉜다 (그림 120). 위치 자세 정보 획득을 위한 GPS와 INS가 장착된 드론 카메라로 영상을 촬영하고 두 번째 데이터 처리를 수행한 후, 마지막으로 산출물을 획득한다.

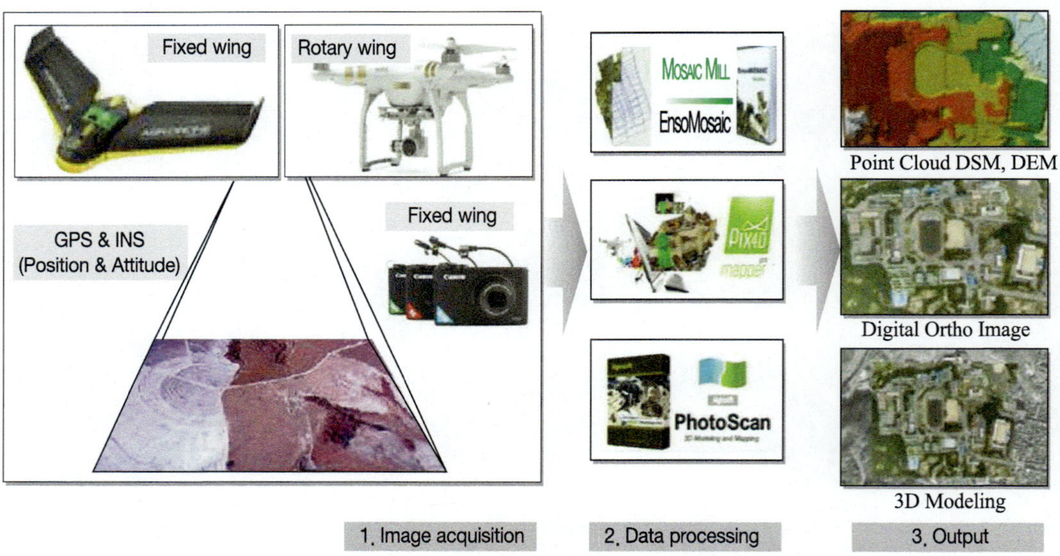

그림 120. 상용 SW들의 자동화된 프로세스

여기서 가장 중요하게 볼 부분이 Data processing이며, 이 단계는 기준점 입력, 키포인트 매칭, 번들조정 등으로 구성된다.

- Overlapping images: 사진을 획득하는 과정으로서, 해상도를 제일 크게 고려해야 한다. 이 개념은 4장에서 설명하였다.

- Feature(키포인트) extraction 및 matching: 9장에서 설명하였다. SIFT, SURF등의 기법으로 피처를 추출하여 모든 조합에 대한 영상을 매칭하게 된다.
- Camera Calibration Parameters: 이미 알고 있는 경우 내부표정요소(카메라 파라미터)를 설정하여 활용한다(2장에서 초점거리 6장에서 렌즈왜곡 설명). 이 파라미터를 모를 경우 번들조정 시에 같이 계산하도록 설정할 수 있다. 그러나 이미 정확히 알고 있는 값을 활용하는 것이 보다 정확한 측량을 진행할 수 있다.
- Georeferencing Data: 외부표정요소를 설정(위치/자세)하는 것으로서 GPS와 INS 센서로부터 초기값을 얻어낼 수 있다. 이때 자세 위치 등에 대한 개념은 7장에서 설명하였다.
- Bundle Adjustment: 8장에서 번들조정에 대하여 설명하였다.
- Multi-view stereopis: 입체영상 처리에 대한 것으로서 9장에서 관련 내용을 설명하였다.
- Dense Cloud: 8장에서 매칭을 통해 포인트 클라우드 제작에 대하여 설명하였다.
- DSM/Orthomosaic: 최종 결과물로서 10장에서 관련 내용을 설명하였다.

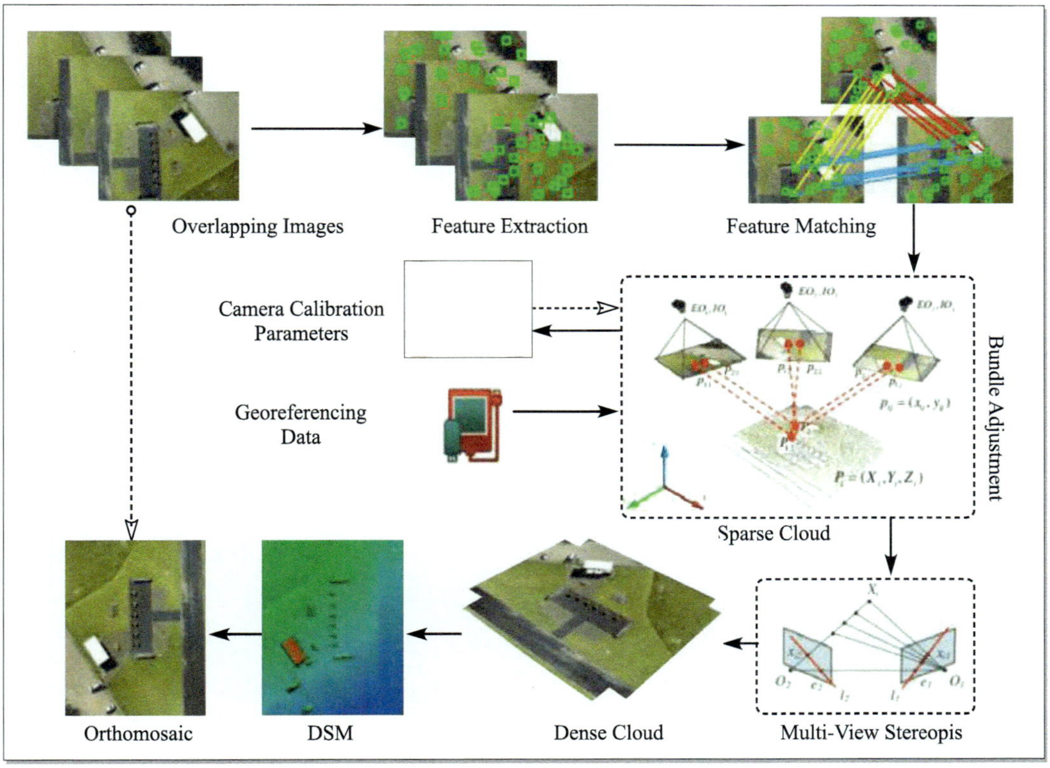

Photogrammetry workflow(source : Javadnejad, 2018)

그림 121. 드론 영상 Data processing

2. 영상 입력

새 프로젝트를 시작하고, 촬영된 영상을 임포트하게 되면, 그림 122와 같이 지상 좌표계를 설정할 수 있게 되는데, 이때 3장에서 설명한 것과 같이 EPSG코드를 사용하면 편리하다. 알려진 좌표계에 예를 들어 **4326을 치면 WGS84타원체 경위도 좌표계**가 선택된다. 몇 개 주요한 EPSG코드를 외워두면 편리하다.

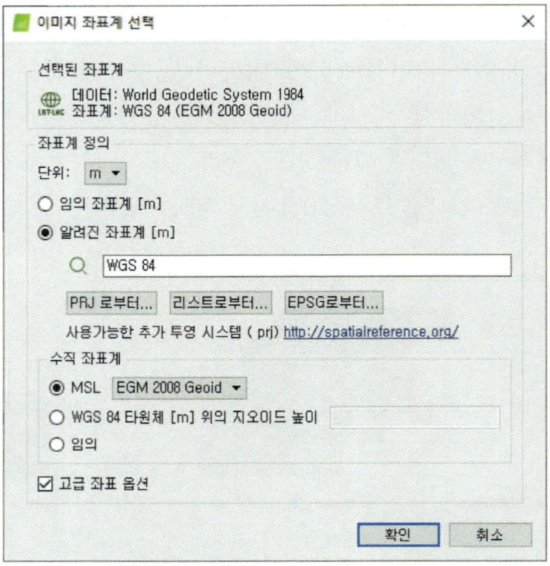

그림 122. 입력 영상의 지상 좌표계 설정

그리고 그림 123에는 사진별로 촬영 위치인 X,Y,Z와 자세 정보인 오메가(롤, roll), 파이(피치, pitch), 카파(요, yaw)가 나타난다. 앞서 표정(orientation)을 학습 시 단일 사진 또는 번들 조정 때 사진별 촬영 시 위치/자세에 대한 초기정보가 필요하였었는데, 이 정보가 초기치로 사용되게 된다. 이 정보는 드론 등에 부착되어있는 GNSS(GPS)와 INS(관성항법장치)에서 제공해준다. 만약 GNSS와 INS가 없다면 이러한 값을 획득할 수 없다. 그리고 해당 창에는 정확성(수평, 수직)에 대한 정보 또한 볼 수 있다. 기본적으로 수평 5m, 수직 10m로 설정되어 있는데, RTK드론과 같이 GNSS 위치 정보가 정확할 때는 이 부분의 정확도를 향상하면 된다. 이 부분의 정확도가 높을수록 초기치의 신뢰도를 높게 하여 번들조정을 수행하게 되며, 결과적으로 최종 번들조정 후 결과로 나오는 위치값이 초기치에서 크게 차이가 발생하지 않게 된다.

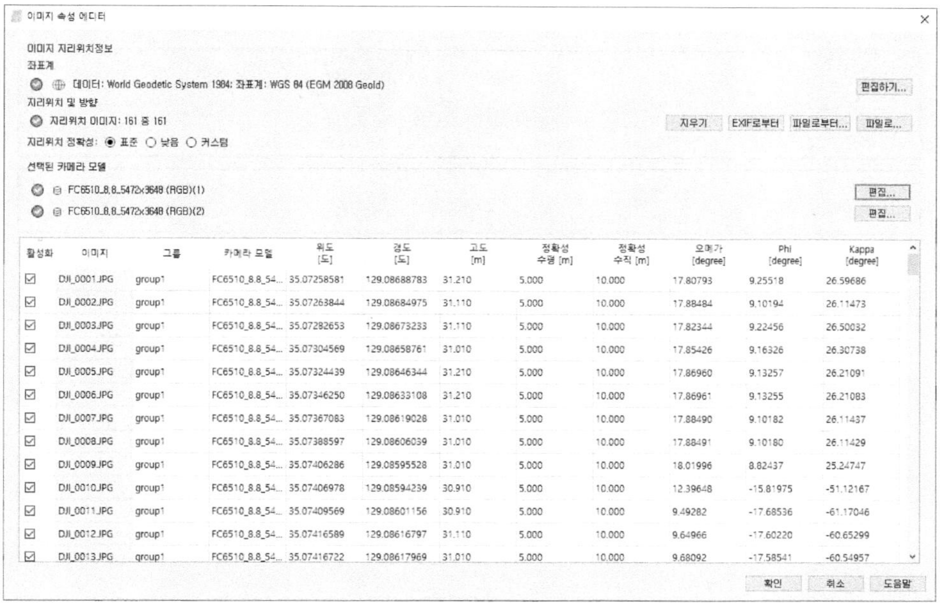

그림 123. 촬영된 이미지 속성 에디터

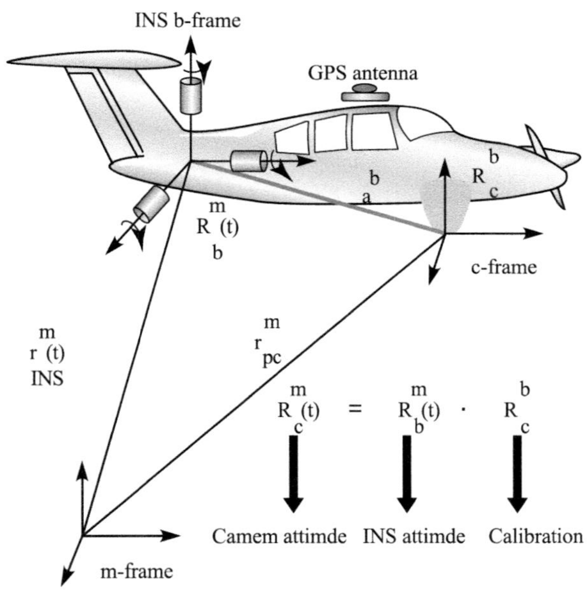

그림 124. GNSS(GPS)와 INS를 이용한 카메라의 위치/자세 추정

처음 촬영된 영상의 위치, 자세는 WGS84 경위도로 설정되었으나, 출력 결과물의 좌표계는 우리가 원하는 좌표계로 설정해주면 된다. 여기서도 EPSG코드를 이용하면 좋으며, 본 예에서는 5187인 TM 동부원점 좌표계를 선택하였다.

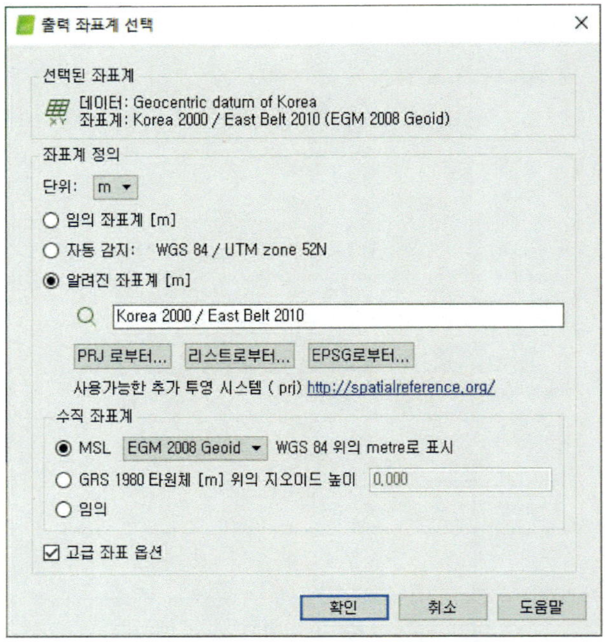

그림 125. 출력 결과물의 지상 좌표계 설정

3. 내부표정요소 (카메라 파라미터)

다음으로 '선택된 카메라 모델'에서 편집 버튼을 누르면 그림 126과같이 카메라 파라미터를 설정할 수 있다. 앞서 카메라, 렌즈 왜곡 등에서 학습했던 내용을 여기서 설정할 수가 있다.

우선 센서의 폭과 높이를 픽셀 또는 mm 단위로 입력할 수 있고, 1픽셀의 크기를 마이크로미터 단위로 입력할 수 있다. 초점거리(focal length) 및 주점이동량(principal point) 또한 입력 가능함을 알 수 있다. 그 아래로는 렌즈 왜곡 요소인데, 방사왜곡 계수와 편심왜곡 계수 총 5개를 입력하게 되어 있다.

따로 입력하지 않고 디폴트로 주어진 값을 사용하면 정확한 값들이 아니므로, 번들조

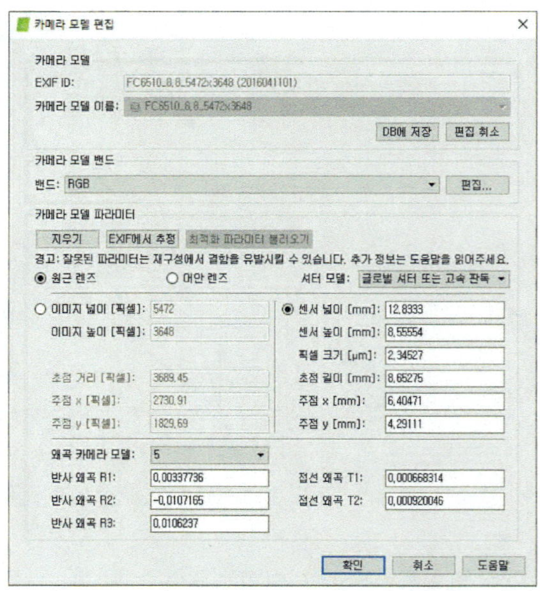

그림 126 Pix4D 카메라 파라미터 입력창

정을 통해 더 정확한 값을 예측해야 한다.

4. 처리옵션

'처리 중 옵션' 메뉴에서 일반/매칭/칼리브레이션이 존재한다. 이 중 우선 일반/매칭 탭에서 살펴보면 키포인트 매칭에 대한 설정을 할 수 있는데, 키포인트(특징점) 매칭의 목적은 접합점(타이포인트 tie point)을 추출하여 번들조정에 사용하기 위함이다(9장 키포인트 매칭). 해당 키포인트를 최대한으로 뽑을 것이냐 등에 대한 옵션 설정이다.

잘 이해할 필요가 있는 부분은 칼리브레이션 탭인데, 표준으로 두고 **카메라 최적화** 부분에 있어 **내부 파라미터 최적화**에 **'없음', '리딩', '전체'** 중 선택이 가능하다. 전체라고 하면 번들 조정 시에 카메라 파라미터 자체도 미지수로 두어 구하는 것으로서 카메라 정보를 모를 때 사용하는 방법이다. 지상기준점을 적절히 사용하면 제법 정확한 카메라 내부 파라미터를 예측해낼 수 있다. 그러나 지상기준점을 사용하지 않을 때에는 이렇게 카메라 내부 파라미터를 미지수로 둠에 따라 드론 측량을 통한 지상 정확도가 저하될 가능성이 커진다. 카메라 파라미터를 정확히 알고 있을 때는 '없음'으로 설정하면 된다. '리딩'은 주요한 파라미터만 미지수로 두어 계산한다는 뜻이다.

따라서, 타 프로젝트에서 적절한 지상기준점을 통해 정확히 예측한 카메라 내부 파라미터값을 잘 저장해두고, 미리 해당 값을 설정한 후 이후 프로젝트에서는 내부 파라미터 최적화에서 '없음'으로 설정하여 사용하게 될 경우, 더욱 정확한 번들조정이 가능해진다.

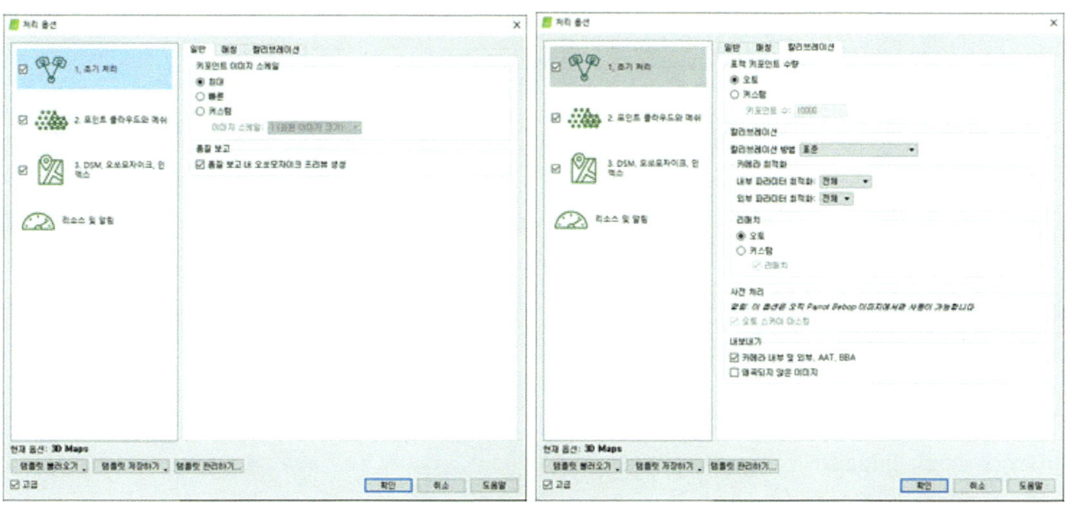

그림 127. 초기처리 처리옵션

5. 초기 처리

Pix4D는 **1. 초기처리, 2. 포인트 클라우드 및 메쉬, 3. DSM, 오쏘모자이크, 인덱스** 이렇게 3단계의 처리 공정을 갖는데, **초기 처리라고 함은 키포인트 추출, 번들조정**이라고 해석하면 된다.

초기처리 과정 중에 로그를 보면, 처리 과정을 보다 자세히 볼 수 있는데, 아래에서 키포인트를 먼저 추출(Computing keypoints)하고, 저장한 후(Write keypoints), 매칭할 영상 간의 쌍을 뽑고(Generating pairs) 각 영상에서 추출된 키포인트끼리 매칭하는 과정(computing matches)을 거친다. 이후 매칭 결과물을 접합점으로 정리하고(Building automatic tie points), 번들조정을 위한 초기치를 계산한 후(Initialize calibration), 번들조정(Calibrate)을 시작한다. 번들조정은 반복작업(iteration)이므로 한번 작업이 마무리되면 해당 단계의 번들조정 결과를 바탕으로 다시 키포인트 매칭(Computing rematches)하여 접합점을 갱신하고(Add matches), 번들조정을 다시 수행한다.

[Processing]: Step1Running
[Processing]: Substep Keypoint extraction started.
[Processing]: Gather image information
[Processing]: Generate normalized/thumbnail images
[Processing]: Computing keypoints
[Processing]: Write Keypoints.
[Processing]: Substep Keypoint extraction finished.
[Processing]: Substep Keypoint matching started.
[Processing]: Generating pairs
[Processing]: Computing matches
[Processing]: Write matches.
[Processing]: Substep Keypoint matching finished.
[Processing]: Initialize automatic tie points.
[Processing]: Building automatic tie points.
[Processing]: Substep Camera calibration started.
[Processing]: Analyse automatic tie points.
[Processing]: Compute number of matches.
[Processing]: Initialize calibration
[Processing]: Calibrate
[Processing]: Transform init.
[Processing]: Substep Camera calibration finished.

```
[Processing]: Substep Rematch started.
[Processing]: Read keypoints.
[Processing]: Read matches.
[Processing]: Generating pairs
[Processing]: Computing rematches
[Processing]: Write matches.
[Processing]: Read matches.
[Processing]: Write matches.
[Processing]: Add matches.
[Processing]: Rematch init.
[Processing]: Rematch images.
[Processing]: Add matches.
[Processing]: Check consistency.
[Processing]: Filter automatic tie points
[Processing]: Substep Rematch finished.
[Processing]: Substep Georeference the model started.
[Processing]: Optimizing with geoinformation
[Processing]: Analyzing geoinformation
[Processing]: Check consistency.
[Processing]: Compute number of matches.
[Processing]: Substep Georeference the model finished.
[Processing]: Substep Camera calibration started.
[Processing]: Substep Camera calibration finished.
[Processing]: Color automatic tie points...
[Processing]: Substep Report generation started.
[Processing]: Read keypoints.
[Processing]: Load point cloud
[Processing]: Loading ortho images [group1]
[Processing]: Generate Quality Report (orthomosaic) [group1]
[Processing]: Generate Quality Report
[Processing]: Compute number of matches.
[Processing]: Substep Report generation finished.
[Processing]: Substep Save parameters started.
[Processing]: Substep Save parameters finished.
[Processing]: Step1Done
```

번들 조정이 마무리되고 나면 사진별로 계산된 위치 자세가 업데이트되고, 키포인트마다 3차원 좌표도 모두 계산된다. 포인트 클라우드 형태로 해당 3차원 포인트들을 볼 수 있는데, 지상에서 약간 듬성듬성한 포인트 클라우드가 생기는 것을 확인할 수 있다. 이것은 **키포인트에 대해서만 3차원 좌표를 계산**하였기 때문이다. 거의 모든 픽셀에 대해서 3차원 좌표를 생성하는 것은 **Dense 매칭**(9장 5.참고)이라고 하며 결과를 **'고밀도화 포인트 클라우드'**라고 별도로 통칭한다.

그림 128은 특징점(키포인트)의 예로서, 총 16개 사진에서 추출되어 매칭이 이루어졌고, 번들 조정 후 계산된 위치 좌표 또한 제시되고 정밀도 또한 제시되었다. 정밀도는 16개의 영상에서 뻗어나온 광선들이 이상적으로 하나의 점에서 맺혀지지 않고 교차하게 되는데, 그중 제일 중간이 계산된 위치이며 그로부터 광선들이 수직거리로 얼만큼씩 떨어졌는지를 나타낸다고 이해하면 되겠다.

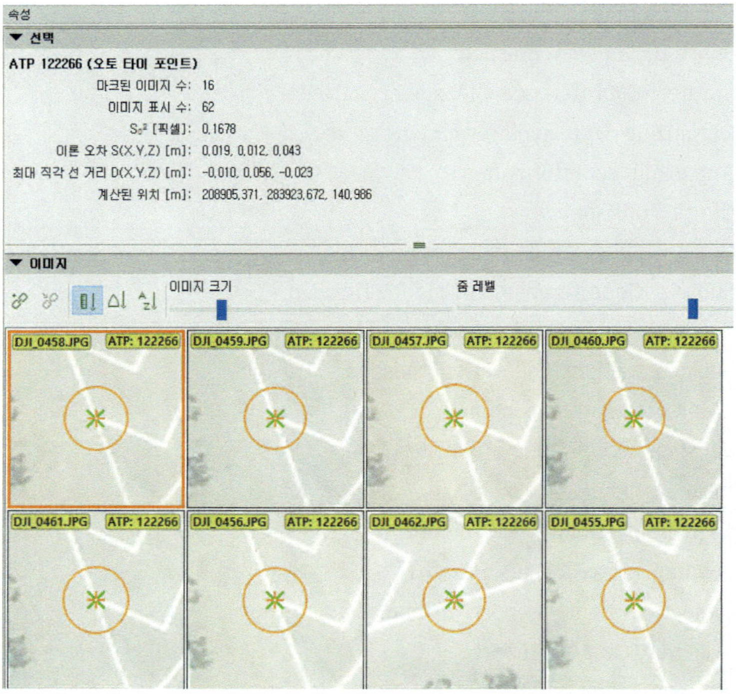

그림 128. 접합점(특징점, 키포인트)의 예

6. 결과 리포트 해석

번들 조정 등 자동화 프로세스가 완료되고 나면 리포트가 생성된다. 이제 결과 리포트를 해석해보도록 하자. 제일 먼저 Summary부터 나온다. 프로젝트 이름, 처리날짜 등이 나오고, 해상도 및 대상 지역 면적이 제시된다.
두 번째로 Quality check이다.

- Images: 먼저 영상마다 몇 개의 특징점이 추출되었는지 나온다. 특징점의 개념에 대해서는 9장 3.에서 설명하였다.
- Dataset: 몇 개의 영상이 처리되었는지 나온다. 여기서 calibrated라는 것의 의미는 내부표정요소 및 외부표정요소 모두가 계산되었다는 뜻이다.
- Camera optimization: 초기치와 계산된 카메라 파라미터(내부표정요소)가 서로 7.9%가 다르다는 결과가 나온다. 본 프로세스는 번들조정 시 카메라 내부표정요소도 같이 계산하도록 설정하였기 때문에 내부표정요소도 초기치에 기반하여 새로 계산한 것이다. 8장 표정(orientation)에서도 외부표정요소 구할 때 초기치가 사용된 것을 기억할 것이다. 이처럼 내부표정요소 계산 때도 초기치가 필요하기 때문이다.
- Matching: 매칭의 경우 영상당 21,151개의 매칭이 이루어졌다고 한다. 앞서 영상당 특징점이 약 39,612개가 추출되었는데 이 중 일부가 다른 영상과 매칭이 된 것이다.
- Georeferencing : 본 프로젝트에서는 9개의 3D 기준점이 사용되었는데 알고 있는 좌표값 대비 새로 계산한 값의 차이가 RMSE로 0.201m이라는 얘기다. 즉, 이 값이 낮을수록 번들조정의 계산값이 지상에서 측정한 기준점의 값과 잘 일치한다고 볼 수 있다(10장 5.참고).

Summary

Project	test1_gcp
Processed	2018-03-22 16:53:20
Camera Model Name(s)	FC330_3.6_4000x3000 (RGB)
Average Ground Sampling Distance (GSD)	3.24 cm / 1.27 in
Area Covered	0.0515 km^2 / 5.1473 ha / 0.0199 sq. mi. / 12.7258 acres

Quality Check

Images	median of 39612 keypoints per image	✓
Dataset	133 out of 133 images calibrated (100%), 2 images disabled	✓
Camera Optimization	7.9% relative difference between initial and optimized internal camera parameters	⚠
Matching	median of 21151.1 matches per calibrated image	✓
Georeferencing	yes, 9 GCPs (9 3D), mean RMS error = 0.201 m	⚠

Preview

Figure 1: Orthomosaic and the corresponding sparse Digital Surface Model (DSM) before densification.

그림 129. 리포트1: Summary & Quality check

다음으로 Calibration details가 제시된다. 총 135개 입력 사진 중 133개의 사진이 calibration 되었다고 제시되었다. 그림 130에서 영상의 초기 위치 및 계산된 위치가 나오는데, 파란색은 번들조정에 사용된 초기 위치, 초록색은 번들조정을 통해 계산된 위치를 나타낸다.

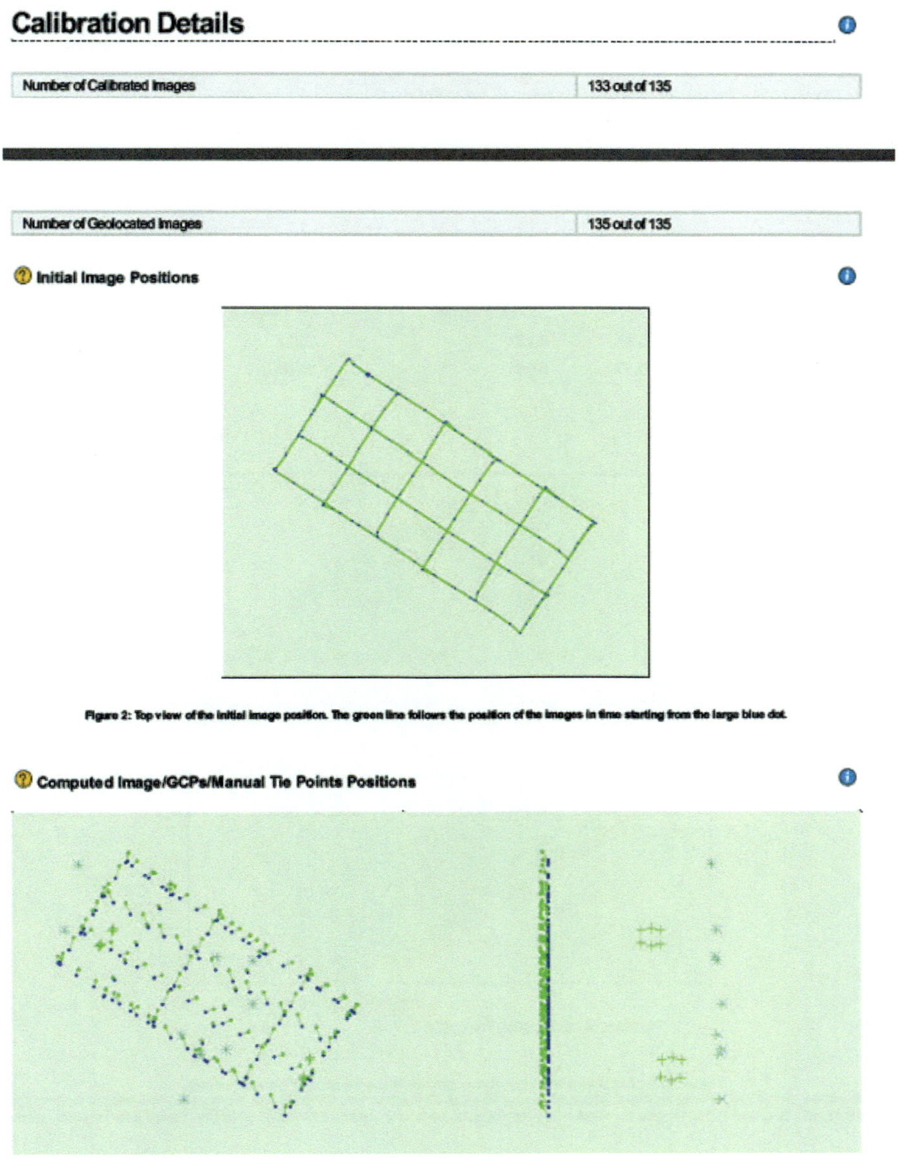

그림 130. 리포트2: Calibratin details

- Absolute camera position and orientation uncertainties: 번들조정으로 계산된 카메라 위치, 자세가 얼마나 신뢰도가 높은지 제시된다. 즉 번들조정을 통해 사진의 외부표정 요소인 위치/자세를 예측한다. 그런데 사진마다 예측된 위치/자세값의 신뢰 범위가 표준편차로 계산될 수 있는데, 모든 사진에 대해 신뢰 범위를 평균한 값을 Mean으로 제시하고 있다. 신뢰 범위가 작을수록 예측치가 정밀하다고 볼 수 있다. 또한 신뢰 범위가 정밀할수록 오차타원체 크기가 작아진다.

다음으로 overlap이란 대상 영역을 몇 개 사진이 커버하고 있는지 색상으로 보여주고 있다. 대상지 끝 쪽일수록 중복사진 수가 적어지는 것을 알 수 있다.

Absolute camera position and orientation uncertainties

	X[m]	Y[m]	Z[m]	Omega [degree]	Phi [degree]	Kappa [degree]
Mean	0.333	0.600	0.193	0.422	0.272	0.059
Sigma	0.009	0.013	0.134	0.041	0.050	0.024

Overlap

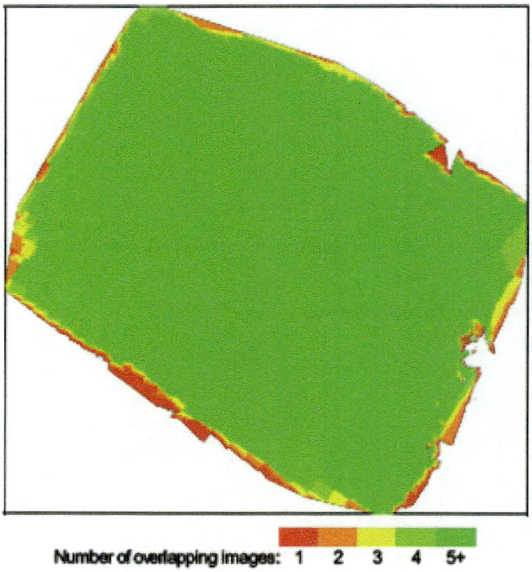

Figure 4: Number of overlapping images computed for each pixel of the orthomosaic.
Red and yellow areas indicate low overlap for which poor results may be generated. Green areas indicate an overlap of over 5 images for every pixel. Good quality results will be generated as long as the number of keypoint matches is also sufficient for these areas (see Figure 5 for keypoint matches).

그림 131. 리포트3: Calibratin details (계속)

다음으로 번들조정에 대한 보다 자세한 내용이 제시된다.

- Number of 2D Keypoint Observations 2867273 : 전체 영상에서 뽑힌 특징점 개수의 총합
- Number of 3D Points 556903 : 특징점을 이용하여 매칭을 통해 지상 3차원 좌표를 구한 지상 특징점의 개수. 참고로 번들조정이 이루어지면 지상 3차원 좌표가 모두 계산된다.
- Mean Projection error [pixels] : 번들 조정 후 계산된 특징점 3차원 지상좌표를 공선조건식으로 영상으로 다시 투영했을 때, 처음에 뽑힌 특징점 영상좌표와 비교했을 때 그 차이를 나타낸다.

Bundle Block Adjustment Details

Number of 2D Keypoint Observations for Bundle Block Adjustment	2867273
Number of 3D Points for Bundle Block Adjustment	556903
Mean Reprojection Error [pixels]	0.285

그림 132. 번들조정 details

- Internal Camera Parameters : 카메라 파라미터 또는 내부표정요소의 초기치(Initial values)와 계산치(Optimized values)가 제시되었다. 그리고 uncertainties는 계산된 값의 정밀도(신뢰 범위)를 나타낸다. 초점거리, 주점이동량, 방사왜곡량(R1,R2,R3), 편심왜곡(T1,T2) 또한 앞서 렌즈왜곡에서 모두 배웠던 개념이다.
- 그 아래 제시된 그림은 계산된 내부표정요소 간의 상관관계를 나타낸다. 상관관계란 서로 영향을 미치는 정도인데, 상관도가 높을수록 서로 종속관계에 있다는 뜻이다. 먼저 대각선 방향으로는 모두 하얀색이다. 자신과의 상관도는 1이기 때문에 완전한 종속관계이다. F밑에 첫 번째 까만색의 경우 초점거리 f와 주점이동량 px와의 상관도가 낮다는 뜻이며, 서로 독립적이라는 뜻이다. 다른 모든 파라미터와의 관계에서도 까만색일수록 서로 영향을 미치지 않는 독립적 해당 변수라는 뜻이며, 그럴수록 실제적인 값에 가까운 정확한 값이라는 뜻으로 해석하면 된다.
- 바로 아래 하얀 사각형의 경우, 접합점(공액점, Tie point)가 얼마나 추출되었는지를 시각적으로 보여주고 있으며, 하얀색의 경우 해당 영상 위치에서 평균 16개 이상의 접합점이 추출되었으며, 검정색이면 0개의 접합점이 추출되었다는 것을 나타낸다. 접합점이 많을수록 번들 조정 시 영상 간의 구속력이 증대된다.

Internal Camera Parameters

FC330_3.6_4000x3000 (RGB). Sensor Dimensions: 6.317 [mm] x 4.738 [mm]

EXIF ID: FC330_3.6_4000x3000

	Focal Length	Principal Point x	Principal Point y	R1	R2	R3	T1	T2
Initial Values	2285.722 [pixel] 3.610 [mm]	2000.006 [pixel] 3.159 [mm]	1500.003 [pixel] 2.369 [mm]	-0.001	-0.002	0.000	-0.001	-0.001
Optimized Values	2466.416 [pixel] 3.895 [mm]	1993.372 [pixel] 3.148 [mm]	1433.651 [pixel] 2.264 [mm]	-0.007	0.011	0.005	-0.001	-0.000
Uncertainties (Sigma)	0.378 [pixel] 0.001 [mm]	0.040 [pixel] 0.000 [mm]	0.132 [pixel] 0.000 [mm]	0.000	0.000	0.000	0.000	0.000

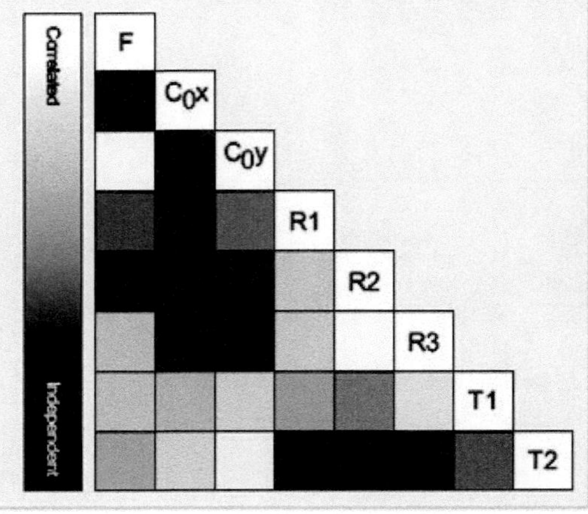

The correlation between camera internal parameters determined by the bundle adjustment. White indicates a full correlation between the parameters, ie. any change in one can be fully compensated by the other. Black indicates that the parameter is completely independent, and is not affected by other parameters.

The number of Automatic Tie Points (ATPs) per pixel, averaged over all images of the camera model, is color coded between black and white. White indicates that, on average, more than 16 ATPs have been extracted at the pixel location. Black indicates that, on average, 0 ATPs have been extracted at the pixel location. Click on the image to the see the average direction and magnitude of the re-projection error for each pixel. Note that the vectors are scaled for better visualization. The scale bar indicates the magnitude of 1 pixel error.

그림 133. 내부표정요소 예측치 및 상관도

- 2D Keypoints Table: 영상별로 특징점이 추출된 개수 및 매칭된 개수의 통계치를 보여주고 있다.

2D Keypoints Table

	Number of 2D Keypoints per Image	Number of Matched 2D Keypoints per Image
Median	39612	21151
Min	32709	4907
Max	51822	29772
Mean	40107	21558

그림 134. 영상 내 추출된 특징점 통계

- 3D Keypoints: 매칭된 특징점으로부터 지상 특징점 좌표가 계산되는데, 몇 개의 중복 영상으로부터 해당 3차원 좌표가 계산되었는지를 보여주고 있다. 마지막에 무려 21개 영상에 중복된 특징점도 1,708개나 존재하고 있다. 이 점들은 21개 영상에 모두 나타나지만, 계산된 3차원 좌표는 1개이다.

3D Points from 2D Keypoint Matches

	Number of 3D Points Observed
In 2 Images	268038
In 3 Images	87867
In 4 Images	48584
In 5 Images	29691
In 6 Images	21077
In 7 Images	15585
In 8 Images	11848
In 9 Images	9378
In 10 Images	7696
In 11 Images	6419
In 12 Images	5389
In 13 Images	4568
In 14 Images	3775
In 15 Images	3402
In 16 Images	3045
In 17 Images	2650
In 18 Images	2336
In 19 Images	2111
In 20 Images	1861
In 21 Images	1708

그림 135. 3차원 좌표 계산된 특징점 통계

앞서 영상 간의 매칭 개수를 선의 굵기로 나타낸 그림이 그림 136에 제시된다. 본 예제에서는 매칭의 개수가 많아서 굵은 선이 뭉쳐서 까만색으로 보여지게 되었다. 그리고 촬영 위치 주변으로 오차타원체(10장 6.참고)가 그려져 있는 것을 확인할 수 있다. 즉, 오차타원체가 크다는 것은 위치결정 정밀도가 낮다는 뜻인데, 바깥쪽에 위치할수록 오차타원체가 큰 경우가 많이 보이는 것을 확인할 수 있다.

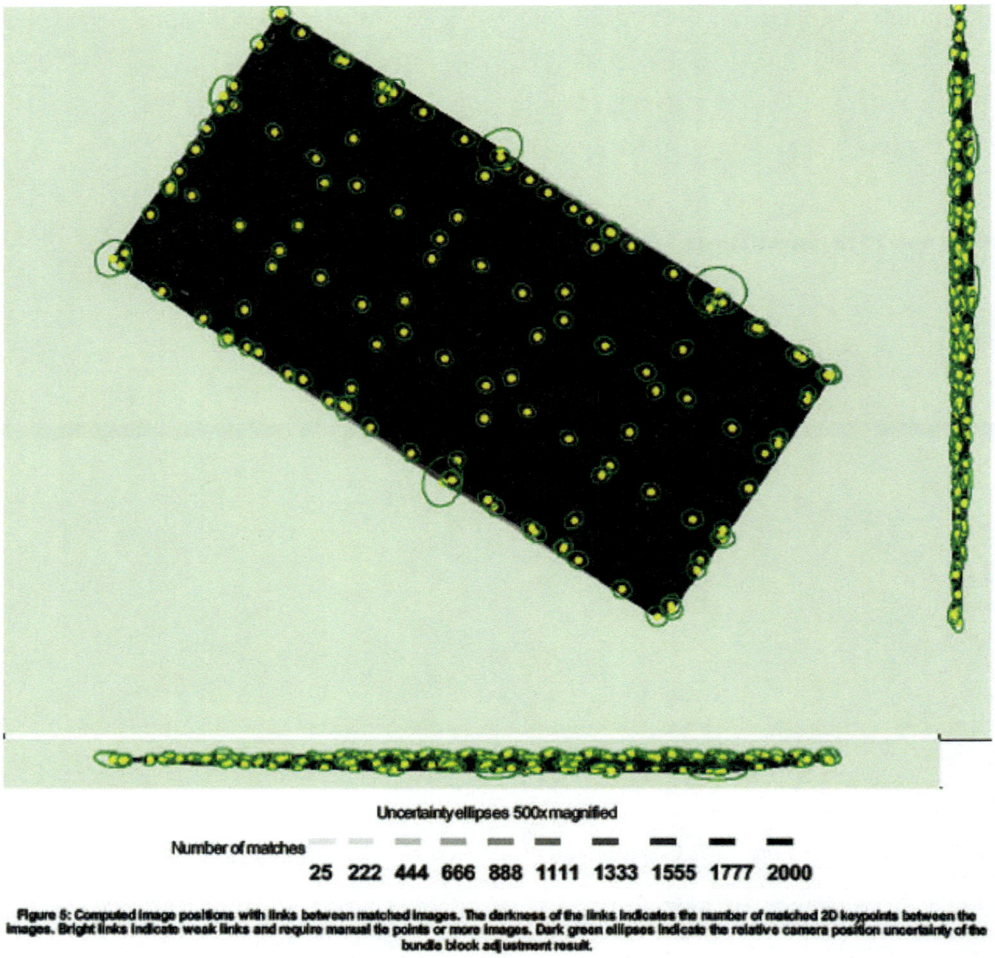

그림 136. 영상 간의 매칭점 개수

- Relative camera position and orientation uncertainties: 번들조정을 통해 계산된 외부표정요소 값의 신뢰구간에 대한 값은 absolute camera position and orientation uncertainties에 제시되었다. 이번의 경우에는 번들조정 후 계산된 위치/자세값의 신뢰구간이 아닌, 인접 영상을 기준으로 얼마나 서로 상대적인 변화가 발생했는지를 신뢰구간으로 나타낸 값이다. 예를 들어, 번들조정 후 모든 사진의 위치가 X방향으로 2m(+-10cm)씩 이동했다고 했을 때, 절대적 불확실성은 약 10cm이지만, 인접 사진과의 상대적인 불확실성은 이보다 낮은 값을 나타낼 것이다 (인접 사진들 간에는 유사할 것이므로).
- Manual Tie Points: 본 예제에서는 수작업으로 5개의 접합점을 입력했는데 그에 대한

정보이다. 수작업으로 측정한 픽셀좌표와 번들 조정 후 내/외부 표정요소를 이용하여 공선조건식으로 계산한 픽셀좌표간의 차이를 재투영오차(projection error)로 몇 픽셀만큼 차이가 발생하는지를 나타낸 것이다.

Relative camera position and orientation uncertainties

	X[m]	Y[m]	Z[m]	Omega [degree]	Phi [degree]	Kappa [degree]
Mean	0.004	0.003	0.002	0.003	0.004	0.001
Sigma	0.001	0.001	0.000	0.001	0.001	0.000

Manual Tie Points

MTP Name	Projection Error [pixel]	Verified/Marked
end1-2	2.475	29 / 30
end1-3	1.977	25 / 27
end1-4	1.561	27 / 28
end1-5	1.620	22 / 23
end1-6	0.833	26 / 27

그림 137. 번들조정을 통한 외부표정요소 예측치 정밀도 및 투영오차

- Geolocation Details: 기준점 및 접합점에 대한 지상좌표 오차를 나타낸다. 여기서는 픽셀 단위가 아닌 meter 단위로 X,Y,Z방향으로 각각 얼마나 오차가 나는지 RMS 등으로 결과를 제시해주고 있다.
- 먼저 Ground Control Points 부분은 지상의 좌표값을 알고 있는 기준점과 체크포인트에 대해서 영상점으로 지상좌표를 다시 구해보고 그 두 값을 비교한 결과를 제시하고 있다. 즉 번들조정 결과로 계산되는 지상좌표값이 미리 알고 있던 기준점과 체크포인트 좌표값에 얼마나 잘 일치하는지를 나타낸다.

Geolocation Details

Ground Control Points

GCP Name	Accuracy XY/Z [m]	Error X [m]	Error Y [m]	Error Z [m]	Projection Error [pixel]	Verified/Marked
1 (3D)	0.020/ 0.020	0.008	0.050	-1.229	1.043	92 / 93
2 (3D)	0.020/ 0.020	-0.040	0.056	-1.178	0.735	95 / 96
5 (3D)	0.020/ 0.020	-0.038	0.072	-0.941	0.989	92 / 93
6 (3D)	0.020/ 0.020	-0.013	0.052	-0.319	1.072	92 / 95
7 (3D)	0.020/ 0.020	-0.001	-0.003	0.003	0.784	88 / 89
8 (3D)	0.020/ 0.020	-0.051	-0.004	-0.240	0.790	89 / 90
10 (3D)	0.020/ 0.020	-0.006	0.061	-0.680	1.000	43 / 44
11 (3D)	0.020/ 0.020	0.001	0.009	-0.014	1.105	33 / 34
12 (3D)	0.020/ 0.020	-0.043	0.062	-1.646	0.990	64 / 64
Mean [m]		-0.020385	0.039579	-0.693772		
Sigma [m]		0.021264	0.028211	0.555972		
RMS Error [m]		0.029456	0.048604	0.889058		

2 out of 7 check points have been labeled as inaccurate.

Check Point Name	Accuracy XY/Z [m]	Error X [m]	Error Y [m]	Error Z [m]	Projection Error [pixel]	Verified/Marked
3	0.0200/0.0200	-0.0110	0.0558	-0.7159	0.9534	100 / 100
4	0.0200/0.0200	-0.0197	0.0295	-0.8999	0.9721	96 / 96
9	0.0200/0.0200	0.0035	-0.0212	-0.0489	1.0362	52 / 53
13	0.0200/0.0200	-0.0384	0.0580	-1.4130	0.8935	87 / 87
14	0.0200/0.0200	-0.0214	0.0462	-1.3192	1.0074	90 / 90
Mean [m]		-0.017419	0.033659	-0.879374		
Sigma [m]		0.013703	0.029193	0.488869		
RMS Error [m]		0.022163	0.044555	1.006128		

Localisation accuracy per GCP and mean errors in the three coordinate directions. The last column counts the number of calibrated images where the GCP has been automatically verified vs. manually marked.

그림 138. 기준점 및 체크포인트 좌표 오차량 (입력치와 예측치의 차이)

- Absolute Geolocation Variance: Variance(분산)는 정밀도를 나타내는 것으로서, X, Y, Z 방향으로 신뢰도가 얼마나 높은지를 퍼센티지로 보여준 값이다. 7장의 6.에서 지상좌표를 계산할 때 두 광선이 완벽히 일치하지 않는다고 했는데, 광선이 일치할 경우 Absolute Geolocation Variance의 값이 0에 가깝게 되고, 이격이 커질수록 Variance가 커진다고 이해하면 되겠다. 본 예제에서는 대부분 -3~+3미터 범위의 신뢰도 범위에 위치해 있는데, X방향으로 약 11%는 3미터를 초과하는 값들이 존재하여 X방향으로 품질이 낮음을 알 수 있다. 특징점들의 경우 실제 지상좌표를 알지 못하므로 절대적인 오차를 계산할 수는 없으므로 이러한 정밀도로 신뢰도를 나타낸다.

Absolute Geolocation Variance

Min Error [m]	Max Error [m]	Geolocation Error X [%]	Geolocation Error Y [%]	Geolocation Error Z [%]
-	-15.00	0.00	0.00	0.00
-15.00	-12.00	0.00	0.00	0.00
-12.00	-9.00	0.00	0.00	0.00
-9.00	-6.00	0.00	0.00	0.00
-6.00	-3.00	0.75	0.00	0.00
-3.00	0.00	51.88	44.36	62.41
0.00	3.00	36.09	55.64	37.59
3.00	6.00	11.28	0.00	0.00
6.00	9.00	0.00	0.00	0.00
9.00	12.00	0.00	0.00	0.00

그림 139. 특징점들의 지상좌표 결정 후 정밀도

- Geolocation Bias: 전체적으로 번들조정 전 주어진 외부표정요소값과 번들조정 후 계산된 외부표정요소에서 촬영 위치 (X,Y,Z)의 간의 차이를 나타낸다.
- Relative Geolocation Variance: 인접 영상간의 간격이 번들조정 전/후로 얼마나 차이가 발생했는지를 나타낸다.
- Geolocation Orientational Variance: 외부표정요소의 자세값의 정밀도(신뢰구간)를 나타낸다.

Min Error and Max Error represent geolocation error intervalsbetween -1.5 and 1.5 times the maximum accuracy of all the images. Columns X, Y, Z show the percentage of images with geolocation errors within the predefined error intervals. The geolocation error is the difference between the initial and computed image positions. Note that the image geolocation errors do not correspond to the accuracy of the observed 3D points.

Geolocation Bias	X	Y	Z
Translation [m]	-1.088850	-3.001851	-2.349316

Bias between image initial and computed geolocation given in output coordinate system.

Relative Geolocation Variance

Relative Geolocation Error	Images X [%]	Images Y [%]	Images Z [%]
[-1.00, 1.00]	100.00	100.00	100.00
[-2.00, 2.00]	100.00	100.00	100.00
[-3.00, 3.00]	100.00	100.00	100.00
Mean of Geolocation Accuracy [m]	5.000000	5.000000	10.000000
Sigma of Geolocation Accuracy [m]	0.000000	0.000000	0.000000

Images X, Y, Z represent the percentage of images with a relative geolocation error in X, Y, Z.

Geolocation Orientational Variance	RMS [degree]
Omega	1.904
Phi	1.192
Kappa	3.806

그림 140. 번들조정 전/후 외부표정요소 통계치

7. 결과 폴더 내 파일들

Pix4D의 경우 메인 폴더가 크게 3개(1_initial, 2_densification, 3_dsm_ortho)로 생성된다. 1_initial은 번들조정 등에 대한 파일을 담고 있고, 2_densification은 포인트 클라우드, 3_dsm_ortho는 DSM 데이터와 정사사진 파일을 담고 있다.
먼저, 1_initial 폴더를 살펴보면 param폴더가 있는데, 여기에서 주요한 파일은 아래와 같이 설명할 수 있다. report 폴더 내에는 최종 리포트 pdf파일이 담겨져 있다.

주요 파일명	설명
initial_calibrated_external_camera_parameters.txt	〈계산된 외부표정요소〉 각 사진별로 계산된 X,Y,Z좌표 및 자세 데이터
initial_calibrated_internal_camera_parameters.cam	〈계산된 내부표정요소〉 카메라 캘리브레이션을 통해 예측된 카메라 파라미터 정보 전통적 사진측량 SW 등에서 사용하는 형식
initial_pix4d_calibrated_internal_camera_parameters.cam	Pix4D에서 사용하는 형식의 내부표정 요소

2_densification은 폴더 내의 3d_mesh 폴더에는 3차원 모델 형식인 mtl이나 obj형식의 데이터가 저장되어 있고, point_cloud 폴더에는 포인트클라우드의 표준포맷인 las형식의 데이터가 저장되어 있다.
3_dsm_ortho 폴더 내의 dsm 폴더에는 DSM 데이터를 geotiff형식 및 타일로 나누어 놓은 파일들이 저장되어 있으며, mosaic폴더에는 정사사진을 geotiff 형식 및 타일로 나누어 놓은 파일들이 저장되어 있다.

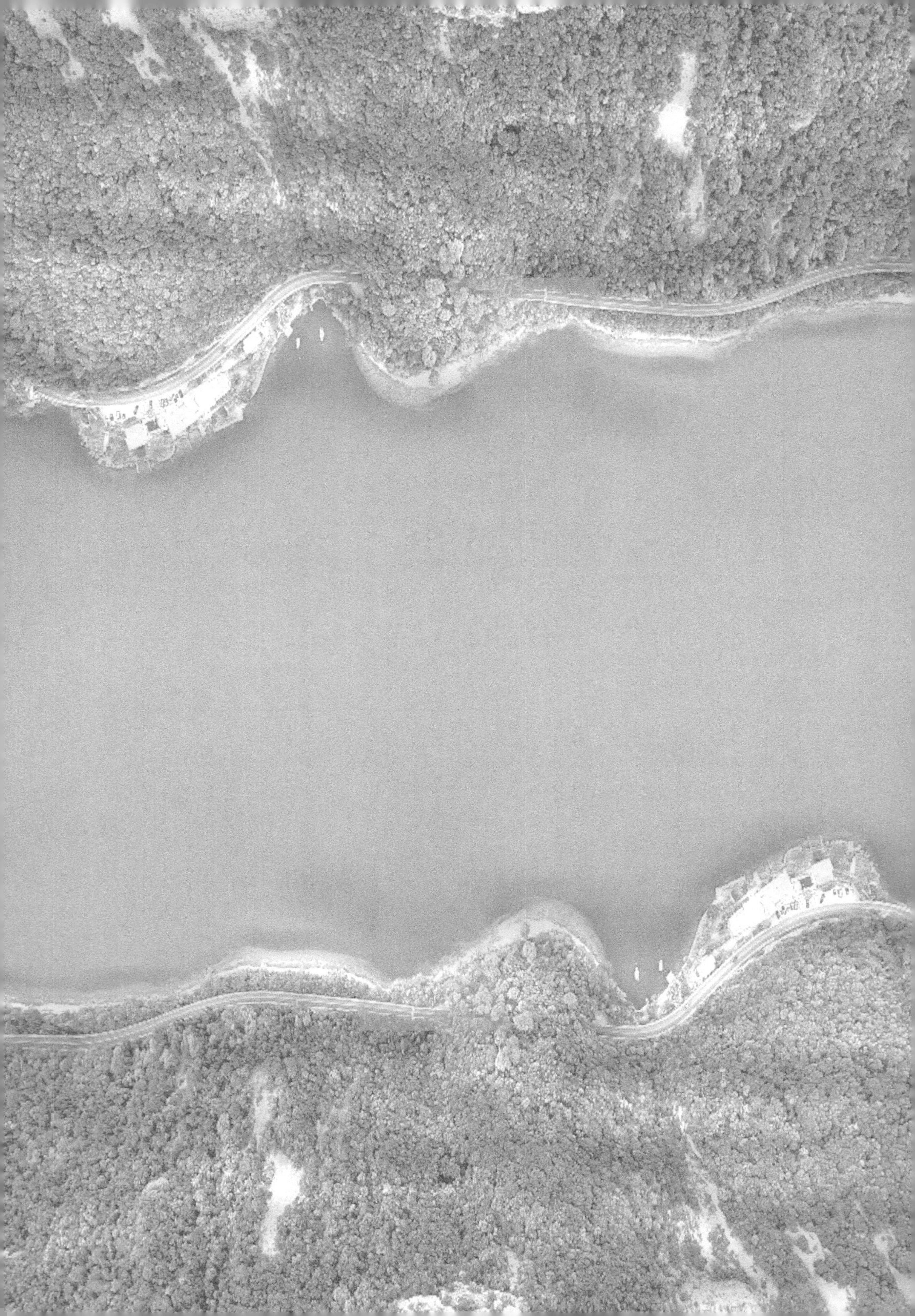

CHAPTER 12

위성영상 사진측량

위성영상 사진측량

위성영상을 기반으로 한 사진측량은 개념적으로는 항공사진의 경우와 거의 유사하나, 활용되는 카메라 센서 측면에서 다른 점으로 인해 항공사진에서 활용하는 공선조건식을 사용할 수가 없다는 점에서 큰 차이를 보인다.

1. Pushbroom 센서

그림 141에서 좌측은 일반적인 카메라(**프레임 카메라**)를 이용한 중복사진 촬영에 대한 그림을 나타내고 있다. 그러나 우측은 일직선으로 된 센서로 마치 빗자루로 쓸고 가듯이 영상을 획득하는 모습을 보여준다. 이러한 센서를 빗자루라는 용어를 사용하여 Pushbroom 센서라고 부르며, 다른 말로는 **라인스캐너(Line scanner)**라고도 한다.

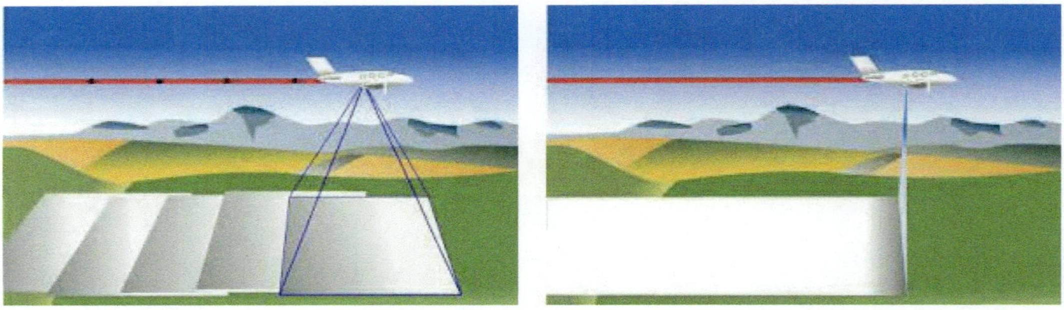

그림 141. 프레임 센서와 푸쉬부룸 센서의 비교(출처: Leica geosystems)

푸쉬부룸센서는 가로세로가 존재하는 CMOS센서와는 다르게 가로만 존재하고 세로는 1개의 픽셀 폭만 갖는 라인 형태의 센서로서 대부분의 고해상도 위성에 의해 채택되어 사용되고 있다. 그림 142는 IKONOS 위성의 센서 사진이며 가로로 일직선 형태로 이루어져 있음을 알 수 있다.

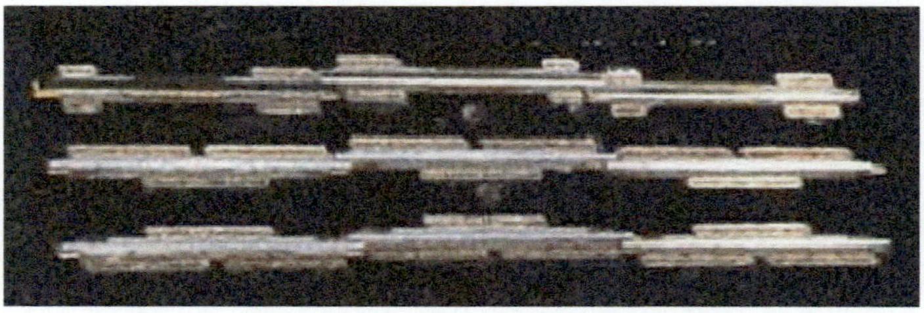

그림 142. IKONOS 위성의 CCD 라인 센서

그림 143과 같이 프레임 카메라의 경우 한 번의 촬영으로 2차원 사진이 하나 생성되므로 사진 하나에 대해 주점이 1개 존재하게 되나, 푸쉬부룸센서의 경우 각 라인별로 주점이 생성되는 특징이 있다. 따라서 공선조건식 또한 라인별로 생성되어야 하는 복잡함이 있다.

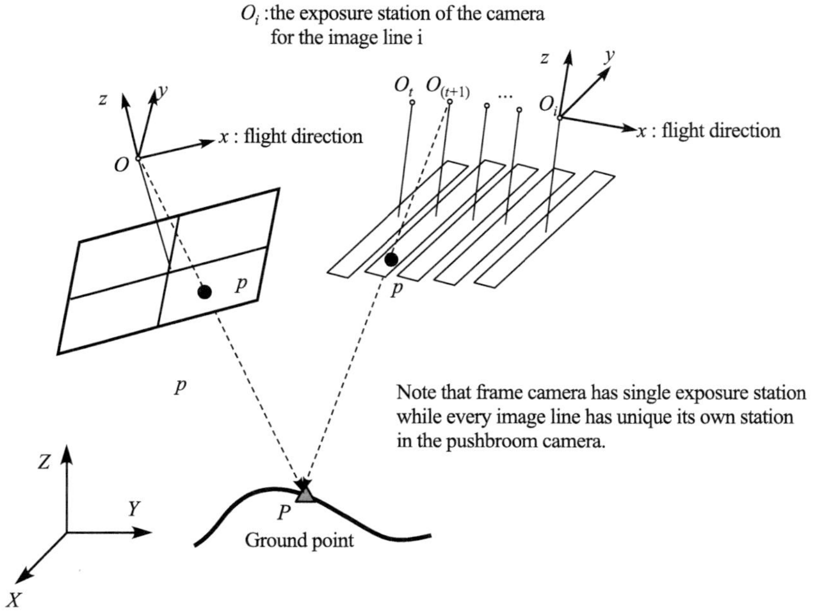

그림 143. 프레임 센서 vs 푸쉬부룸센서

따라서 위성 운용처에서는 푸쉬부룸센서에 공선조건식을 적용하여 사용한 후 사용자가 편리하도록 보다 쉬운 식을 만들고, 해당식의 계수를 제공해주는데 해당 식이 RFM (Rational Function Model)이며, 식의 계수가 RPCs(Rational Polynomial Coefficients) 이다.

2. RPCs 기본식

대부분의 고해상도 위성 공급처들은 RFM의 계수인 RPCs를 제공한다. 제공되는 값은 a,b,c,d벡터 4가지이며, 총 80개의 계수로 이루어져 있다. RPCs가 주어지면 공선조건식과 유사하게 지상의 한점에 대한 좌표가 주어지면, 그에 대응되는 영상좌표를 계산할 수가 있다.

Step 1. 위도, 경도, 표고(ϕ,λ,h)가 주어졌을 때 이를 먼저 -1~+1 범위로 정규화하여

U, V, W를 구하고 벡터 u를 구한다.

Step 2. a,b,c,d벡터와 u벡터의 곱을 통해 X, Y를 구한다.

Step 3. X, Y로부터 l,s을 구한다.

$$Y = \frac{a^T u}{b^T u}, X = \frac{c^T u}{d^T u}$$

with

$$u = [1 \ \ V \ \ U \ \ W \ VU \ VW \ UW \ V^2 \ \ U^2 \ \ W^2 \ \ \ UVW \\ \quad V^3 \ \ VU^2 \ \ VW^2 \ \ V^2U \ \ U^3 \ \ UW^2 \ \ V^2W \ \ U^2W \ \ W^3]^T$$

$$U = \frac{\phi - \phi_0}{\phi_S}, V = \frac{\lambda - \lambda_0}{\lambda_S}, W = \frac{h - h_0}{h_S}, Y = \frac{l - L_0}{L_S}, X = \frac{s - S_0}{S_S}$$

$$a = [a_1 \ a_2 \cdots a_{20}]^T, b = [b_1 \ b_2 \cdots b_{20}]^T, c = [c_1 \ c_2 \cdots c_{20}]^T, d = [d_1 \ d_2 \cdots d_{20}]^T$$

여기서 X, Y는 -1~+1 범위로 정규화된 영상 픽셀 좌표, U, V, W는 -1~+1 범위로 정규화된 지상 경위도 좌표, ϕ, λ, h 위도, 경도 및 표고, l, s영상 픽셀 좌표 line(row), sample(column), $\phi_0, \lambda_0, h_0, S_0, L_0$: 좌표값 정규화를 위한 중심값, $\phi_S, \lambda_S, h_S, S_S, L_S$ 좌표값 정규화를 위한 스케일.

- RPCs 식 계산 (지상-->영상) (매트랩 구현)

```
<입력1: 지상좌표 경도, 위도, 표고 longitude;latitude;height>
<입력2: RPC>
<출력: 픽셀좌표 라인 샘플 l,s>

obj = [longitude;latitude;height];

 % Normalize Coordinate
U = (obj(2) - RPC.Y_off)/RPC.Y_scale;  % latitude
V = (obj(1) - RPC.X_off)/RPC.X_scale;  % longitude
W = (obj(3) - RPC.Z_off)/RPC.Z_scale;  % height

% RFM equation
a = RPC.a; b = RPC.b; c = RPC.c; d = RPC.d;
```

```
comb_UVW = [1 V U W V.*U V.*W U.*W V.^2 U.^2 W.^2 U.*V.*W ...
            V.^3 V.*U.^2 V.*W.^2 U.*V.^2 U.^3 W.^2.*U V.^2.*W U.^2.*W W.^3];
comb_UVW_t = comb_UVW';
p1      =  a(:)'*comb_UVW_t;
p2      =  b(:)'*comb_UVW_t;
p3      =  c(:)'*comb_UVW_t;
p4      =  d(:)'*comb_UVW_t;

line      =        p1./p2;
sample    =        p3./p4;

% UnNormalize Image Coordinate : col row
s= sample*RPC.samp_scale + RPC.samp_off;
l = line*RPC.line_scale + RPC.line_off;
```

3. RPCs 보정

일반적으로 제공되는 RPCs는 수m~수십m에 이르는 오차를 내포하고 있어서 상기의 RPCs 공식으로 계산해보면 지상위치와 정확히 맞지 않는 것을 확인할 수가 있다.

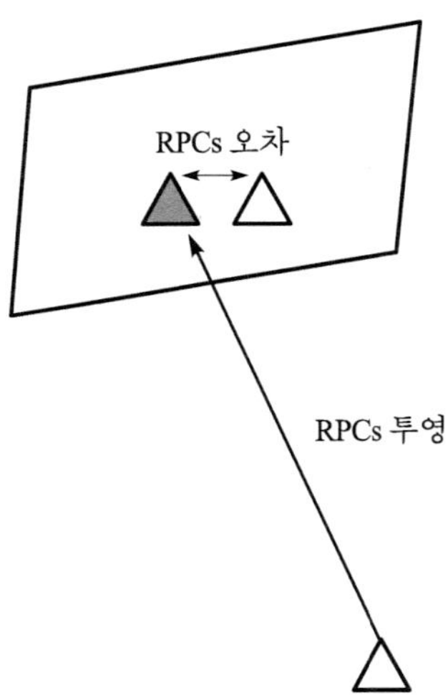

그림 144. RPCs 오차

영상 전체에 걸쳐서 영상좌표에 발생하는 오차를 보정하기 위한 식이 존재하며 그 과정을 Bias-compensation이라고 한다. 보정은 위성영상 공간에서 Affine 변환을 통해 보정하는 방식이 가장 일반적이다. 즉, Bias-compensation은 계산된 (l,s)에 일정량의 오차 보정을 통해 정확한 값으로 만들어준다.

$$l = \frac{a^T u}{b^T u} L_S + L_0, \quad ==> \quad l' = l + \underbrace{A_0 + A_1 l + A_2 s}_{l \text{ 보정량}} = \frac{a^T u}{b^T u} L_S + L_0,$$

$$s = \frac{c^T u}{d^T u} S_S + S_0 \qquad s' = s + \underbrace{B_0 + B_1 l + B_2 s}_{s \text{ 보정량}} = \frac{c^T u}{d^T u} S_S + S_0$$

여기서, l,s는 보정 전의 위치, l',s'는 보정 후 위치이다. 보정량은 Affine변환을 통해 제공되는 것으로서, 보다 자세히 각 파라미터의 역할을 설명하면, A_0,B_0는 이동량(shift), A_1,B_1는 라인에 따른 이동(drift), A_2,B_2는 컬럼방향으로의 오차 증가에 대한 보정을 수행한다.

해당 식에서 보정 매개변수를 구하기 위해서는 매개변수에 대한 행렬식을 만들고 최소제곱법을 통해 계수를 구해낸다. 미지수가 총 6개이므로 최소한 3개 이상의 점에 대해서는 보정 전/후에 대한 위치 정보를 알고 있어야 한다.

$$\begin{aligned} l' &= l + A_0 + A_1 l + A_2 s \\ s' &= s + B_0 + B_1 l + B_2 s \end{aligned} \quad ==> \quad \underbrace{\begin{bmatrix} 1\ l\ s\ 0\ 0\ 0 \\ 0\ 0\ 0\ 1\ l\ s \end{bmatrix}}_{A} \underbrace{\begin{bmatrix} A_0 \\ A_1 \\ A_2 \\ B_0 \\ B_1 \\ B_2 \end{bmatrix}}_{\xi} = \underbrace{\begin{bmatrix} l' - l \\ s' - s \end{bmatrix}}_{y}$$

$$\text{최확값 } \hat{\xi} = (A^T A)^{-1}(A^T y)$$

$$\text{잔차 } \tilde{e} = y - A\hat{\xi}$$

예제를 풀어보자. 아래와 같이 보정 전/후 픽셀 좌표가 주어져 있다.

	보정 전(픽셀)		보정 후 (픽셀)	
	l	s	l'	s'
1	15096.48	7582.589	15094.8	7547.784
2	14005.21	20856.32	14002.23	20822.36
3	8955.808	13783.64	8951.355	13749.03
4	8157.485	3850.884	8154.843	3817.951
5	3975.847	17792.63	3973.396	17758.74

이때, 행렬을 구성해보면 A, y는 아래와 같이 구해진다.

A=

1	15096.48	7582.589	0	0	0
0	0	0	1	15096.48	7582.589
1	14005.21	20856.32	0	0	0
0	0	0	1	14005.21	20856.32
1	8955.808	13783.64	0	0	0
0	0	0	1	8955.808	13783.64
1	8157.485	3850.884	0	0	0
0	0	0	1	8157.485	3850.884
1	3975.847	17792.63	0	0	0
0	0	0	1	3975.847	17792.63

y=

-1.68484
-34.8053
-2.98093
-33.962
-4.4526
-34.6124
-2.64226
-32.9334
-2.45078
-33.8956

최확값 $\hat{\xi}=(A^TA)^{-1}(A^Ty)=$

-2.793314326
4.75E-05
-4.11E-05
-32.92157789
-7.44E-05
-2.92E-05

- RPCs 보정 계수 계산 (매트랩 구현)

<입력: 보정 전 픽셀좌표 l,s, 보정 후 픽셀좌표 l',s'>
<출력: 보정 계수 a_0,a_1,a_2,b_0,b_1,b_2>

```
num_pnt = 5;
s_prime = [7547.784  20822.356 13749.032 3817.951 17758.738];
l_prime = [15094.796 14002.234 8951.355 8154.843 3973.396 ];
```

```
s = [7582.589292 20856.31799 13783.64438 3850.884396 17792.6336 ];
l = [15096.48084 14005.21493 8955.807603 8157.485262 3975.846777];

A   = zeros(2*num_pnt,6);
y   = zeros(2*num_pnt,1);
for j=1:num_pnt
     A(2*j-1:2*j,:) = [1 l(j) s(j) 0 0 0;0 0 0 1 l(j) s(j)];
     y(2*j-1:2*j,1)    = [l_prime(j) - l(j); s_prime(j) - s(j)];
end

xi_hat = (A'*A)₩(A'*y);
a(1:3)   = xi_hat(1:3);
b(1:3)   = xi_hat(4:6);
```

4. RPCs를 이용한 지상좌표 계산

영상좌표(l, s)가 주어지고, 표고(h)가 주어지면 해당 영상좌표는 앞의 RPCs를 이용하여 지상으로 투영될 수 있으며, 이에 대한 좌표를 아래와 같이 구할 수 있다. 즉, RFM식이 비선형식이므로, 테일러 전개를 통해 선형화된 RFM식을 구해낸다.

초기치 V^0, U^0를 구한 후, RFM식을 선형화하여 아래 식을 구해낸다. 초기치는 RPCs에 주어지는 offset값을 이용하면 된다.

$$Y = Y^0 + \frac{\partial Y}{\partial V} dV + \frac{\partial Y}{\partial U} dU$$

$$X = X^0 + \frac{\partial X}{\partial V} dV + \frac{\partial X}{\partial U} dU$$

여기서,

$$Y^0 = \frac{a^T u^0}{b^T u^0}, \quad X^0 = \frac{c^T u^0}{d^T u^0}$$

$$\begin{aligned} u^0 = [1 \ \ & V^0 \ \ U^0 \ \ W \ \ V^0 U^0 \ \ V^0 W \ \ U^0 W \ \ (V^0)^2 \ \ (U^0)^2 \ \ W^2 \ \ U^0 V^0 W \\ & (V^0)^3 \ \ V^0 (U^0)^2 \ \ V^0 W^2 \ \ (V^0)^2 U^0 \ \ (U^0)^3 \ \ U^0 W^2 \ \ (V^0)^2 W \ \ (U^0)^2 W \ \ W^3]^T \end{aligned}$$

식의 계수는 체인룰(chain rules)에 의해 아래와 같이 구해질 수 있다.

$$\frac{\partial Y}{\partial V}=\frac{\partial Y}{\partial u^T}\frac{\partial u}{\partial V},\ \frac{\partial Y}{\partial U}=\frac{\partial Y}{\partial u^T}\frac{\partial u}{\partial U}$$

$$\frac{\partial X}{\partial V}=\frac{\partial X}{\partial u^T}\frac{\partial u}{\partial V},\ \frac{\partial X}{\partial U}=\frac{\partial X}{\partial u^T}\frac{\partial u}{\partial U}$$

그리고,

$$\frac{\partial Y}{\partial u^T}=\frac{\frac{\partial(a^Tu)}{\partial u^T}(b^Tu)-(a^Tu)\frac{\partial(b^Tu)}{\partial u^T}}{(b^Tu)^2}=\frac{(b^Tu)a^T-(a^Tu)b^T}{(b^Tu)^2}$$

$$\frac{\partial X}{\partial u^T}=\frac{(d^Tu)c^T-(c^Tu)d^T}{(d^Tu)^2}$$

$$\frac{\partial u}{\partial U}=\begin{bmatrix}0 & 0 & 1 & 0 & V & 0 & W & 0 & 2U & 0 & VW & 0 & 2VU & 0 & V^2 & 3U^2 & W^2 & 0 & 2UW & 0\end{bmatrix}^T$$

$$\frac{\partial u}{\partial V}=\begin{bmatrix}0 & 1 & 0 & 0 & U & W & 0 & 2V & 0 & 0 & UW & 3V^2 & U^2 & W^2 & 2VU & 0 & 0 & 2VW & 0 & 0\end{bmatrix}^T$$

$$\frac{\partial u}{\partial W}=\begin{bmatrix}0 & 0 & 0 & 1 & 0 & V & U & 0 & 0 & 2W & UV & 0 & 0 & 2VW & 0 & 0 & 2UW & V^2 & U^2 & 3W^2\end{bmatrix}^T$$

선형화된 식의 해는 아래 식을 통해 구해질 수 있으며, 초기치에 더해줌으로써 보다 정확한 지상좌표값을 구해낼 수 있다. 이와 같은 반복과정을 통해 증가량이 미미해질 때까지 진행하여 최종의 지상좌표값을 구해내게 된다. 최종적으로 구해진 정규화된 좌표값을 비정규화시켜 경위도 좌표값인 (ϕ,λ)을 구할 수 있다.

$$\begin{bmatrix}dV\\ dU\end{bmatrix}=\begin{bmatrix}\frac{\partial Y}{\partial V} & \frac{\partial Y}{\partial U}\\ \frac{\partial X}{\partial V} & \frac{\partial X}{\partial U}\end{bmatrix}^{-1}\begin{bmatrix}Y-Y^0\\ X-X^0\end{bmatrix}$$

$$\begin{bmatrix}V\\ U\end{bmatrix}=\begin{bmatrix}V^0\\ U^0\end{bmatrix}+\begin{bmatrix}dV\\ dU\end{bmatrix}$$

- RPCs를 이용한 지상좌표 계산 (매트랩 구현)

```
<입력: RPCs 및 영상좌표 >
<출력: 지상좌표 X,Y>

% RPC
a   = RPC.a; b = RPC.b; c= RPC.c; d = RPC.d;

% normalize image coordinate
nimg_pnt = RFM_Image2NormalImage(RPC,img_pnt);
s      = nimg_pnt(1); l     = nimg_pnt(2);

% Initial ground coordinate
X = RPC.X_off; Y = RPC.Y_off;

%ITERATION!! :
dXY     = 9999*eye(2,1);
iter = 0;

while any(abs(dXY) > 0.00001) && iter < 100
    iter = iter + 1;

    V = (X - RPC.X_off)/RPC.X_scale;
    U = (Y - RPC.Y_off)/RPC.Y_scale;
    W    = (height - RPC.Z_off)/RPC.Z_scale;

    u = [1 V U W V*U V*W U*W V^2 U^2 W^2 U*V*W ...
         V^3 V*U^2 V*W^2 U*V^2 U^3 W^2*U V^2*W U^2*W W^3]';

    p1 = a'*u; p2 = b'*u; p3 = c'*u; p4 = d'*u;

    l0 = p1/p2; s0 = p3/p4;

    % derivatives
    du_dU = [0 0 1 0 V 0 W 0 2*U 0 V*W 0 2*V*U 0 V^2 3*U^2 W^2 0 2*U*W 0]';
    du_dV = [0 1 0 0 U W 0 2*V 0 0 U*W 3*V^2 U^2 W^2 2*V*U 0 0 2*V*W 0 0]';
```

```
    dp1_dY = a'*du_dU/RPC.Y_scale;
    dp2_dY = b'*du_dU/RPC.Y_scale;
    dp3_dY = c'*du_dU/RPC.Y_scale;
    dp4_dY = d'*du_dU/RPC.Y_scale;

    dp1_dX = a'*du_dV/RPC.X_scale;
    dp2_dX = b'*du_dV/RPC.X_scale;
    dp3_dX = c'*du_dV/RPC.X_scale;
    dp4_dX = d'*du_dV/RPC.X_scale;

    dl_dX = (dp1_dX*p2 - p1*dp2_dX)/p2^2;
    dl_dY = (dp1_dY*p2 - p1*dp2_dY)/p2^2;
    ds_dX = (dp3_dX*p4 - p3*dp4_dX)/p4^2;
    ds_dY = (dp3_dY*p4 - p3*dp4_dY)/p4^2;

    J   = [dl_dX dl_dY;ds_dX ds_dY];  % Jacobian matrix J
    F   = [l-l0;s-s0];

    dXY = J₩F;
    X   = X + dXY(1);
    Y   = Y + dXY(2);
end

if iter < 100
    obj_pnt = [X Y height];
else
    error('iteration exceeded 100')
end
```

기사시험 문제

1 **다중분광 스캐너 중 Pushbroom 스캐너에 대한 설명으로 옳은 것은?**

① 위성경로에 직각방향으로 빗자루로 쓸듯이 관측하는 스캐너
② 센서가 감지하는 분광범위가 가시광선에서 열적외선에 이르는 스캐너
③ 회전하는 거울과 고체형 탐지기를 결합하여 지표면을 관측하는 스캐너
④ 선형으로 배열된 전하결합소자(CCDs)를 이용하여 한 번에 한 라인 전체를 기록하는 스캐너

2 **Pushbroom 방식의 선형 CCD 소자를 사용하는 항공 디지털 카메라의 특징에 대한 설명으로 옳지 않은 것은?**

① 라인 별로 외부표정요소를 결정해야 하므로 GPS/INS 장비가 보완 운영된다.
② 촬영방향에 대한 직각방향인 연직라인은 평행투영으로 투영왜곡이 없어 정사영상 보정이 필요 없다.
③ 스트립 방식의 연속적인 촬영으로 촬영방향으로의 영상간 인접을 고려할 필요가 없다.
④ 종중복도 100%의 입체영상 취득이 가능하다.

정답 (01) ④ (02) ②

개념 정립 문제

1 **RPC가 주어져 있을 때, 아래 지상좌표에 대응되는 영상좌표값을 구하고, 정확한 위치와의 차이(오차)를 구하라.**

지상좌표 (경도, 위도 및 표고) = [129.1545996° 35.4114885° 156.746 m]

정확한 영상좌표 (col, row) = [3623.4687, 3769.5080] pixels

```
LINE_OFF: +003577.00 pixels
SAMP_OFF: +001579.00 pixels
LAT_OFF: +35.41410000 degrees
LONG_OFF: +129.13240000 degrees
HEIGHT_OFF: +0426.000 meters
LINE_SCALE: +003922.00 pixels
SAMP_SCALE: +006032.00 pixels
LAT_SCALE: +00.03630000 degrees
LONG_SCALE: +000.06680000 degrees
HEIGHT_SCALE: +0330.000 meters
LINE_NUM_COEFF_1: +4.118735439014331E-04
LINE_NUM_COEFF_2: -2.063060407962287E-03
LINE_NUM_COEFF_3: -1.026804165209464E+00
LINE_NUM_COEFF_4: +2.873890383315070E-02
LINE_NUM_COEFF_5: +1.284885669083540E-03
LINE_NUM_COEFF_6: +1.334440972842276E-06
LINE_NUM_COEFF_7: +2.735202310599756E-03
LINE_NUM_COEFF_8: -5.189767462834639E-04
LINE_NUM_COEFF_9: +3.057703305915818E-03
LINE_NUM_COEFF_10: -8.072297311574433E-05
LINE_NUM_COEFF_11: -1.245829225488609E-05
LINE_NUM_COEFF_12: +6.643359877888535E-07
LINE_NUM_COEFF_13: -2.339804785760392E-06
LINE_NUM_COEFF_14: +2.595842006621735E-07
LINE_NUM_COEFF_15: +7.543580582909285E-06
LINE_NUM_COEFF_16: -1.555929189553970E-05
LINE_NUM_COEFF_17: +1.055324731041016E-05
LINE_NUM_COEFF_18: +4.725094890162242E-06
LINE_NUM_COEFF_19: -1.650293240259073E-05
LINE_NUM_COEFF_20: -2.767160778178039E-07
LINE_DEN_COEFF_1: +1.000000000000000E+00
LINE_DEN_COEFF_2: -1.246677114704731E-03
LINE_DEN_COEFF_3: -2.981394225464042E-03
LINE_DEN_COEFF_4: -3.911577114709288E-03
LINE_DEN_COEFF_5: +2.258543779801142E-06
LINE_DEN_COEFF_6: +1.200122334000044E-05
LINE_DEN_COEFF_7: +1.819469646918643E-05
```

```
LINE_DEN_COEFF_8: -6.057310038892170E-06
LINE_DEN_COEFF_9: +1.516656267681514E-05
LINE_DEN_COEFF_10: -6.479365597689963E-06
LINE_DEN_COEFF_11: +5.552851125582431E-09
LINE_DEN_COEFF_12: -7.527187339700471E-10
LINE_DEN_COEFF_13: +2.129008181189166E-10
LINE_DEN_COEFF_14: -8.699428822408961E-09
LINE_DEN_COEFF_15: -4.406887141730142E-09
LINE_DEN_COEFF_16: +3.976703239045188E-09
LINE_DEN_COEFF_17: -1.544241907234730E-08
LINE_DEN_COEFF_18: +2.746871185394664E-09
LINE_DEN_COEFF_19: -2.908959867529673E-09
LINE_DEN_COEFF_20: +7.710378544398725E-09
SAMP_NUM_COEFF_1: -6.620310825854074E-04
SAMP_NUM_COEFF_2: +1.005579616930216E+00
SAMP_NUM_COEFF_3: -8.650445743022119E-04
SAMP_NUM_COEFF_4: -5.576944665536545E-03
SAMP_NUM_COEFF_5: -3.447925500093334E-03
SAMP_NUM_COEFF_6: -3.390115196215218E-03
SAMP_NUM_COEFF_7: +1.155949453683078E-04
SAMP_NUM_COEFF_8: -1.253328051548695E-03
SAMP_NUM_COEFF_9: +2.260356335981477E-06
SAMP_NUM_COEFF_10: +1.647269180003152E-05
SAMP_NUM_COEFF_11: +1.808566045974174E-05
SAMP_NUM_COEFF_12: -6.015750275409842E-06
SAMP_NUM_COEFF_13: +1.639286695409870E-05
SAMP_NUM_COEFF_14: -8.413991111706322E-06
SAMP_NUM_COEFF_15: +2.835268531728369E-06
SAMP_NUM_COEFF_16: -1.286772238212850E-08
SAMP_NUM_COEFF_17: -3.149011094616269E-07
SAMP_NUM_COEFF_18: +1.090627397710942E-05
SAMP_NUM_COEFF_19: -7.576737971790344E-08
SAMP_NUM_COEFF_20: +5.175515159276590E-08
SAMP_DEN_COEFF_1: +1.000000000000000E+00
SAMP_DEN_COEFF_2: -1.246677114704731E-03
SAMP_DEN_COEFF_3: -2.981394225464042E-03
SAMP_DEN_COEFF_4: -3.911577114709288E-03
SAMP_DEN_COEFF_5: +2.258543779801142E-06
SAMP_DEN_COEFF_6: +1.200122334000044E-05
SAMP_DEN_COEFF_7: +1.819469646918643E-05
SAMP_DEN_COEFF_8: -6.057310038892170E-06
SAMP_DEN_COEFF_9: +1.516656267681514E-05
SAMP_DEN_COEFF_10: -6.479365597689963E-06
SAMP_DEN_COEFF_11: +5.552851125582431E-09
SAMP_DEN_COEFF_12: -7.527187339700471E-10
SAMP_DEN_COEFF_13: +2.129008181189166E-10
```

SAMP_DEN_COEFF_14:	-8.699428822408961E-09
SAMP_DEN_COEFF_15:	-4.406887141730142E-09
SAMP_DEN_COEFF_16:	+3.976703239045188E-09
SAMP_DEN_COEFF_17:	-1.544241907234730E-08
SAMP_DEN_COEFF_18:	+2.746871185394664E-09
SAMP_DEN_COEFF_19:	-2.908959867529673E-09
SAMP_DEN_COEFF_20:	+7.710378544398725E-09

2 **문제(1)에서 정확한 영상좌표를 이용하여 지상 표고 156.746 m의 평면좌표(경위도 좌표)를 구하고 실제 좌표값과의 차이를 meter로 구하라. 이 때, 지구의 반지름은 6371km로 사용한다.**

3 **RPCs 보정 계수가 아래와 같이 주어졌을 때, 원 영상좌표 (col, row) = (79.83, 14012.42)의 보정 후 영상좌표를 구하라.**

$A_0,\ A_1,\ A_2$

= [5.37612378034227 -5.83801702306374e-06 6.90650474342015e-06]

$B_0,\ B_1,\ B_2$

= [1.18625924590368 -0.000195435648450564 6.80272591662421e-05]

정답 (1) RPC를 통한 계산위치 (col, row) = [3617.84 3773.23] pixels, 오차량 = [-5.63 3.72] pixels

(2) RPC를 통한 계산된 지상좌표 (경도, 위도) = [129.1546617005712° 35.411521963064914°], 실제 지상좌표와의 차이를 meter로 나타내려면 경위도 각도의 차이를 radian으로 바꾸고 호의 공식(△경위도 x 지구반지름)으로 구한다. 따라서

△경위도 = [6.21005711423095e-05 3.34630649163614e-05] in degrees

△경위도 = [1.08385943380228e-06 5.84040660599108e-07] in radian

△경위도 = [6.91 3.72] in meters

(3) $l' = l + A_0 + A_1 l + A_2 s$ ➡ 보정 후 영상좌표 (col, row) = (78.29, 14017.71) pixels

$s' = s + B_0 + B_1 l + B_2 s$

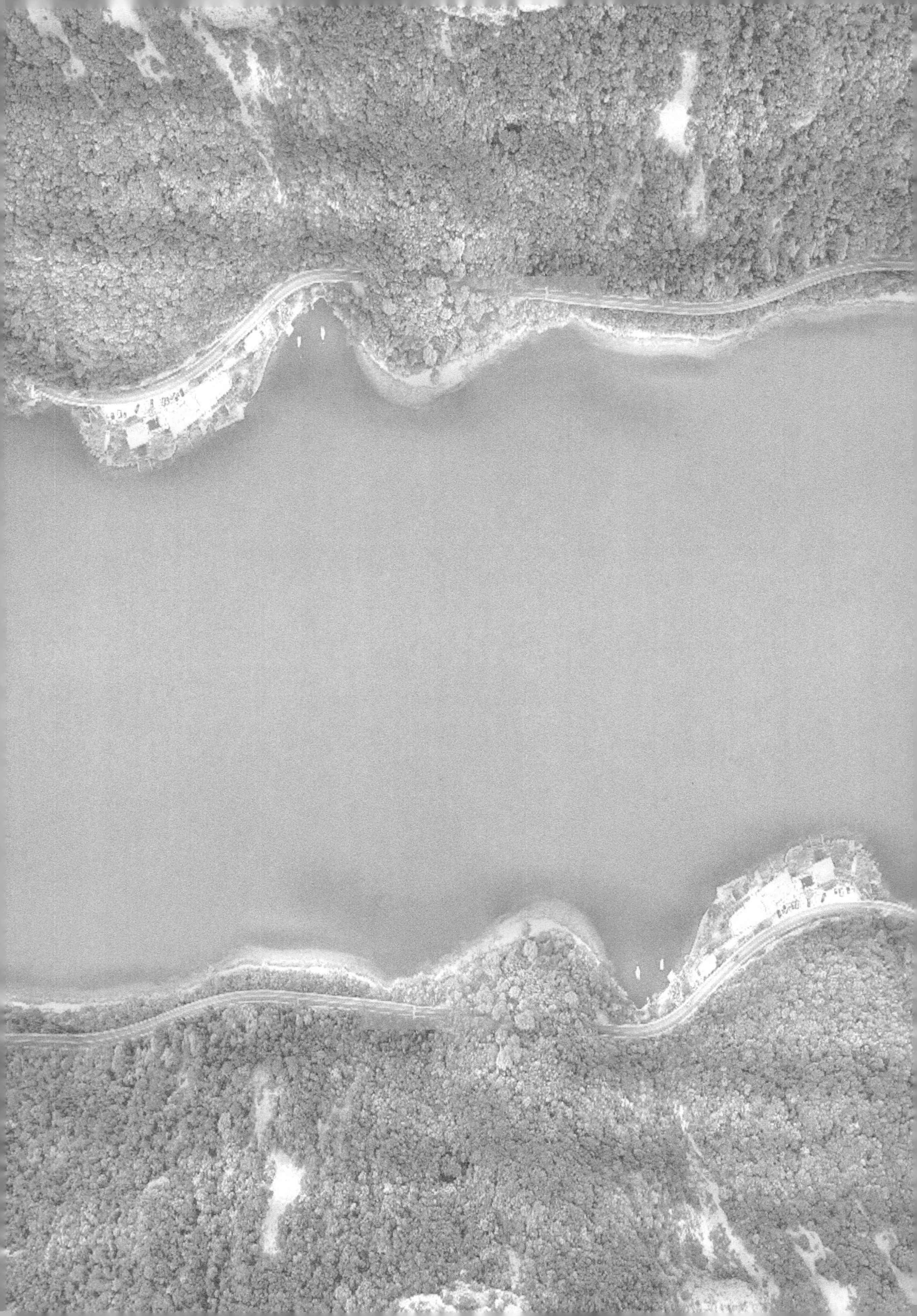

APPENDIX

부록

APPENDIX 부록

1. 최소제곱법

최소제곱법이란 오차를 확률이론에 기초하여 오차가 최소화되도록 미지수를 구해내는 기법이다. 쉽게 말하여 구하고자 하는 미지수보다 조건식이 많은 경우 해답을 구할 때 가장 많이 활용되는 방법인데, 예를 들어 고등학교 때 배운 직선의 방정식을 생각해보자.

예1) y=-x+6, y=x+2 ➡ 미지수는 2개, 조건식은 2개이다. 즉 해답이 존재한다.
예2) y=-x+6, y=x+2, y=2x+5 ➡ 미지수는 2개, 조건식은 3개이다. 이때는 어떻게 해답을 구할까?

더 나아가 평면에 두 점이 존재할 때, 직선의 방정식을 쉽게 구할 수 있으나, 그림 145와 같이 많은 점이 존재할 경우 직선방정식은 어떻게 구할까? 화살표(오차)와 같이 모든 점과의 차이가 최소화되는 직선을 구하는 것이 가장 합당한 직선일 것이다. 따라서 오차제곱의 합을 최소화하는 직선을 구하는 것이 최소제곱법이다.

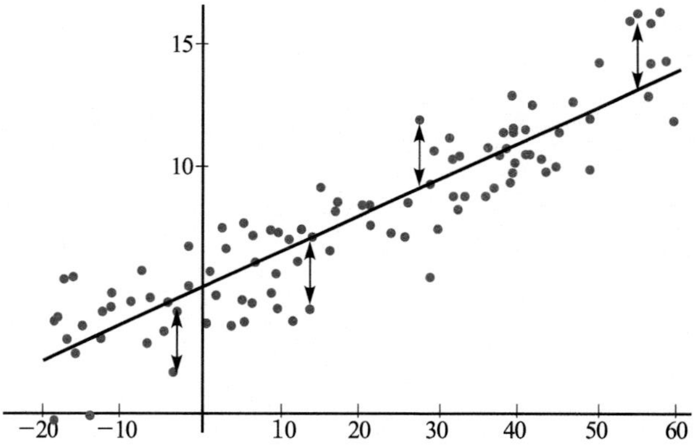

그림 145. 직선 식 구하기

최소제곱법의 수식부터 얘기해보면, **1차식으로 된 관측방정식(선형식)**을 먼저 구성한다. 우리가 구하고자 하는 미지수는 ξ인데, 최소제곱법으로 구해야 하는 대상이다. 여기서 n은 관측식의 개수, m은 미지수의 개수이다.

$$\underbrace{y}_{n\times 1} = \underbrace{A}_{n\times m}\underbrace{\xi}_{n\times 1} + \underbrace{e}_{n\times 1}$$

여기서, y는 관측치, A는 계수 행렬, ξ는 미지수, e는 오차이다.

최소제곱법의 주요한 솔루션은 아래와 같이 구할 수 있다. 여기서 P는 관측치마다 가중치가 다를 경우에 사용하는 가중치 행렬이다. 모두 같은 정밀도로 관측되었다고 가정하면 단위행렬로 설정하여 사용하면 된다.

최확값 $\hat{\xi}=(A^TPA)^{-1}(A^TPy)$
잔차 $\tilde{e}=y-A\hat{\xi}$

여기서 $\hat{\xi}$은 **최확값(제일 확실한 값)**이라 부르며, 가장 오차를 적게 만드는 솔루션이다. ^(hat 햇)을 사용하였는데 이것은 모든 관측치를 만족시키는 솔루션은 없다고 보면 되고, 가장 오차를 적게 하는 값을 구해주게 되는데 그것을 나타내기 위해 ^(햇)을 사용한다.
잔차는 구해진 최확값을 이용했을 때 관측값인 y의 각각의 값과 얼마나 차이를 보이는지를 나타내는 값이다. 즉, 최확값이 정확할수록 잔차가 작아지게 된다.
잔차는 관측치 개수만큼 구해지게 되며, 이를 하나의 수치로 나타낸 값이 RMSE가 된다. 여기서 n은 $\tilde{e}$의 요소 개수이다.

$$RMSE=\sqrt{\frac{\tilde{e}^TP\tilde{e}}{n-m}}$$

간단한 직선 방정식의 예를 이용하여 최소제곱법을 이해해보자.
그림 146에서 2차원 평면에 세 개의 점이 존재하며, 이 세 점을 지나가는 가장 적합한 직선을 구해보자.

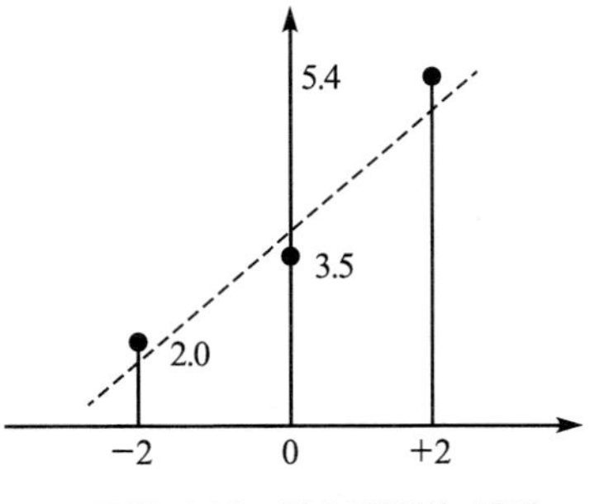

그림 146. 최소제곱법 예제

Step 1. 구하고자 하는 대상식을 만든다.

$$y = ax + b$$

Step 2. 3개의 점으로 직선식의 각각의 관측방정식을 구해보면, 여기서 식의 개수가 $n = 3$, 미지수의 개수 $m = 2$

$$\begin{aligned} 5.4 &= 2a + b \\ 3.5 &= 0a + b \\ 2.0 &= -2a + b \end{aligned}$$

Step 3. 행렬식으로 만든다.

$$\underbrace{\begin{bmatrix} 2.0 \\ 3.5 \\ 5.4 \end{bmatrix}}_{y} = \underbrace{\begin{bmatrix} -2 & -1 \\ 0 & 1 \\ 2 & 1 \end{bmatrix}}_{A} \underbrace{\begin{bmatrix} a \\ b \end{bmatrix}}_{\xi} + e$$

Step 4. 최소제곱법으로 최확값과 잔차를 구한다. 여기서 경중률 행렬 P은 $n \times n$으로서 3×3이며 모든 관측이 동일한 신뢰도로 이루어졌다고 가정하고 $P = I$ 단위행렬로 설정하였다.

$$\hat{\xi} = (A^T PA)^{-1}(A^T Py) = (A^T A)^{-1}(A^T y) = \begin{bmatrix} 0.85 \\ 3.633 \end{bmatrix}$$

$$\tilde{e} = y - A\hat{\xi} = \begin{bmatrix} 0.0667 \\ -0.1333 \\ 0.0667 \end{bmatrix}$$

$$RMSE = \sqrt{\frac{\tilde{e}^T P \tilde{e}}{n-m}} = \sqrt{\frac{\tilde{e}^T \tilde{e}}{3-2}} = 0.1633$$

결과적으로 최소제곱법을 통해 얻어진 결과는 세 점과 가장 오차를 작게 만드는 직선식으로 $y = 0.85x + 3.633$이 되며, 잔차는 그림 147과 같이 관측값과 직선식의 차이로 나타내며, 잔차는 관측개수만큼 존재하므로 이를 하나의 수치로 나타낸 $RMSE$는 0.1633으로서 직선과 세 점의 차이가 0.1633정도인 것으로 해석할 수 있다(신뢰도 68%). 신뢰도를 95%로 올리려면 RMSE에 1.96을 곱하여 $1.96 \times 0.1633 = 0.32$가 된다.

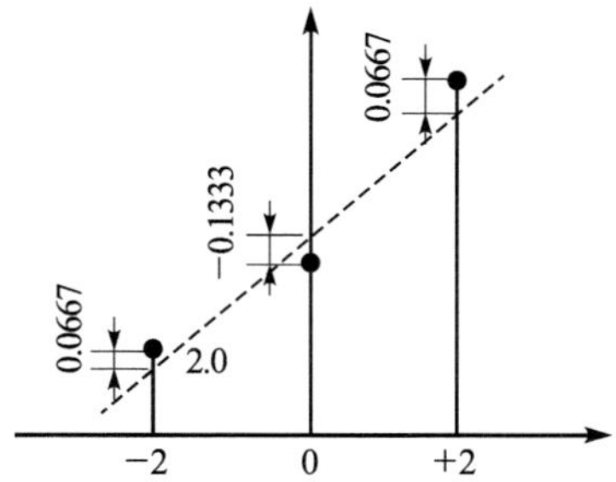

그림 147. 직선식에서 잔차의 의미

또 하나의 많이 활용되는 예는 2차원 평면 변환인 Affine변환의 경우로서 관측방정식은 아래와 같다.

$$
\begin{aligned}
x' &= a_0 + a_1 x + a_2 y \\
y' &= b_0 + b_1 x + b_2 y
\end{aligned}
$$

여기서 계수인 $a_0 \sim b_2$를 구해내려면 행렬식으로 구성하게 되고, n개의 x, y 및 x', y' 관측 쌍이 존재할 경우, 아래와 같이 행렬식을 구성할 수 있다. y의 크기는 $2n \times 1$이고, A의 크기는 $2n \times 6$이 된다.

$$
\underbrace{\begin{bmatrix} x_1{}' \\ y_1{}' \\ \cdots \\ x_n{}' \\ y_n{}' \end{bmatrix}}_{y} = \underbrace{\begin{bmatrix} 1 & x_1 & y_1 & 0 & 0 & 0 \\ 0 & 0 & 0 & 1 & x_1 & y_1 \\ \cdots & \cdots & \cdots & \cdots & \cdots & \cdots \\ 1 & x_n & y_n & 0 & 0 & 0 \\ 0 & 0 & 0 & 1 & x_n & y_n \end{bmatrix}}_{A} \underbrace{\begin{bmatrix} a_0 \\ a_1 \\ a_2 \\ b_0 \\ b_1 \\ b_2 \end{bmatrix}}_{\xi} + e
$$

2. 선형화

앞서 최소제곱법을 위해 구성되는 관측방정식은 기본적으로 1차식(선형식)이어야 한다고 하였다. 그런데 고차식이나 sine, cosine, log 등 다양한 함수가 존재할 수 있으므로 이러한 비선형식에 최소제곱법을 적용하기 위해서는 이러한 비선형식을 선형식으로 바꾸어 활용하여야 한다. 이것을 **선형화(linearization)**라고 한다.
우선 선형화의 개념부터 알아보자. 쉽게 말해 접선의 방정식을 구하는 것이다. 그림 148의 곡선이 있다고 하자 (몇 차 식이 되든, 사인, 코사인, 지수 함수이든 상관없다). 이때 임의의 점 x_0에서의 접선의 방정식은 아래와 같이 구해질 수 있다.

$f(x) = 3x^2 - 3$

➡ 접선의 방정식 $f(x) = \underbrace{(3x_0^2 - 3)}_{x_0\text{일 때 } y\text{값}} + \underbrace{6x_0}_{x_0\text{에서 기울기}} \underbrace{(x - x_0)}_{x_0\text{에서 떨어진 거리}}$

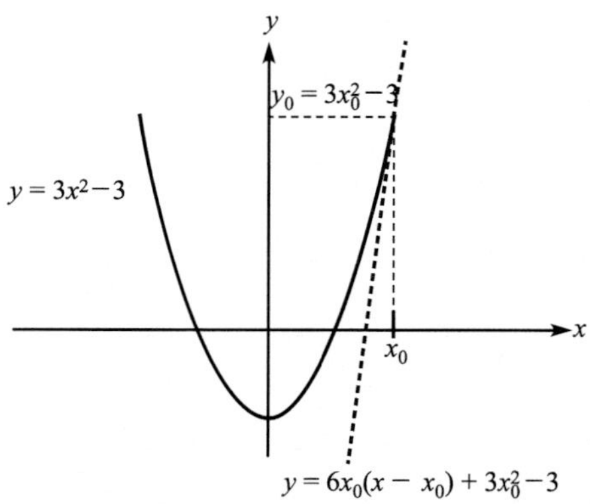

그림 148. 포물선 접선의 방정식 구하기 (곧 선형화)

즉 선형화의 일반식은 아래와 같으며, 접점 x_0 부근에서는 선형화하기 전(곡선부)과 선형화 후(접선)가 거의 맞닿아 있으므로 유사한 값을 갖는다. $x - x_0$항은 접점에서 얼마나 떨어져 있냐를 나타내는 것으로서 Δx와 같이 써도 된다.

$$f(x) = \underbrace{f(x_0)}_{\text{시작높이}} + \underbrace{f'(x_0)}_{\text{기울기}} \underbrace{(x - x_0)}_{\Delta x}$$

이렇게 선형화를 통해 포물선의 해답을 구해보자. 포물선의 미지수는 x하나이다. 먼저 비선형식을 선형화한 경우에는 먼저 구하고자 하는 미지수의 초기치가 필요하다. 여기서는 $x_0=2$라고 넣어보자. 이때 앞서 선형화된 식(접선식)은 아래와 같다.

$$f(x)=\left(3x_0^2-3\right)+6x_0\underbrace{(x-x_0)}_{\triangle x}$$

구하고자 하는 솔루션은 $y=f(x_0)=0$ 일 때이다. 따라서

$$-\left(3x_0^2-3\right)=6x_0\triangle x$$
$$\text{-->}\quad \triangle x=\frac{-\left(3x_0^2-3\right)}{6x_0}=\frac{-9}{12}=-0.75$$

이제 $x=x_0+\triangle x=2-0.75=1.25$

처음에 초기치로 설정한 2에 비해 실제 해답인 1에 보다 가까워졌다. 그림 149와 같이 초기치 2에서 $\triangle x$만큼 이동하면 접선이 x축과 만나는 지점을 구할 수 있으며, 이 지점은 포물선의 해답에 보다 가까워졌다.

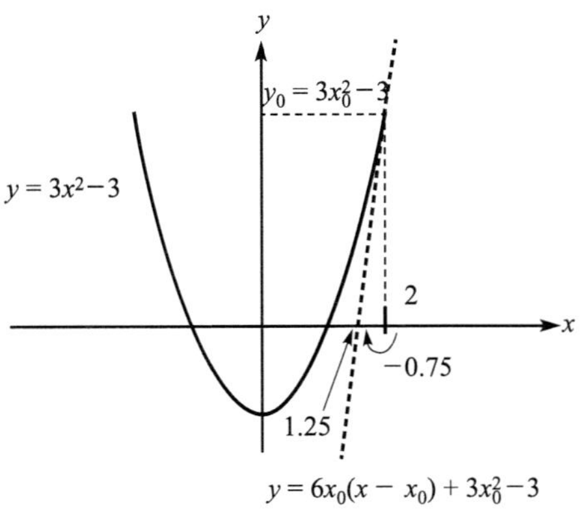

그림 149. 선형화를 통한 포물선 해답 구하기

다음으로 새로운 초기치로 $x_0=1.25$를 두어 다시 계산을 반복한다.

$$\triangle x=\frac{-\left(3x_0^2-3\right)}{6x_0}=\frac{-1.6875}{7.5}=-0.225$$

새롭게 계산된 $x = x_0 + \triangle x = 1.25 - 0.225 = 1.025$이며, 실제 해답인 1에 보다 가까워졌다. 이렇게 계산을 반복하면 결국 해답 1에 가까워지게 된다.

변수가 많을 때(다변수)도 마찬가지이다. 다만 각각의 변수에 대해 편미분해주고 초기치를 넣어주어야 한다는 것만 다르다.

$$f(x,y,z) = f(x_0,y_0,z_0) + \frac{\partial f}{\partial x}\underbrace{(x - x_0)}_{\triangle x} + \frac{\partial f}{\partial y}\underbrace{(y - y_0)}_{\triangle y} + \frac{\partial f}{\partial z}\underbrace{(z - z_0)}_{\triangle z}$$

앞서 선형식을 통해 만들어진 식을 정리하면 아래와 같이 정리할 수 있다.

$$f(x,y,z) - f(x_0,y_0,z_0) = \frac{\partial f}{\partial x}\underbrace{(x - x_0)}_{\triangle x} + \frac{\partial f}{\partial y}\underbrace{(y - y_0)}_{\triangle y} + \frac{\partial f}{\partial z}\underbrace{(z - z_0)}_{\triangle z} + e$$

행렬 형태로 나타내면, 아래와 같이 묶어낼 수 있고, 여기서 y는 초기치 x_0, y_0, z_0를 이용한 **<u>관측값 벡터</u>**, A는 초기치를 이용하여 만든 **<u>계수 행렬</u>**, ξ (싸이 또는 크사이)는 **<u>미지수 벡터</u>**이다.

$$\underbrace{[f(x,y,z) - f(x_0,y_0,z_0)]}_{y} = \underbrace{\begin{bmatrix} \frac{\partial f}{\partial x} & \frac{\partial f}{\partial y} & \frac{\partial f}{\partial z} \end{bmatrix}}_{A} \underbrace{\begin{bmatrix} \triangle x \\ \triangle y \\ \triangle z \end{bmatrix}}_{\xi} + e$$

본 식에서는 미지수가 3개이므로 총 식의 개수가 3개 이상이면, 최소제곱법을 이용하여 미지수를 구해낼 수가 있다.

3. 항공사진측량 작업 및 성과에 관한 규정 [국토지리정보원]

[시행 2022. 8. 17.] [국토지리정보원고시 제2022-3487호, 2022. 8. 17., 폐지제정.]

제1장 총칙

제1조(목적) 이 규정은 「공간정보의 구축 및 관리 등에 관한 법률」 제12조, 제17조 및 제22조제3항, 같은 법 시행규칙 제8조에 따라 수치지형도 및 지형도(이하 "지도"라 한다) 제작을 위한 항공사진측량(Aerial Photogrammetry)의 제반사항을 규정하여 작업방법, 규격, 정확도 등의 통일을 기하는데 그 목적이 있다.

제2조(용어의 정의) 이 규정에서 사용하는 용어의 정의는 다음 각 호와 같다.

1. "항공사진"은 항공사진측량용 카메라(이하 "카메라"라 한다.)로부터 촬영된 사진으로 "아날로그항공사진"과 "디지털항공사진"으로 분류한다.
2. "아날로그항공사진"은 아날로그항공사진측량용 카메라(이하 "아날로그카메라"라 한다.)로 촬영한 아날로그항공사진 필름(이하 "필름"이라 한다.)을 항공사진전용스캐너로 독취한 영상을 말한다.
3. "디지털항공사진"은 디지털항공사진측량용 카메라(이하 "디지털카메라"라 한다.)로 촬영한 영상을 말한다.
4. "항공사진측량"이라 함은 대공표지설치, 항공사진촬영, 지상기준점측량, 항공삼각측량, 세부도화 등을 포함하여 수치지형도 제작용 도화원도 및 도화파일이 제작되기까지의 과정을 말한다.
5. "항공사진촬영"이라 함은 항공기에서 카메라를 이용한 항공사진 또는 영상의 촬영을 말하며, 필름의 노출과 현상, 사진의 인화, 건조까지의 사진처리와 디지털항공사진을 제작, 출력하는 과정을 포함한다.
6. "지상기준점측량"이라 함은 항공삼각측량 및 세부도화 작업에 필요한 기준점의 성과를 얻기 위하여 현지에서 실시하는 지상측량을 말한다.
7. "대공표지"라 함은 지상기준점측량 작업에 필요한 지점의 위치를 항공사진상에 나타나게 하기 위하여 그 점에 표지를 설치하는 작업을 말한다.
8. "항공삼각측량"이라 함은 도화기 또는 좌표측정기에 의하여 항공사진상에서 측정된 지점의 모델좌표 또는 사진좌표를 지상기준점 및 GNSS/INS 외부표정 요소를 기준으로 지상좌표로 전환시키는 작업을 말한다.
9. "내부표정"이라 함은 촬영 당시 광속의 기하상태를 재현하는 작업으로 기준점 위치, 렌즈의 왜곡, 사진의 초점거리와 사진의 주점을 결정하고 부가적으로 사진의 오차를 보정하여 사진좌표의 정확도를 향상시키는 것을 말한다.
10. "상호표정"이라 함은 세부도화 시 한 모델을 이루는 좌우사진에서 나오는 광속이 촬영

면상에 이루는 종시차를 소거하여 목표 지형지물의 상대위치를 맞추는 작업을 말한다.

11. “절대표정”이라 함은 축척을 정확히 맞추고 표고를 정확하게 맞추는 과정을 말한다.
12. “지상표본거리(GSD, Ground Sample Distance)”라 함은 각 화소(Pixel)가 나타내는 X, Y 지상거리를 말한다.
13. “세부도화”라 함은 기준점측량 성과와 도화기를 사용하여 요구하는 지역의 지형지물을 지정된 축척으로 측정묘사 하는 실내작업을 말하며 좌표전개, 정리점검, 가편집데이터 제작을 포함한다.
14. “수정도화”라 함은 최신의 항공사진을 이용하여 세부도화데이터, 가편집데이터 등을 수정하는 도화작업을 말한다.
15. “메타데이터”란 데이터를 설명해 주기 위하여 위치, 내용, 속성, 권한 등의 정보를 표준 등 일정한 규칙에 따라 작성한 데이터를 말한다.
16. “제품사양서”란 국가표준 "KS X ISO 19131 지리정보 - 제품사양서"에서 정한 기준에 따라, 데이터 제품의 내용 및 구조, 메타데이터, 품질 등의 규격을 정한 문서를 말한다.

제3조(적용) ① 항공사진측량 방법에 의한 지도제작은 별도의 특별한 규정이 있는 경우를 제외하고는 이 규정에서 정하는 바에 의한다.

② 이 규정에서 항공사진측량 성과, 데이터의 생산, 품질 등과 관련된 사항은 국토지리정보원 기관표준 "2015-4 항공사진 메타데이터", "2015-7 항공사진 데이터 품질"을 우선 적용한다.

제2장 성과물 데이터

제4조(위치의 기준 등) ① 측량의 기준은 「공간정보의 구축 및 관리 등에 관한 법률」 제6조 규정에 따른다.

② 투영방법은 「공간정보의 구축 및 관리 등에 관한 법률 시행령」 제7조에 따른다. 다만, 단일평면직각좌표계의 투영원점은 동경 127도 30분 북위 38도로 하고, 수치는 X(N) 2,000,000m, Y(E) 1,000,000m으로 하며, 축척계수는 0.9996으로 한다.

제5조(도엽코드 및 도곽의 크기) 도엽코드 및 도곽의 크기는 「수치지도 작성 작업규칙」 제5조에 따른다.

제6조(항공사진의 축척) ① 아날로그카메라로 촬영한 사진의 축척은 카메라의 초점거리와 촬영항공기의 지상고도의 비로 산출한다.

② 디지털카메라로 촬영한 디지털항공사진의 축척은 지상표본거리로 한다.

③ 도화축척, 항공사진축척 및 지상표본거리의 관계는 다음 표와 같다.

도화축척	항공사진축척	지상표본거리
1/500~1/600	1/3,000~1/4,000	8cm 이내
1/1,000~1/1,200	1/5,000~1/8,000	12cm 이내
1/2,500~1/3,000	1/10,000~1/15,000	25cm 이내
1/5,000	1/18,000~1/20,000	42cm 이내
1/10,000	1/25,000~1/30,000	65cm 이내
1/25,000	1/37,500	80cm 이내

제7조(메타데이터) 항공사진측량 성과의 체계적 관리 및 서비스를 위하여 다음 각 호의 사항이 포함된 메타데이터를 작성하여야 한다.

1. 식별정보
2. 데이터 품질 정보
3. 참조체계정보
4. 배포정보
5. 범위정보
6. 참조자료 및 담당자 정보

제8조(제품사양서) 국토지리정보원장은 항공사진측량 작업에 활용할 수 있도록 다음 각 호의 사항이 포함된 제품사양서를 작성하여 배포할 수 있다.

1. 식별정보
2. 내용 및 구조(데이터모델, 어플리케이션 스키마, 포맷 등을 포함)
3. 참조체계정보
4. 품질
5. 유지관리
6. 메타데이터
7. 배포정보 등

제3장 작업방법

제1절 항공사진촬영

제9조(항공기) 항공기는 다음 각 호의 성능을 가져야 한다.

1. 촬영에 필요한 장비를 싣고 안정적으로 비행을 실시할 수 있어야 한다.
2. 촬영 시 필요한 항공사진측량용 카메라의 설치가 가능하고 작동에 불편이 없도록 안정적으로 공간이 확보되어야 한다.
3. GNSS/INS의 장치를 이용할 경우 GNSS 안테나를 기체위에 설치할 수 있어야 한다.

4. 항공사진측량용 카메라는 렌즈부분이 배기가스 등으로 인한 이상굴절 및 기름분무의 영향을 받지 않는 위치에 장착되어야 한다.
5. 촬영에 필요한 장비를 안정적으로 운용할 수 있는 충분한 전원을 확보하여야 한다.

제10조(항공사진측량용 카메라) 항공사진측량용 카메라는 각 호의 성능을 표준으로 한다.

1. 항공사진측량용 카메라는 필요에 따라 협각, 보통각, 광각, 초광각 렌즈를 선택할 수 있으며 카메라의 적정 성능유지를 위하여 정기적으로 점검을 받아야 한다.
2. 항공사진측량용 카메라의 렌즈 왜곡수차는 0.01mm 이하이며, 초점거리는 0.01mm 단위까지 명확하여야 한다.
3. 컬러항공사진을 사용하는 항공사진측량용 카메라는 색수차가 보정된 것을 사용한다.
4. 디지털카메라는 일정폭으로 개별영상이 만들어져야 하며, 개별영상은 도화기 등에서 입체시 구현 및 도화가 가능하여야 한다.
5. 디지털카메라는 필요한 면적과 일정한 각 화소(Pixel)가 나타내는 X, Y 지상거리를 확보할 수 있어야 한다.
6. 렌즈의 교환 없이 컬러, 흑백 및 적외선 영상의 동시 취득이 가능하여야 한다.
7. 디지털카메라는 8bit 이상의 방사해상도를 취득할 수 있어야 한다.
8. 촬영 작업기관은 디지털카메라의 적정 성능유지를 위하여 정기적으로 점검을 받아야 한다.
9. GNSS/INS 장치를 이용하여 촬영을 실시하는 경우는 INS가 항공사진측량용카메라 본체에 장착되어 있어야 한다.
10. 항공기의 속도로 인한 영상의 흘림을 보정하는 장치(Forward Motion Compensation, Time Delayed Integration) 등을 갖추거나 실제적인 영상보정이 가능한 촬영방식을 이용하여 영상의 품질을 확보할 수 있어야 한다.

제11조(필름 및 영상) ① 필름은 다음 성능의 것을 표준으로 한다.

1. 필름은 필름베이스가 일률적이고 0.015%이하의 신축율을 가져야 한다.
2. 필름은 특별히 지정한 것 이외는 전정색(Panchromatic) 필름을 원칙으로 한다.

② 디지털카메라 영상은 다음 성능의 것을 표준으로 한다.

1. 디지털카메라로 취득한 디지털항공사진에 의해 수치지형도 제작이 가능해야 한다.
2. 도화 등 후속공정에 지장이 없도록 노이즈를 최소화하고, 제6조제3항의 지상표본거리를 만족할 수 있도록 고화질의 영상을 출력할 수 있어야 한다.
3. 일반적인 영상포맷을 사용하며 손실 없이 저장하여야 한다.

제12조(GNSS/INS) GNSS/INS 장치는 항공사진의 노출 위치를 계산하기 위하여 항공기에 탑재한 GNSS 및 항공사진 노출 시의 기울기를 산출하기 위한 3축 자이로와 가속도계로 구

성하는 INS(관성측위장치), 계산 소프트웨어, 컴퓨터 및 주변기기로 구성되는 시스템으로 각 호의 성능을 표준으로 한다.

1. GNSS/INS 장치의 성능은 GNSS 후처리방법으로 다음 표와 같다.

항목		기준	비고
GNSS	위치	0.15m 이하	
	고도	0.15m 이하	
	데이터취득간격	1초 이하	2주파 수신
INS	롤링각	0.010도	촬영 비행 방향 흔들림
	피칭각	0.010도	촬영 비행 방향 직각 흔들림
	헤딩각	0.015도	촬영 비행 방향의 회전
	취득간격	0.005도	

2. INS는 3축의 기울기 및 가속도를 계측할 수 있어야 한다.
3. GNSS데이터와 INS데이터를 결합하여 항공사진의 노출된 위치 및 자세를 산출하여야 한다.
4. GNSS/INS를 항공기에 설치할 때에는 GNSS안테나와 항공카메라의 렌즈중심축과의 이격거리를 토탈스테이션 등을 이용하여 직접측량 후 그 결과값을 GNSS/INS 프로그램에서 직접 활용할 수 있어야 한다.

제13조(검정장) ① 검정장은 카메라의 공간해상도, 방사해상도, 위치정확도 검정이 가능한 장소를 말한다.

② 제1항의 카메라 검정장은 천안 검정장으로 한다.

③ 검정장은 평탄한 곳을 선정하되 규격은 3km × 3km 이상으로 정한다.

④ 검정장에 필요한 지상기준점은 국토지리정보원장이 제공하는 것으로 한다.

⑤ 카메라 검정을 위한 촬영 시 동서방향을 원칙으로 하며 보정값 산출을 위하여 남북방향으로 최소 2코스 이상 촬영을 실시해야한다.

⑥ 공간해상도 검정을 위하여 별표 1의 규격에 맞는 분석도형이 3개 이상 설치되어 있어야 한다.

⑦ 방사해상도 검정을 위하여 별표 1의 규격에 맞는 분석도형이 1개 이상 설치되어 있어야 한다.

⑧ 위치정확도 검정을 위하여 평면·표고 측량이 가능한 명확한 검사점이 있어야 하며, 스트립당 최소 2점 이상 존재해야 한다.

⑨ 촬영작업기관은 검정장에 대한 항공사진촬영 전 촬영계획기관과 사전협의를 실시하고 항공촬영을 실시하여야 한다.

제14조(검정) ① 검정은 검정장을 이용하여 카메라의 공간해상도와 방사해상도, 위치정확도의 평가 및 이상 유무를 검사하는 것을 말한다.

② 공간해상도 검정은 항공사진에 촬영된 분석도형의 시각적 해상도(l)와 영상의 선명도(c)를 검정하는 것을 말하며, 영상의 선명도가 1.1 이하이어야 한다.

시각적 해상도 (l)

$$\ell = \frac{\pi \times \text{직경비}\left(= \frac{\text{내부직경}(d)}{\text{외부직경}(D)}\right)}{\text{흑백선수}} \times \text{실제외부직경}$$

영상의 선명도(c)

$$c = \frac{\text{시각적해상도}(\ell)}{\text{지상표본거리}(GSD)}$$

③ 방사해상도 검정은 촬영된 방사해상도 분석도형과 지정된 색상값을 비교하여 원 색상의 왜곡 정도를 확인하는 것을 말한다.

④ 위치정확도 검정은 검정장의 지상기준점으로 항공삼각측량 후 검사점을 이용하여 위치정확도를 검정하는 것을 말한다. 검사점의 위치정확도는 제41조제4항을 준용한다.

⑤ 검정데이터들은 별지 제1호서식에 따라 작성해야 한다.

⑥ 검정데이터의 유효기간은 1년 이내로 한다. 다만 이 기간 중 카메라를 비행기 본체에서 탈부착하거나 부착상태에서 변위가 발생하는 충격을 받았을 경우, 촬영계획기관에 보고하고 재검정을 실시하여야 한다.

제15조(항공사진의 중복도) ① 항공사진은 반드시 입체시를 지원하는 사진이어야 한다.

② 중복도는 촬영 진행방향으로 60%, 인접 코스간 30%를 표준으로 하며, 촬영계획기관의 필요에 따라 중복도를 별도 정할 수 있다.

③ 선형방식의 디지털카메라에서는 인접코스의 중복만을 적용한다.

제16조(촬영방향) 촬영방향은 동서를 원칙으로 하되 촬영구역의 모양, 지형, 지세 및 풍향을 고려하여 변경할 수 있다.

제17조(촬영계획) ① 촬영 작업기관은 착수 전에 다음 각 호 사항을 포함한 촬영계획서를 제출하여야 하며 촬영계획을 변경할 때에도 또한 같다.

1. 비행기의 종류 및 등록번호
2. 카메라(필터포함)의 종류
3. 필름의 종류, 촬영영상의 저장매체, 유효년도
4. 예정공정표

5. 촬영종사자명단
6. GNSS/INS장비와 처리프로그램의 세부사양(품명, 규격, 사양, 성능의 표기)
7. 카메라 정기점검서, 별지 제1호서식 등 검정과 관련된 자료 일체

② 촬영 계획을 세울 시에는 지상기준점측량(대공표지설치 등), 항공삼각측량 계획을 고려하여 세워야 하며 세부사항은 제2절, 제3절을 따른다.

제18조(촬영비행조건) ① 촬영비행은 시정이 양호하고 구름 및 구름의 그림자가 사진에 나타나지 않도록 맑은 날씨에 하는 것을 원칙으로 한다.

② 촬영비행은 태양고도가 산지에서는 30° 평지에서는 25°이상일 때 행하며 험준한 지형에서는 음영부에 관계없이 영상이 잘 나타나는 태양고도의 시간에 행하여야 한다.

③ 촬영비행은 예정 촬영고도에서 가급적 일정한 높이로 직선이 되도록 한다.

④ 계획촬영 코스로부터 수평이탈은 계획촬영 고도의 15% 이내로 한정하고, 계획촬영 고도로부터의 수직이탈은 계획촬영 고도의 5% 이내로 한다. 다만, 사진축척이 1/5,000 이상일 경우에는 수직이탈 10% 이내로 할 수 있다.

⑤ GNSS/INS 장비를 이용하여 촬영하는 경우 GNSS 기준국은 작업 반경 50㎞ 이내의 GNSS 상시관측소를 이용한다. 다만, 도서지역 등 부득이한 경우 작업 반경 70㎞ 이내의 GNSS 상시관측소를 이용할 수 있다.

⑥ 제5항의 작업 반경 이내에 GNSS 상시관측소가 없을 경우 별도의 지상 GNSS기준국을 설치하여 한다.

⑦ 제6항의 지상 GNSS기준국은 다음에 유의하여 설치 및 관측을 하여야 한다.

1. 수신 앙각(angle of elevation)이 15도 이상인 상공시야 확보
2. 수신간격은 항공기용 GNSS와 동일하게 1초 이하의 데이터 취득
3. 수신하는 GNSS 위성의 수는 5개 이상, GNSS위성의 PDOP(Positional Dilution of Precision)는 3.5이하

⑧ GNSS 기준국의 최종 측량성과 산출은 국토지리정보원에 설치한 국가기준점과 GNSS상시관측소를 고정점으로 사용하여야 한다.

제19조(사진 및 영상촬영) ① 노출시간은 촬영계절, 촬영시간대, 천후, 대지속도(비행속도), 카메라의 진동, 카메라의 감도 등 제조건을 감안하여 노출허용한도를 초과 또는 미달해서는 안 되며 아날로그항공사진의 경우 최소한 5배이상 확대할 경우에도 선명도가 유지되어야 한다.

② 카메라는 연직방향으로 향하여 촬영하며 사진화면의 수평면에 대한 경사각은 4.5도 이내로 한다.

③ 편류각은 촬영코스 방향에서 9도 이내로 한다.

④ 아날로그항공사진의 경우에는 필름 양단의 1m는 촬영에 사용하지 못한다.

⑤ 매 코스 시점과 종점 사진은 2매 이상 촬영지역 밖에 있어야 한다.

⑥ GNSS/INS 장비를 이용하여 촬영할 경우 촬영경로 변경 시 항공기의 회전각은 날개의 수평각이 25° 미만을 유지하여야 한다.

제20조(필름의 처리) ① 필름의 현상, 정착, 수세, 건조 등 사진처리에 있어 다음 각 호의 사항을 유의하여야 한다.

1. 필름은 현상에 앞서 시험현상을 하여야 한다.
2. 필름의 영상은 피사체의 조건에 따라 농도계조가 선명하게 재현되도록 분포되어 해상력이 양호해야 하며 사진 보조 자료가 명시되어야 한다.
3. 현상액은 해당 필름의 지정처방 또는 그 이상인 것으로 처방하되 미립자 현상이라야 한다.
4. 정착액은 산성경막 처방인 것을 사용하되 감광은이 남아 있지 않도록 완전 정착하여야 한다.
5. 물세척은 정착제가 남아 있지 않도록 충분히 하여야 한다.
6. 필름 및 영상의 처리는 신축 및 비틀림이나 손상이 가지 않도록 건조하고 영상데이터의 손실이 없도록 하여야 한다.

② 필름의 밀착인화 및 출력은 아래 방법에 따라 수행하여야 한다.

1. 사용인화지는 반광택 또는 무광택 인화지로서 촬영 계획기관에서 지정한 규격으로 출력한다.
2. 인화 및 출력작업 시 원 필름 및 원 데이터와 인화지는 완전 밀착되어 영상과 주변의 제원이 전부 나타나며 초점의 흔들림 등이 있어서는 안 된다.
3. 사진처리는 사후 변색되지 않도록 완전 처리한다.

제21조(GNSS/INS데이터의 처리) 사진 및 촬영영상과 동시에 취득한 GNSS/INS데이터와 지상 GNSS기준국 데이터는 다음과 같이 처리하도록 한다.

1. GNSS/INS촬영시 순차적으로 자동 생성되는 사진에 대한 촬영점 번호와 도화목적으로 부여되는 실제 항공사진의 번호(주기)는 일치되도록 하여야 한다.
2. GNSS/INS촬영시 항공사진의 파일명 중 마지막 3자리는 촬영점 번호와 일치하여야 한다.
3. 촬영과 동시에 취득된 GNSS와 INS데이터를 관측시간을 이용하여 동기화 과정을 통하여 융합되도록 하여야 한다.
4. 융합된 GNSS/INS데이터를 처리시 센서오차를 점검하도록 하며 일정값 이상의 오차가 발견될 경우에는 데이터 처리시간 및 자이로의 초기값 변경을 통하여 반복처리 하도록 한다.

제22조(INS좌표축 보정값 산출) INS와 카메라 좌표축 불일치(Misalignment)값은 다음 각 호와 같이 산출한다.

1. 제13조의 검정장에 위치한 지상기준점 측량에 의해서 획득된 성과를 기준으로 항공삼각측량에 의하여 산출된 각 항공사진의 외부표정요소 값과 GNSS/INS 촬영시 생성되는 외부표정요소 값을 비교하여 산출하도록 한다. 다만, 일정시간이 지난 후에는 재산출하도록 한다.
2. 제1호에서 산출된 결과에 대하여 지역별로 약간의 차이가 발생할 수 있으므로 촬영대상 지역에 적용할 수 있도록 보정하도록 한다.

제23조(영상의 외부표정요소 계산) 촬영된 각 사진 및 영상의 외부표정 요소는 다음 각 호와 같이 산출하도록 한다.

1. GNSS/INS를 부착한 항공사진의 사진번호와 촬영시각정보, GNSS/INS융합결과, 항공사진 투영중심과 GNSS 안테나 및 INS와의 이격거리, INS좌표축 회전량 보정값 등을 이용하도록 한다.
2. GNSS/INS융합결과에 의한 타원체고를 표고로 변환할 때에는 국토지리정보원에서 제공하는 최신의 지오이드모델을 사용해야 한다.
3. 각 촬영점에 대한 영상의 외부표정 요소를 산출하도록 한다.

제24조(재촬영여부의 판정자료) ① 촬영 작업기관은 판정을 받기 위하여 성과납품 이전에 촬영코스별 검사표, 표정도(1/50,000 지도), GNSS/INS처리데이터 및 품질관리 자료와 아날로그항공사진의 경우 밀착사진 1부를 계획기관에 제출하여야 한다.

② 작업기관이 판정결과에 이의가 있을 때에는 다음 각 호의 자료 중 지정한 것을 제출하여 재판정을 받을 수 있다.

1. 항공사진의 최초 영상데이터(아날로그항공사진의 경우 촬영 원필름)
2. 아날로그항공사진의 경우 양화필름 및 5배 확대사진
3. GNSS/INS처리 및 관련 자료
4. 그 밖의 필요한 자료

제25조(재촬영 요인의 판정기준) 다음 각 호에 해당하는 경우에는 재촬영하여야 한다.

1. 항공기의 고도가 계획촬영 고도의 5%이상 벗어날 때. 다만, 사진축척이 1/5,000 이상일 경우에는 10% 이상 벗어날 때
2. 촬영 진행방향의 중복도가 계획 중복도의 10% 이상 벗어날 때
3. 인접한 사진축척이 ±10% 이상 차이 날 때
4. 인접 코스간의 중복도가 표고의 최고점에서 5%미만일 때
5. 사진상태가 구름, 그림자, 빛반사 등으로 인하여 도화나 영상지도 등 후속공정에 적합

하지 않다고 판정될 때

6. 적설 또는 홍수로 인하여 지형을 구별할 수 없어 도화가 불가능하다고 판정될 때
7. 아날로그항공사진의 경우에는 필름의 불규칙한 신축 또는 노출불량으로 입체시에 지장이 있을 때
8. 촬영시 노출의 과소, 연기, 안개 및 스모그(smog), 촬영셔터(shutter)의 기능불능, 아날로그항공사진의 경우 현상처리의 부적당 등으로 사진의 영상이 선명하지 못하여 후속공정에 적합하지 않다고 판정될 때
9. 아날로그항공사진의 보조자료(고도, 시계, 카메라번호, 필름번호) 및 사진지표가 사진상에 분명하지 못할 때
10. 후속되는 작업 및 정확도에 지장이 있다고 인정될 때
11. 지상GNSS기준국과 항공기에서 수신한 GNSS신호가 단절되어 GNSS데이터 처리가 불가능할 때
12. 디지털항공사진의 경우 촬영코스 당 지상표본거리(GSD)가 당초 계획하였던 목표 값보다 큰 값이 10%이상 발생하였을 때
13. 사진촬영 INS 성과에서 연직각(X,Y 축의 회전값 4.5도 이내)과 편류각(촬영 코스방향에서의 Z축으로 9도 이내)이 기준 값을 초과하였을 때

제26조(재촬영 방법) ① 재촬영코스 전체를 촬영하는 것을 원칙으로 하고 아래 방법에 따라 재촬영하여야 한다.

1. 동일 지역 내의 촬영은 원칙적으로 동일카메라로 수행한다.
2. 촬영비행은 제16조 및 제17조에 의한다.
3. 접합부는 전 코스의 중단사진과 최소 2모델이 중복되어야 한다.

② 다만, 당해코스 전부를 촬영할 필요가 없다고 인정될 경우에는 필요한 부분만 촬영 할 수 있고, 재촬영 방법은 제1항의 각 호를 지켜야 한다.

제2절 지상기준점측량

제27조(지상기준점의 종류) 지상기준점은 평면기준점, 표고기준점, 검사점으로 구분한다.

제28조(계획) ① 작업기관은 착수 전에 다음 각 호의 사항을 포함한 계획서를 제출하여야 한다.

1. 관측 장비의 명칭, 수량 및 종사원 명단
2. 작업계획도

② 작업기관은 계획된 지역에 대하여 필요한 경우 보안지역, 지형상 특수성 등을 고려하여 작업착수 전에 현지를 답사하여 계획서를 작성한다.

제29조(선점) ① 모든 지상기준점은 가급적 인접모델에서 상호 사용할 수 있도록 선점하고

사진 상에서 명확히 분별될 수 있는 지점으로 천정방향으로 45° 이상의 시계를 확보하여야 한다.

② 지상기준점의 위치는 반영구 또는 영구적이며 경사변화가 없도록 한다.

③ 지형지물을 이용한 평면기준점은 선상 교차점이 적합하며 가상적인 표시는 피하여야 한다.

④ 표고기준점은 아날로그항공사진상에서 1mm 이상 또는 디지털항공사진상에서 80화소 이상의 크기로 나타나는 평탄한 위치이며 사진 상의 색조가 적절하여야 하며 순백색 또는 검은색 등의 단일색조를 가진 곳은 되도록 피하여야 한다.

⑤ 평면기준점의 배치는 전면기준점측량(FG) 방식에서는 모델당 4점, 항공삼각측량(AT) 방식에서는 블록(Block) 외곽에 촬영 진행방향으로는 2모델마다 1점씩, 모델 중복부분에 촬영 방향과 직각방향으로는 코스 중복부분마다 1점씩 배치하는 것을 원칙으로 하고, 항공삼각측량의 정확도 향상을 위해 블록의 크기, 모양에 따라 20% 범위 내에서 증가시킬 수 있다.

1. GNSS/INS외부표정 요소 값을 이용하는 아날로그항공사진의 경우에는 블록의 외곽에 우선적으로 배치하되 촬영 진행방향으로 6모델마다 1점 촬영 직각방향으로 코스 중복 부분마다 1점씩 배치하도록 한다.
2. GNSS/INS외부표정 요소 값을 이용하는 디지털항공사진의 경우에는 촬영 진행방향으로 지상표본거리 12㎝ 이내일 때 평균 5.5㎞ 당 1점 이상, 지상표본거리 25㎝ 이상일 때 평균 11㎞ 당 1점 이상씩 배치하는 것을 원칙으로 하되, 코스의 중간부분에 선점할 지물이 없는 경우에는 인접모델로 이동하여 선점할 수 있다. 촬영 직각방향으로는 2코스마다 1점씩 배치하고 블록의 모서리마다 1점씩 배치하여야 한다. 세부 선점방법은 별표 3을 따른다.

⑥ 표고기준점의 배치는 전면기준점측량(FG) 방식에서는 모델당 6점, 항공삼각측량(AT) 방식에서는 모델당 4모서리에 4점을 배치하는 것을 원칙으로 한다. 다만, 필요할 경우 수준노선을 따라 사진상 3㎝~5㎝마다 정확한 지점에 표고를 산출할 수 있다.

1. GNSS/INS 외부표정요소 값을 이용하는 아날로그항공사진의 경우에는 블록의 외곽을 우선적으로 배치하되 각 촬영진행 방향으로 4모델 간격으로 1점, 촬영 직각방향으로 코스 중복부분마다 1점씩 배치하도록 한다.
2. GNSS/INS외부표정 요소 값을 이용하는 디지털항공사진의 경우에는 촬영진행방향으로 제5항제2호에 해당하는 거리마다 1점씩 배치하는 것을 원칙으로 하되, 코스의 중간부분에 선점할 지물이 없는 경우에는 인접모델로 이동하여 선점할 수 있다. 촬영 직각방향으로는 촬영코스 중복부분마다 1점씩 배치하는 것을 원칙으로 하되 횡중복도가 40%가 넘는 경우에는 촬영 2코스 당 1점씩 배치할 수 있다. 세부 선점방법은 별표 3을 따른다.

⑦ 아날로그항공사진의 경우, 항공삼각측량(AT) 방식 중 독립모델법(Independent Model Method)에 의한 성과계산의 기준이 되는 블록(BLOCK)의 크기는 코스 당 모델수 30모델 이내, 코스수는 7코스 이내로 전체 200모델을 표준으로 하며 블록의 형상은 사각형을 원칙으로 하며 광속조정법(Bundle Adjustment)의 경우는 모델수의 제한을 두지 않는다.

⑧ 검사점은 평면기준점 및 표고기준점과 별도의 위치에 선점하고 블록 당 5점씩 블록의 외곽에 우선적으로 배치하는 것을 원칙으로 하되, 계획기관과 협의하여 별도 정할 수 있다.

제30조(대공표지) ① 촬영 대상지역에 적절한 지상기준점에 없는 경우 대공표지를 설치하여야 한다.

② 대공표지는 촬영 대상지역에 제29조에 의한 지상기준점을 선점할 수 있는 지형지물이 없는 곳에 설치하며, 항공사진 촬영 전에 설치하고 촬영 시까지 파손 또는 망실되지 않도록 관리하여야 한다.

③ 대공표지는 설치목적, 항공사진의 축척, 지형의 배색, 관측 장비 등을 고려하여 형상, 크기, 색을 결정하며 표준양식은 별표 4와 같다.

④ 대공표지는 미리 토지소유자와 협의하여 설치하는 것을 원칙으로 한다.

⑤ 대공표지 설치를 마치면 지상사진을 촬영하고 별지 제4호서식의 지상기준점의 조서를 작성하여야 한다.

제31조(관측) ① 평면기준점 측량은 GNSS 수신기, 토털스테이션(TS) 등의 측량기기를 이용하여 제32조의 정확도 기준을 만족하는 방법으로 수행한다.

② 표고기준점 측량은 레벨, GNSS 수신기 등의 측량기기를 이용하여 제32조의 정확도 기준을 만족하는 방법으로 수행하여야 하며, 다음 각 호의 사항을 유의하여야 한다.

1. 네트워크 RTK 측량방법을 이용하는 경우에는 산출된 수직위치(타원체고)에 국토지리정보원에서 제공하는 최신의 지오이드모델을 이용하여 표고로 변환해야 한다.
2. 네트워크 RTK 측량방법을 도화축척 1/1,200 이상 또는 지상표본거리 12cm 이내의 항공사진에 이용하는 경우에는 다음 각 목의 사항을 지켜야 한다.
   가. GNSS 수신기의 시계가 15°이상 확보되어야 하며 균일한 배치 상태의 위성 6개 이상을 사용한다.
   나. 관측점의 기상환경이 불안정할 경우에는 관측을 수행하지 않는다.
   다. 장비에서 표시하는 PDOP이 3 이상인 경우 관측을 수행하지 않는다.
   라. 장비에서 표시하는 정밀도가 수평 5㎝ 이상 또는 수직 10㎝ 이상인 경우 관측에서 제외한다.

마. 관측 중 네트워크 RTK 서버 이상이나, 태양폭풍 등 우주기상재난, 또는 장비 이상 등이 발생하면 관측을 중단한다.

바. 관측시 4방향의 사진, 관측 중의 특이사항(날씨, 상공의 시계확보, 주위상황 및 기타) 등을 포함하여 별지 제5호서식의 네트워크 RTK 측량조서를 작성한다.

③ 대공표지 및 검사점 측량은 제1항 및 제2항의 측량방법을 준수하여 평면 및 표고값을 관측한다.

④ 제1항부터 제3항까지의 측량성과는 제32조의 정확도 기준을 만족해야 하며 이를 벗어날 경우 재측량을 실시하여야 한다.

⑤ 이 규정에서 정하는 경우를 제외한 세부 작업방법은 「공공측량 작업규정」을 준용한다.

제32조(지상기준점 오차의 한계) 모든 작업이 끝난 평면기준점 및 표고기준점의 오차의 한계는 다음 표와 같다.

도화축척	지상표본거리	RMSE
1/500~1/600	8cm 이내	±0.05m 이내
1/1,000~1/1,200	12cm 이내	±0.10m 이내
1/2,500~1/3,000	25cm 이내	±0.15m 이내
1/5,000~1/6,000	42cm 이내	±0.20m 이내
1/10,000 이하	65cm 이내	±0.30m 이내

제3절 항공삼각측량

제33조(계획) ① 작업기관은 착수 전에 다음 각 호의 사항을 포함한 계획서를 제출하여야 한다.

1. 관측장비의 명칭(성능유지 검사표 포함)
2. 모델색인도
3. 예정공정표
4. 작업종사원 명단
5. 사용할 프로그램

② 제1항의 사용할 프로그램은 계획기관의 사전승인을 받아 사용하여야 한다.

제34조(연결점의 선점) 연결점(Pass Point)은 다음 각 호에 의하여 선점하여야 한다.

1. 부근이 되도록 평탄하고 사진상에서 그 위치를 쉽게 관측할 수 있어야 한다.
2. 연속 2모델이 사진상에서 명확한 입체시가 가능하고 인접모델간 중복부분 중간에 위치하여야 한다.

3. 모델중간의 연결점은 주점부근이어야 하며, 모델 양단의 주점기선에 직각방향으로 주점부터 항공사진상의 거리 7㎝이상으로 등거리이어야 한다.
4. 후속작업에 필요한 때에는 항공사진상에서 선명한 위치를 보조점으로 선정한다.
5. 디지털 항공사진을 이용한 경우 자동매칭에 의한 방법으로 수행하며 각 모델에서 자동매칭이 이루어지지 않은 부분은 위 호를 기준으로 선점하여 연결점을 생성하여야 한다.

제35조(결합점의 선점) 연결점의 결합점(Tie Point)으로 사용할 수 없는 경우 다음 각 호에 의하여 선점하여야 한다.

1. 결합점은 코스 상호간에 견고하게 연결이 되도록 인접코스와 중복되는 부분에 1모델당 1점 이상을 선점하여야 한다.
2. 가급적 인접코스 간의 중복부분 중간에 위치하여야 하며 관계되는 항공사진 전체에서 선명한 점이어야 한다.
3. 결합점은 연결점과 동일점일 수도 있다.
4. 디지털 항공사진을 이용한 경우 자동매칭에 의한 방법으로 수행하며 각 코스에서 자동매칭이 이루어지지 않은 부분은 위 호를 기준으로 선점하여 결합점을 생성하여야 한다.

제36조(점각 등) ① 아날로그항공사진을 이용한 경우 선점된 연결점 및 결합점은 항공사진 및 양화필름에 정확히 점각하고 점을 중심으로 직경 5mm의 청색 또는 적색원으로 표시하여 지정된 기호를 기입하여야 한다.

② 디지털 항공사진을 이용한 경우 자동매칭에 의한 방법으로 수행하여야 하며 광속조정법(Bundle adjustment)을 사용한다. 이 경우 반드시 사진의 외부 표정요소와 사진의 중심좌표 값이 산출되는 것을 원칙으로 한다.

③ 디지털카메라 중 푸시브롬형태(Pushbroom Type)로 촬영되는 디지털 영상은 코스별로 외부 표정요소 등이 일괄 처리되는 것을 원칙으로 한다.

제37조(표정도 작성) ① 아날로그항공사진의 경우 작업기관은 선점이 끝난 후 다음 각 호의 사항이 포함된 표정도를 작성하여야 한다.

1. 사진축척 및 모델축척
2. 항공사진상 평균기선장
3. 각종 기준점 및 연결점과 결합점의 번호
4. 모델번호

② 디지털항공사진의 경우에는 프로젝트 파일 및 촬영인덱스 파일로 대체할 수 있다.

제38조(관측) ① 관측 장비는 공간영상도화업에 등록된 도화기 또는 좌표측정기를 사용하여야 한다.

② 아날로그항공사진은 도화기를 이용할 경우 상호표정 후 잔여시차는 0.02mm이내이어야

한다.

③ 아날로그항공사진의 경우 도화기 사용시 각 모델 또는 블록 내에 포함되는 관측점은 각 2회씩 측정하여 사진좌표를 산출하되 도화기 사용시는 교차가 평면좌표는 사진상 20μ 이내, 표고좌표는 0.1‰Z이내, 좌표측정기 사용시는 X, Y의 각 교차가 사진 상 10μ이내이어야 하며 교차가 허용범위 내에 있을 때에는 그 평균치를 사용하고 교차가 허용범위를 초과하였을 때는 재측정 하여야 한다.

④ 디지털항공사진을 이용하여 관측할 경우 X, Y의 각 교차가 0.5화소(pixel) 이내여야 하며 자동매칭에 의한 방법으로 항공삼각측량을 할 경우 제3항의 과정을 생략 할 수 있다.

제39조(조정계산 및 오차의 한계) ① 각 사진의 외부표정요소 계산은 코스 또는 블록을 단위로 독립모델법 및 광속조정법 등의 조정방법에 의해서 결정한다.

② 조정계산식은 원칙적으로 사진의 기울기와 투영 중심의 위치를 미지수로 한 투영변환식을 사용하며, 대기굴절 및 지구곡률 보정을 부가해야 한다.

③ 자체검정법(Self-Calibration)은 수치도화를 위해 입체모델을 형성할 때 재현할 수 있는 요소에 한정하여 부가할 수 있다.

④ 조정계산후의 지상기준점 잔차, 연결점 및 결합점의 조정 값으로부터의 잔차, 검사점 잔차는 평면위치와 표고 모두 다음 표의 기준치 이하로 한다.

구분	도화축척	RMSE(m)	최대값(m)
아날로그 항공사진	1/500~1/600	0.14	0.28
	1/1,000~1/1,200	0.20	0.440
	1/2,500~1/3,000	0.36	0.72
	1/5,000	0.72	1.44
	1/10,000	0.90	1.80
	1/25,000	1.00	2.00

구분	지상표본거리	RMSE(m)	최대값(m)
디지털 항공사진	8cm 이내	0.08	0.16
	12cm 이내	0.12	0.24
	25cm 이내	0.25	0.50
	42cm 이내	0.42	0.84
	65cm 이내	0.65	1.30
	80cm 이내	0.80	1.60

⑤ 지상기준점, 연결점, 결합점의 조정계산값 또는 검사점 잔차가 제4항의 기준치를 초과할 경우 오류점의 재관측 및 추가 관측을 자동 및 수동으로 실시하여 재조정 계산을 실

시한다.

⑥ 지상기준점으로 계산에 사용하지 않는 점이 있는 경우는 그 점명 및 이유를 계산부에 명확하게 기록한다.

제4절 세부도화

제40조(계획서 제출) 작업기관은 착수 전 다음 각 호의 사항을 포함한 작업계획서를 제출하여야 한다.

1. 사용할 도화기의 명칭(고유번호, 성능, 등록유무 표기)
2. 모델색인도
3. 예정공정표
4. 작업참여자 명단

제41조(사용도화기) 사용하는 도화기는 요구되는 각종 축척 및 정확도를 유지할 수 있는 성능을 가진 장비이어야 한다.

제42조(도화축척) 도화축척은 원칙적으로 최종도면의 축척과 동일하게 하여야 한다.

제43조(표정) 세부도화의 표정은 다음 각 호의 방법에 의한다.

1. 아날로그항공사진의 내부표정은 4개 이상의 지표와 카메라 제원(초점거리, 렌즈왜곡수차 등)을 사용하여야 하며, 그 잔차는 0.02mm이내 이어야 하며, 디지털항공사진 또는 항공사진영상(자동입력 항공사진)을 이용할 경우에는 생략할 수 있다.
2. 아날로그항공사진의 상호표정 잔여시차는 0.02mm이내 이어야 한다.
3. 대지표정의 평면위치 및 표고의 교차는 다음과 같다.

도화축척	평면위치의 교차	표고의 차
1/500	0.15m 이내	0.15m 이내
1/1,000	0.20m 이내	0.17m 이내
1/2,500	0.40m 이내	0.30m 이내
1/5,000	0.8m 이내	0.6m 이내
1/10,000	1.0m 이내	1.2m 이내
1/25,000	1.5m 이내	2.0m 이내

제44조(도화파일의 기호) 도화파일의 기호는 수치지도작성작업규칙에 준하며 약부호, 문자 등을 사용할 수 있다

제45조(묘사) ① 세부도화의 묘사는 도화축척별로 편리한 방법을 택하며 묘사의 허용범위는 다음 표와 같다.

도화축척	평면위치의 교차			표고의 차		
	평면위치	등고선	표고정	평면위치	등고선	표고점
1/500	0.1m	0.2m	0.1m	0.2m	0.4m	0.2m
1/1,000	0.2m	0.3m	0.15m	0.4m	0.6m	0.3m
1/5,000	1.0m	1.0m	0.5m	2.0m	2.0m	1.0m
1/10,000	2.0m	2.0m	1.0m	4.0m	3.0m	1.5m
1/25,000	5.0m	3.0m	1.5m	10.0m	5.0m	2.5m

② 세부도화에 표현되는 대상 및 기호는 항공사진촬영 당시의 지형 · 지물로 하며 영속성이 없는 지형 · 지물이라도 필요하다고 인정되는 것 또는 지형 · 지물을 표현하지 않으면 표현상 불합리하게 되는 것 등은 표시하여야 한다.

③ 세부도화 되는 모든 데이터는 3차원 좌표(X, Y, Z)값이 존재하여야 한다.

④ 곡선데이터의 최소 간격은 축척 1/1,000은 1m, 1/5,000은 5m, 1/25,000은 10m로 하고 중간점을 생략할 수 있는 각도는 1/1,000과 1/5,000은 6°, 1/25,000은 10°를 기준으로 하는 것을 원칙으로 한다.

⑤ 판독이 불확실한 지형 · 지물의 경우에는 최대한 위치를 묘사하되 그 부분의 범위를 표시하고 현지 지리조사 시 현지보완 측량하여 보완하도록 한다.

⑥ 축척 1/1,000이상에서는 지형 · 지물(도로, 건물, 담장 등)이 중복될 경우 중복 묘사하여야 한다.

⑦ 철도를 묘사할 경우 축척 1/1,000은 철도폭의 각 레일, 1/5,000에서는 철도의 중심선, 1/25,000에서는 복선철도의 중심선(단선철도일 경우 단선철도의 중심선)을 묘사하여야 한다.

⑧ 실형 건물 중 직선 건물은 각 모서리에 하나의 점 데이터만 있어야 하고 반드시 폐합(폴리곤 형성)되어야 한다.

⑨ 1/1,000에서 지류의 경계는 경지계를 사용하여야 하고 반드시 폐합(폴리곤 형성)되어야 하며, 기호는 필지별로 하나씩 필지 중앙에 부여함을 원칙으로 한다.

⑩ 표고점은 다음 각호와 같은 위치에 선정하여 측정 부여한다.

1. 산정
2. 도로의 분기점 및 기타 중요한 부분
3. 계곡의 입구, 하천의 합류점, 하천부지, 제방, 댐
4. 주요한 경사변환점 또는 부근을 대표하는 지점
5. 오목지의 가장 깊은 곳
6. 평탄지에서는 도상 4㎝마다 표고점을 부여 한다. 단, 고속도로, 국도, 지방도로, 시가지의 간선도로에서는 도상 2㎝마다 표고점을 부여한다.
7. 축척 1/1,000에서의 논에서는 필지마다 하나씩의 표고점을 부여한다.

8. 기타 지형을 명확하게 하기 위하여 필요한 지점

⑪ 표고점은 독립하여 2회 측정하여 그 평균값으로 하며 2회 측정의 교차는 0.2‰Z이내이어야 한다.

⑫ 축척별 등고선 간격은 다음 표와 같다.

축척	계곡선	주곡선	간곡선
1/1,000	5m	1m	0.5m
1/5,000	25m	5m	2.5m
1/25,000	50m	10m	5m

⑬ 현장에서 취득한 측량데이터는 도화데이터에 반영하여야 하며, 색상은 시안색, 표준코드는 '표준코드_반영년도'로 한다.

⑭ 재묘사하는 모든 건물에 대해서는 건물최저높이, 건물최고높이, 건물시설물최고높이에 대한 도화데이터를 포함하여야 한다.

제46조(수정도화) ① 사진판독에 의한 수정량 및 수정대상물의 파악은 입체시에 의한 방법과 사진영상 및 확대사진을 이용하는 방법을 병용하여 누락이 없도록 하여야 한다.

② 절대표정은 기존의 지상기준점, 도화파일 및 GNSS/INS 성과를 이용하여 항공삼각측량을 실시하는 것을 원칙으로 하며, 표정이 어려울 경우에는 지상기준점 측량 및 항공삼각측량을 실시하여 보완하여야 한다.

③ 수정도화의 묘사는 제45조를 준용한다.

제47조(가편집) ① 가편집 되는 도화데이터는 세부도화데이터를 기준으로 세부도화데이터에 나타난 사항과 기타 자료에 의하여야 한다.

② 표시하는 대상물의 색은 도로가 적색, 해안 및 하천은 청색, 식생은 녹색, 등고선은 흑색으로 표시함을 원칙으로 하며 기타 표고점, 등고선의 수치 등은 명확하게 나타날 수 있는 색을 선택하여야 한다.

③ 등고선의 편집은 도화데이터를 원칙으로 하나 지형의 고저기복과 지세표현을 명확히 하기 위하여 산지에 한하여 주곡선 간격의 1/3이내에서 수정 편집할 수 있다.

제4장 품질관리

제48조(품질요소) 항공사진측량 성과는 기관표준 "2015-7 항공사진 데이터 품질"에 따른 다음 각 호의 품질요소를 만족하여야 하며, 공정별 품질관리기준은 별표 5와 같다. 다만, 데이터의 특성에 따라 각 호의 사항을 조정할 수 있다.

1. 완전성
2. 논리 일관성

3. 위치 정확성
4. 주제 정확성
5. 시간 품질

제49조(품질관리) ① 항공사진측량 성과의 품질관리를 위하여 제8조 및 제48조에 따라 별지 제8호서식의 품질관리표를 작성하여 공정별 품질관리를 수행하여야 한다.

② 품질관리와 관련하여 다른 규정에서 별도 정하는 경우 별도 양식에 따라 수행할 수 있다.

제5장 성과납품 등

제50조(성과제출) ① 아날로그카메라에 의한 촬영 및 사진작업이 완료되면 다음 각 호와 같이 정리 및 제출하여야 한다.

1. 원필름 또는 원필름을 독취한 영상
2. 아날로그항공사진의 밀착인화사진 또는 출력사진
3. 표정도(1/50,000)
4. 촬영기록부 별지 제2호서식
5. 촬영코스별 검사표 별지 제3호서식
6. 원필름은 반드시 필름 통에 보관하고 필름양단과 필름통 표면에는 제7호의 사항을 명확하게 기록하여야 하며, 원필름을 독취한 영상의 경우 데이터저장매체에 보관하여 제출한다.
7. 현상완료된 원필름 및 독취 영상에 별표 2와 같이 계획기관명, 촬영지역명, 촬영년월일, 코스 및 사진번호, 사진축척을 포함한 사진주기를 명확하게 기록하여야 한다.

② 디지털카메라에 의한 항공사진 촬영이 완료되면 다음 각 호의 자료를 제출하여야 한다.

1. 카메라 정기점검서, 별지 제1호서식 등 카메라 검정과 관련된 자료 일체
2. 디지털 항공사진 영상(비압축형식)
3. 출력된 미리보기 사진(손실 압축 파일)
4. 표정도(1/50,000)
5. 촬영기록부 별지 제2호서식
6. 촬영코스별 검사표 별지 제3호서식
7. 선형 방식의 경우에는 일정폭으로 연속해서 절단한 단위 영상으로 입체시 구현 및 도화가 가능한 센서 모델
8. 그 밖에 성과 확인에 필요한 자료

③ GNSS/INS에 의한 항공사진 촬영성과품은 다음 각 호와 같다.

1. 지상GNSS기준국 데이터 및 성과
2. 비행중의 GNSS/INS데이터

가. 촬영코스 상의 최소 위성수 및 PDOP값(그래프)
나. GNSS 및 INS 원본데이터
다. 항공사진 촬영시 사진번호와 촬영시각을 기록한 event file
라. GNSS/INS 자료를 융합한 항공사진별 외부표정요소
마. 항공삼각측량에 사용할 사진번호에 의한 사진별 외부표정요소
바. 그 밖의 관련 자료

3. 검정장 측정값과 GNSS안테나, IMU 및 항공카메라의 렌즈중심축과의 이격거리

④ 지상기준점측량 성과품은 다음 각 호와 같이 정리 및 제출하여야 한다.

1. 확정된 기준점은 사진상에 기준점을 중심으로 직경 8mm의 원(평면기준점은 적색, 표고기준점은 청색)으로 표시하여 고유 점번호를 기입한다.
2. 관측 및 계산의 결과는 관측기록부, 계산부(전산시는 제외), 망도, 성과총괄표 별지 제6호서식을 작성하여야 하며 기준점 성과표의 개항 및 세항도는 점 부근 약도와 중복되는 입체사진 전체를 대조하여 분명히 기재하여야 한다.
3. 항공사진측량에 사용된 대공표지점, 지상기준점(평면, 표고), 검사점은 항공사진 및 위성영상데이터 등 지형관련 자료의 보정에 사용될 수 있도록 별지 제4호서식의 지상기준점의 조서와 별지 제7호서식의 기준점 메타데이터를 엑셀(Excel) 형식으로 작성하여야 한다.

⑤ 항공삼각측량 작업종료 후에는 계획도에 준하여 다음 각 호의 자료를 제출하여야 한다.

1. 항공삼각측량 표정도(1/25,000, 1/50,000지형도 또는 수치지형도)
2. 항공삼각측량 성과표 또는 파일
3. 항공삼각측량 프로젝트 백업파일
4. 항공삼각측량에 사용하지 않았던 지상기준점 현황 및 사유
5. 그 밖의 참고자료

⑥ 작업책임자는 정리가 끝난 성과를 점검하여 서명 날인한다.

제51조(표준적용 확인서의 제출) 제3조제2항에 따라 적용한 표준의 성과를 확인하기 위하여 다음 각 호에 대한 표준적용 확인서를 별지 제9호서식으로 작성하여 성과물과 함께 제출하여야 한다.

1. 제7조에 따른 메타데이터
2. 제48조에 따른 데이터품질

제52조(재검토기한) 「훈령 · 예규 등의 발령 및 관리에 관한 규정」에 따라 이 고시에 대하여 2022년　　월　　일을 기준으로 매 3년이 되는 시점(매 3년째의 12월 31일까지를 말한다)마다 그 타당성을 검토하여 개선 등의 조치를 하여야 한다.

부칙 〈제2022-3487호, 2022. 8. 17.〉

제1조(시행일) 이 규정은 발령한 날부터 시행한다.

제2조(종전 규정의 폐지) 종전의 「항공사진측량 작업규정(국토지리정보원고시 제2020-5165호, '20.12.8.)」은 폐지한다.

제3조(다른 규정의 개정) ①「수치지형도 작성 작업규정」 일부를 다음과 같이 개정한다.

제3조제2항 중 "항공사진측량작업규정"을 "항공사진측량 작업 및 성과에 관한 규정"으로 한다.

②「영상지도제작에 관한 작업규정」 일부를 다음과 같이 개정한다.

제21조제1항, 제22조제1항 중 "항공사진측량작업규정"을 "항공사진측량 작업 및 성과에 관한 규정"으로 한다.

③「항공레이저측량 작업규정」 일부를 다음과 같이 개정한다.

제10조제1항제9호 중 "항공사진측량작업내규"를 "항공사진측량 작업 및 성과에 관한 규정"으로 한다.

④「무인비행장치 측량 작업규정」 일부를 다음과 같이 개정한다.

제3조제1항, 제8조, 제10조제1항제1호, 제10조제3항, 제11조제5항, 제13조제3항, 제18조제1항제2호, 제31조제1항, 제32조제3항 중 "항공사진측량 작업규정"을 "항공사진측량 작업 및 성과에 관한 규정"으로 한다.

⑤「공공측량 작업규정」 일부를 다음과 같이 개정한다.

제75조 중 "항공사진측량작업규정"을 "항공사진측량 작업 및 성과에 관한 규정"으로 한다.

[별지 제1호서식] 항공사진측량용 카메라 검정 검사표

<table>
<tr><td rowspan="5">카
메
라</td><td>카메라모델명</td><td colspan="3">DMC</td><td colspan="3">카메라 일련번호</td><td colspan="3">DMC01-0115</td></tr>
<tr><td>초점거리(f)</td><td colspan="3">120.000 mm</td><td colspan="3">구입/임대일자</td><td colspan="3">2009. 01. 01</td></tr>
<tr><td rowspan="2">주점위치</td><td>x</td><td colspan="2">-0.640 mm</td><td colspan="3" rowspan="2">카메라 검정장촬영
수행일자</td><td colspan="3" rowspan="2">2022. 01. 15</td></tr>
<tr><td>y</td><td colspan="2">0.640 mm</td></tr>
<tr><td>물리적인
픽셀크기</td><td colspan="3">12.0 ㎛</td><td colspan="3">카메라 정기점검
수행일자</td><td colspan="3">2012. 10. 11</td></tr>
<tr><td rowspan="3">GNSS
/INS</td><td>GNSS 모델명</td><td colspan="3">POS AV</td><td colspan="3">GNSS 모델 일련번호</td><td colspan="3">2809</td></tr>
<tr><td>INS 모델명</td><td colspan="3">CUS6</td><td colspan="3">INS 모델 일련번호</td><td colspan="3">56024513</td></tr>
<tr><td>GNSS 정확도</td><td colspan="3">0.05 m</td><td colspan="3">INS 정확도</td><td colspan="3">0.01 deg</td></tr>
<tr><td rowspan="3">검정장
현황</td><td>검정장 위치</td><td colspan="3">천안</td><td colspan="3">검정장규격
(가로×세로)</td><td colspan="3">3㎞ × 3㎞(Frame)
6㎞ × 6㎞(Line)</td></tr>
<tr><td>해상도 분석 도형</td><td colspan="3">Siemens star, Scale bar</td><td colspan="3">분석 도형수</td><td colspan="3">3, 1</td></tr>
<tr><td>지상기준점 수</td><td colspan="3">30</td><td colspan="3">검사점 수</td><td colspan="3">10</td></tr>
<tr><td rowspan="11">항공
삼각
측량</td><td>항공삼각측량
수행일자</td><td colspan="3">2021. 02. 15</td><td colspan="3">자료처리
소프트웨어</td><td colspan="3">MatchAT</td></tr>
<tr><td>촬영고도(H)</td><td colspan="3">1000 m</td><td colspan="3">GSD($=\frac{H}{f}\times$픽셀크기)</td><td colspan="3">10 cm</td></tr>
<tr><td>항공삼각측량
수행방법</td><td colspan="9">독립모델법, 광속조정법</td></tr>
<tr><td>촬영코스수</td><td colspan="9">4 코스</td></tr>
<tr><td rowspan="2">촬영사진매수</td><td colspan="3" rowspan="2">40 매</td><td rowspan="2">중복도</td><td colspan="3">종중복도</td><td colspan="2">70 %</td></tr>
<tr><td colspan="3">횡중복도</td><td colspan="2">30 %</td></tr>
<tr><td rowspan="2">지상기준점 잔차</td><td rowspan="2">RMSE</td><td>평면</td><td colspan="2">0.08 m</td><td rowspan="2">최대값</td><td colspan="2">평면</td><td colspan="2">0.10 m</td></tr>
<tr><td>표고</td><td colspan="2">0.10 m</td><td colspan="2">표고</td><td colspan="2">0.12 m</td></tr>
<tr><td rowspan="2">검사점 잔차</td><td rowspan="2">RMSE</td><td>평면</td><td colspan="2">0.09 m</td><td rowspan="2">최대값</td><td colspan="2">평면</td><td colspan="2">0.12 m</td></tr>
<tr><td>표고</td><td colspan="2">0.11 m</td><td colspan="2">표고</td><td colspan="2">0.13 m</td></tr>
<tr><td colspan="10"></td></tr>
<tr><td rowspan="2">이격
거리
보정</td><td rowspan="2">Boresight
수행값</td><td>X</td><td colspan="2">0.01 m</td><td>Y</td><td colspan="2">0.01 m</td><td>Z</td><td>0.01 m</td></tr>
<tr><td>Omega</td><td colspan="2">0.02 deg</td><td>Phi</td><td colspan="2">0.02 deg</td><td>Kappa</td><td>0.02 deg</td></tr>
<tr><td rowspan="3">지상
공간
해상도</td><td>실제 외부 직경</td><td colspan="3">2m 또는 4m</td><td colspan="4">(평균) 직경비
(내부직경(d)/외부직경(D))</td><td colspan="2">0.450</td></tr>
<tr><td>흑백선 수</td><td colspan="3">32</td><td colspan="4">(평균) 시각적 지상해상도(l)</td><td colspan="2">8.8 cm</td></tr>
<tr><td>(평균) 영상의 선명도
(l/GSD)</td><td colspan="9">0.88</td></tr>
<tr><td rowspan="6">방사
해상도</td><td>구분</td><td>0</td><td>1</td><td>2</td><td>3</td><td>4</td><td>5</td><td>6</td><td>7</td><td>8</td></tr>
<tr><td>흑백 평균</td><td>0</td><td>32</td><td>64</td><td>96</td><td>128</td><td>160</td><td>192</td><td>224</td><td>255</td></tr>
<tr><td>적색 평균</td><td>128</td><td>96</td><td>64</td><td>32</td><td>160</td><td>192</td><td>224</td><td>255</td><td></td></tr>
<tr><td>녹색 평균</td><td>128</td><td>96</td><td>64</td><td>32</td><td>160</td><td>192</td><td>224</td><td>255</td><td></td></tr>
<tr><td>청색 평균</td><td>128</td><td>96</td><td>64</td><td>32</td><td>160</td><td>192</td><td>224</td><td>255</td><td></td></tr>
<tr><td>선형성 평가</td><td colspan="9">적합 / 부적합</td></tr>
<tr><td>첨부
서류</td><td colspan="10">[붙임1] 공간해상도 성과표
[붙임2] 방사해상도 성과표
[붙임3] 위치정확도 성과표</td></tr>
</table>

[붙임1] 공간해상도 성과표

연번	분석 도형 촬영 영상	실제 외부 직경 (m)	흑백선 수	내부 직경 (d)	외부직 경 (D)	직경비 (d/D)	시각적 해상도[6] (cm)
1		2	32	13.32	29.62	0.450	8.8
2							
3							
4							
5							
⋮							
n							
평균 시각적 해상도 (cm)							
지상표본거리(GSD) (cm)							
평균 영상의 선명도 (l/GSD)							

6) 시각적 해상도$(l) = \dfrac{\pi \times 직경비\left(= \dfrac{내부직경(d)}{외부직경(D)}\right)}{흑백선수} \times 실제\ 외부\ 직경$

[붙임2] 방사해상도 성과표

[방사해상도 분석도형 촬영사진]

연번 (사진번호)	구간 별 수치								
	0	1	2	3	4	5	6	7	8
평균DN									

[그래프]

(사진별 수치 그래프)

(평균 수치 그래프)

선형성 평가	

※ 흑백(Gray), 적색(Red), 녹색(Green), 청색(Blue) 색상 바에 대해 각각 작성

[붙임3] 위치정확도 성과표

연번	AT성과			검사점 측량성과			잔차(오차)			잔차(오차)^2		
	평면(m)		표고(m)	평면(m)		표고(m)	평면(m)		표고(m)	평면(m)		표고(m)
	X	Y	Z	X	Y	Z	DX	DY	DZ	DX^2	DY^2	DZ^2
1												
2												
3												
4												
5												
6												
7												
8												
9												
10												
⋮												
n												
RMSE(m) (예, $RMSE_X = \sqrt{\frac{1}{n}\sum_{i=1}^{n}(X_{i(AT성과)} - X_{i(검사점측량성과)})^2}$												
평면위치 $RMSE_r$(m)												
최대값(m)												

항공사진측량용 카메라 검정 검사표 작성 방법
1. 카메라 ◦ 카메라모델명 - 촬영한 카메라의 모델명을 기록한다. - 예시 : UltraCam-xp, DMCⅡ, ADS80 등 ◦ 카메라 일련번호 - 카메라마다 고유한 일련번호를 기록한다. ◦ 초점거리(f) - 카메라의 초점거리를 mm 단위로 표시하며 소수 이하 3자리까지 표기한다. - 예시 : 120.000 mm ◦ 구입/임대일자 - 카메라를 구매 또는 임대한 날짜를 연도(숫자 4자리), 월(숫자 2자리), 일(숫자 2자리) 형태로 표시한다. 또한 구매과 임대 유무를 알 수 있도록 표시한다. - 예시 : 2009. 01. 01 ◦ 주점위치 - 주점의 x좌표와 y좌표값을 mm 단위로 표시하며 소수 이하 3자리까지 표기한다. - 예시 : x : -0.640 mm, y : 0.640 mm ◦ 카메라 검정장 촬영 수행일자 - 카메라의 성능을 확인하기 위해서 촬영계획기관이 선정한 검정장을 대상으로 촬영을 수행한 날짜를 연도(숫자 4자리), 월(숫자 2자리), 일(숫자 2자리) 형태로 표시한다. - 예시 : 2022. 01. 15 ◦ 물리적인 픽셀크기 - 카메라를 구성하고 있는 CCD 배열요소의 픽셀에 대한 물리적인 크기를 ㎛ 단위로 표시하며 소수 이하 1자리까지 표기한다. - 예시 : 12.0 ㎛ ◦ 카메라 정기점검 수행일자 - 카메라 장비를 제조한 제조사에 의뢰하여 정기점검을 수행한 일자를 연도(숫자 4자리), 월(숫자 2자리), 일(숫자 2자리) 형태로 표시한다. - 예시 : 2012. 10. 11 2. GNSS/INS ◦ GNSS 모델명 - GNSS 관측장비의 모델명을 기록한다. ◦ GNSS 모델 일련번호 - GNSS 관측장비마다 고유한 일련번호를 기록한다. ◦ INS 모델명 - INS 관측장비의 모델명을 기록한다. ◦ INS 모델 일련번호

- INS 관측장비마다 고유한 일련번호를 기록한다.

◦ GNSS 정확도

- GNSS 관측장비의 정확도를 판단할 수 있는 표준편차를 미터(m) 단위로 표시하며 소수 이하 2자리까지 표기한다.
- 예시 : 0.05 m

◦ INS 정확도

- INS 관측장비의 정확도를 판단할 수 있는 표준편차를 도(deg) 단위로 표시하며 소수 이하 2자리까지 표기한다.
- 예시 : 0.01 deg

3. 검정장현황

◦ 검정장위치

- 항공측량용 센서의 정확도를 검정하기 위해서 항공측량 업체에서 비행을 수행한 검정장의 위치를 기록한다.

◦ 검정장규격

- 검정장의 지상크기를 가로×세로 형태로 기록한다. 이때 지상크기의 단위는 ㎞ 형태로 표시한다.
- 예시 : 3㎞ × 3㎞(Frame 방식 카메라), 6㎞ x 6㎞(Line 방식 카메라)

◦ 해상도 분석 도형

- 공간해상도 분석 도형은 Siemens star 도형을 사용하고 아래와 같다.

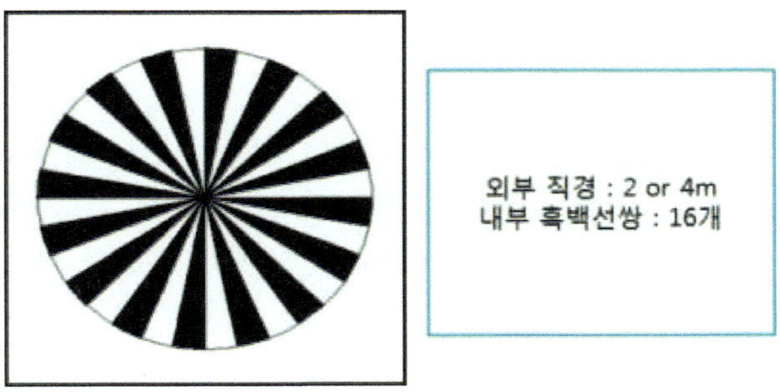

- 방사해상도 분석 도형은 흑백, 적색, 녹색, 청색 색상 바를 사용하고 각 색상 별 표준수치는 아래와 같다.

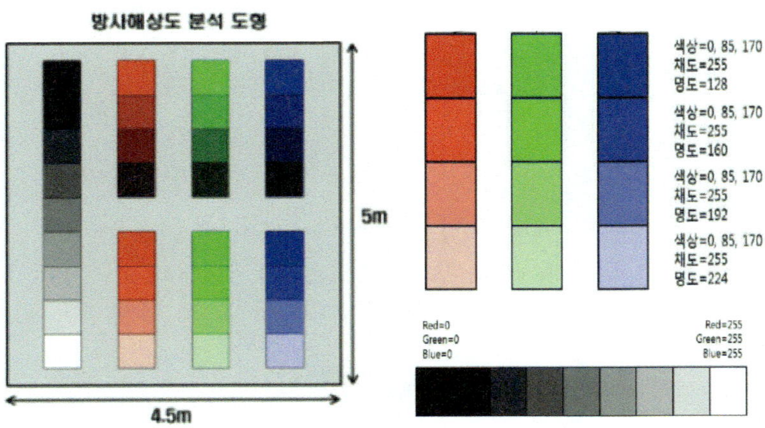

◦ 분석 도형수

- 해상도 검증을 위해서 사용한 분석 도형의 개수를 숫자로 기록한다.

◦ 지상기준점 수

- 검정에 사용된 지상기준점의 개수를 숫자로 기록한다.
- 국토지리정보원이 수행하는 검정의 경우, 국토지리정보원이 천안 검정장에 설치한 지상기준점 중 카메라 검정에 사용한 지상기준점의 개수를 숫자로 기록한다.

◦ 검사점 수

- 검정장에 설치하여 자료처리에 사용되지 않고 정확도를 평가하기 위해 사용한 검사점의 개수를 숫자로 기록한다.
- 국토지리정보원이 수행하는 검정의 경우, 국토지리정보원이 설치한 지상기준점 중 사용하지 않은 기준점을 검사점으로 활용할 수 있다.

※ 천안 검정장 현황

◦ 국토지리정보원에서 수행하는 검정은 천안 검정장을 원칙으로 한다.
◦ (규격) 6km x 6km(Line 방식 카메라 포함)
◦ (공간해상도) 도형수 3, 외부직경 2m, 흑백선수 32
◦ (방사해상도) 도형수 1(5mx4.5m) - 흑백, 적색, 녹색, 청색 색상 바 1식
◦ (기준점) 평면·표고 지상기준점 약 50점(공개), 검사점 약 30점(비공개)
◦ (검정기준) GSD 10cm이내, 영상의선명도≤1.1, 밝기값 선형성 유지, 지상기준점·검사점 잔차 RMSE≤0.12m, 최대값≤0.24m

4. 항공삼각측량

◦ 항공삼각측량 수행일자

- 검정장을 대상으로 디지털 카메라를 이용하여 항공촬영을 수행한 후 지상기준점, 접합점 등을 이용하여 항공삼각측량을 수행한 날짜를 연도(숫자 4자리), 월(숫자 2자리), 일(숫자 2자리) 형태로 표시한다.
- 예시 : 2022. 02. 15

◦ 자료처리 소프트웨어

- 항공삼각측량을 수행하기 위해서 사용한 자료처리 소프트웨어를 기록한다.
- 예시 : MatchAT, Bingo, CalQC, ISAT, IPAS Pro 등

◦ 촬영고도

- 촬영대상지를 비행한 항공기의 촬영고도를 미터(m) 단위의 숫자로 기록한다.
- 예시 : 1000 m

◦ GSD($=\frac{H}{f}\times$픽셀크기)

- 촬영고도(H), 초점거리(f) 및 물리적인 픽셀크기를 이용하여 산출된 지상표본거리(GSD : Ground Sample Distance)를 cm 단위로 기록한다.
- 예시 : 촬영고도(1000m)×픽셀크기(12㎛)/초점거리(120.000mm) = 10 cm

◦ 항공삼각측량 수행방법

- 항공삼각측량을 수행한 방법을 기록한다.
- 예시 : 광속조정법, 독립모델법

◦ 촬영코스수

- 항공삼각측량을 수행하기 위해서 검정장을 대상으로 촬영한 코스의 수를 숫자로 기록한다.

◦ 촬영사진매수

- 촬영대상지를 촬영한 사진 또는 영상의 매수를 숫자로 기록한다.

◦ 중복도

- 항공사진(또는 영상)은 입체시가 될 수 있도록 사진을 촬영하며 촬영 진행방향인 종중복도와 인접 코스간의 횡중복도를 각각 퍼센트(%) 형태의 숫자 2자리로 기록한다.
- 선형 카메라의 경우 종중복도는 100%로 기록한다.

◦ 지상기준점 잔차

- 항공삼각측량의 수행결과를 간접적으로 확인할 수 있는 지상기준점의 잔차에 대해 평면과 표고에 대한 RMSE와 최대값을 각각 미터(m) 단위로 표시하며 소수 이하 2자리까지 표기한다.
- 예시 : 평면 RMSE : 0.08m, 표고 RMSE : 0.10m
  평면 최대값 : 0.10m 표고 최대값 : 0.12m

◦ 검사점 잔차

- 항공삼각측량의 수행결과를 직접적으로 확인할 수 있는 검사점의 잔차에 대해 평면과 표고에 대한 RMSE와 최대값을 각각 미터(m) 단위로 표시하며 소수 이하 2자리까지 표기한다.
- 예시 : 평면 RMSE : 0.09m, 표고 RMSE : 0.11m
  평면 최대값 : 0.12m 표고 최대값 : 0.13m

5. 이격거리보정

◦ Boresight 수행값

- 항공기에 설치된 카메라의 렌즈중심점과 GNSS/INS와의 이격거리를 지상측량 장비를 이용하여 정밀하게 관측한 결과값을 기록한다. X, Y, Z는 카메라 렌즈중심점과 GNSS/INS와의 이동량을 나타내며 미터(m) 단위로 표시하고 소수 이하 2자리까지 표기한다. 또한 Omega, Phi, Kappa는 카메라와 GNSS/INS와의 X, Y, Z축의 회전량을 나타나고 도(deg) 단위로 소수 이하 2자리까지 표기한다.
- 예시 : X : 0.01 m, Y : 0.01 m, Z : 0.01 m
  Omega : 0.02 deg, Phi : 0.02 deg, Kappa : 0.02 deg

6. 공간해상도

◦ 실제 외부 직경

- 공간해상도 검증을 위해서 검정장에 설치된 시각적 해상도 분석 도형의 실제 직경을 미터(m) 단위로 기록한다.
- 예시 : 2m 또는 4m

◦ (평균) 직경비(내부 직경(d)/외부 직경(D))

- 영상의 공간해상도 분석을 위하여 촬영한 시각적 해상도 분석 도형의 내부 직경과 외부 직경의 비를 소수 3자리까지 기록한다. 다음 그림에서 외부 직경은 D로 나타낼 수 있고 내부 직경은 d로 나타낼 수 있다.
- 시각적 해상도 분석을 위해 검정장에 설치한 분석 도형의 개수가 여러 개일 경우 직경비의 평균값을 표시한다.

- 예시 : 시각적 해상도 분석 도형을 촬영한 영상을 이용하여 외부직경(D)과 내부직경(d)을 관측하여 각각 29.62와 13.32가 나왔을 경우 직경비는 0.450이 된다.

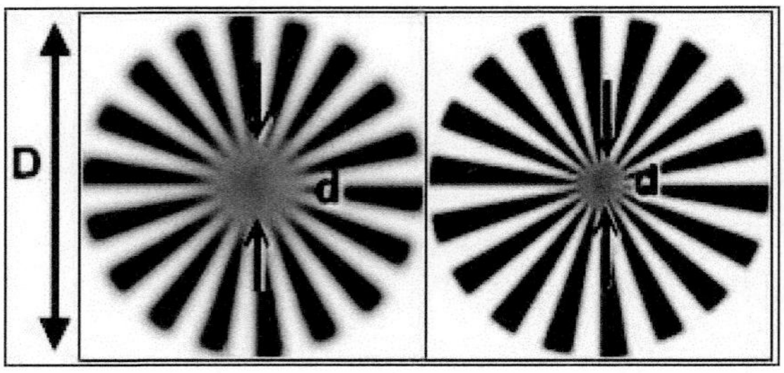

〈 외부직경(D)과 내부직경(d) 관측방법 〉

〈 관측예시 〉

◦ 흑백선 수
  - 검정장에 설치된 분석 도형의 흑백선의 개수를 숫자로 표시한다.
◦ (평균) 시각적 지상해상도
  - 영상의 시각적 지상해상도(l) 분석을 위하여 다음의 식을 적용하여 결과를 산출하고 단위는 cm 단위로 표기하며 소수 1자리까지 표시한다.

$$l = \frac{\pi \times 직경비\left(= \frac{내부직경(d)}{외부직경(D)}\right)}{흑백선수(n)} \times 실제외부직경$$

  - 검정장에 설치한 분석 도형의 개수가 여러 개일 경우 평균직경비를 이용하여 평균 시각적 지상해상도를 산출한다.
  - 예시 : 직경비가 0.450이고 흑백선의 개수가 32이며 실제외부직경이 2m일 경우 시각적 해상도(l)는 8.8cm이다.

$$l = \frac{\pi \cdot 0.450}{32} \times 2m = 8.8cm$$

◦ (평균) 영상의 선명도
  - 영상의 선명도는 시각적 해상도(l)/지상표본거리(GSD)의 비로 나타내고 단위는 cm 단위로 표기하며 소수 2자리까지 표시한다.
  - (평균)영상의 선명도는 1.1 이하가 되어야 한다.
  - 예시 : 시각적 해상도(l)가 8.8cm이고 GSD가 10cm 일 경우 영상의 선명도는 0.88이다.

7. 방사해상도
◦ 흑백·적색·녹색·청색 평균
  - 서로 다른 사진 3장 이상에서 나타난 각 색상 바에 대해 구간 별 중심 수치를 읽고 그에 대한 평균값을 입력한다.
  - 흑백 : 0~8칸, 적·녹·청색 : 0~7칸
◦ 선형성 평가
  - 평균 값에 대한 그래프가 어긋남 없이 일관된 선형성을 띄는 경우 적합, 그렇지 않은 경우 부적합을 작성한다.

- 예시 :

〈 적합 사례 〉		〈 부적합 사례 〉	
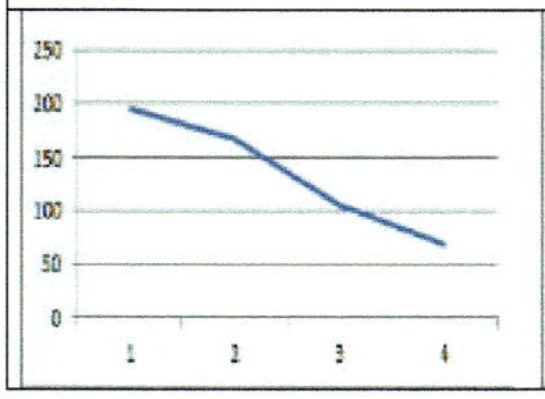	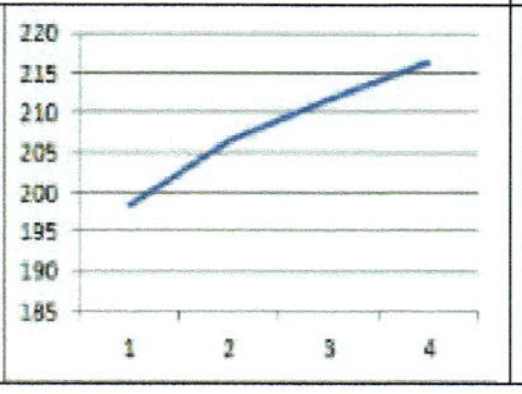	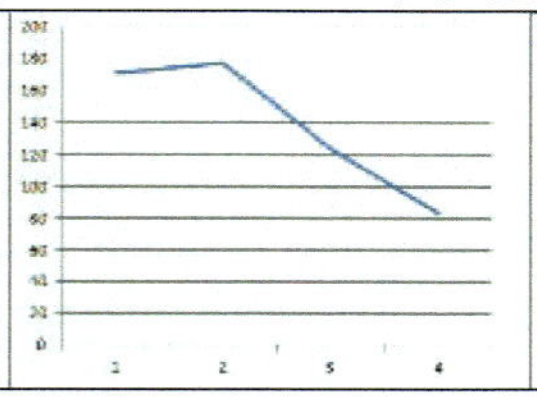	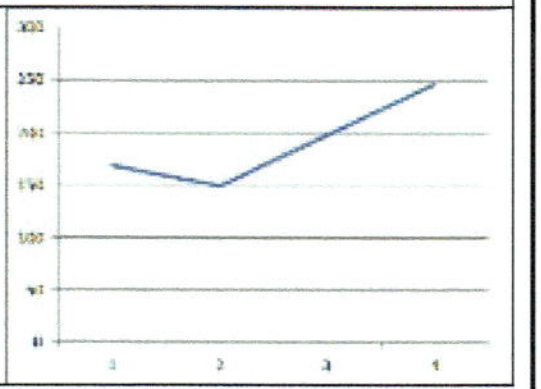

[별지 제2호서식] 촬영기록부

항공기 NO.

사업명		조종사		항로지시사		촬영사		정비사	
촬영 년월일	년 월 일	사용기지		카메라	 No	이륙 착륙	시 분 시 분		
고도	ft m	기지표고 기준면표고	m m	LENS	F= mm No.	비행시간 계기속도	시간 분 kts/h		
해상도 (GSD)		계기고도	ft	CCD	Pixels Pixel Size	지상 (이륙)	℃	기압 이륙	mb
기상	일기	기류	풍향 풍속 kts/h	기온	ft ℃ ft ℃	지상 (착륙)	℃	기압 착륙	mb

코스번호	개시시간	종료시간	필터	노출	조리개	Strip Image	매수	비고	촬영약도(방향)
									N

[별지 제3호서식] 촬영코스별 검사표

사업명				촬영지구		작성자	
촬영일자		촬영코스		항공기명		카메라	
촬영해상도 (GSD)	계획		비행고도	계획	m	기준면표고	m
	실시			실시	m		
촬영 시간	시작		진행방향 중복도(O.L)	최대	%	촬영선중복도 (S.L)	%
	종료			최소	%		%

사진번호		채택 여부	보안 지역	진행 방향 중복도	촬영상태							필름현상상태			인화상태			비고
원시사진번호	편집 번호				경사각	편류각	구름	그림자	빛반사	번짐	계기 및 지표	비틀림	색조	명암	색조	명암	해상력	
					æ	φ,ω												

[별지 제4호서식] 지상기준점의 조서

지상기준점의 조서

종류	*평면표고기준점 - VRS*	사 업 명	*00지구(2022)*
경로	*수로 다리 모서리*	사 업 자	*00항업*

21_37607TL002		지상기준점성과		사진기준점성과	
관측일	*2022. 3.*	원점	*중부*	원점	*중부*
도엽명	*김포091*	X(North)	*447,016.771m*	X(North)	*447,016.771m*
도(특시)	*인천광역시*	Y(East)	*157,887.541m*	Y(East)	*157,887.531m*
군(시)	*중구*	정표고	*32.231m*	정표고	*33.151m*
면(동)	*운북동*	타원체고	*52.231m*	타원체고	-

〈항공사진 원경〉 *※배율100%*

〈항공사진 근경〉 *※ 배율 200%*

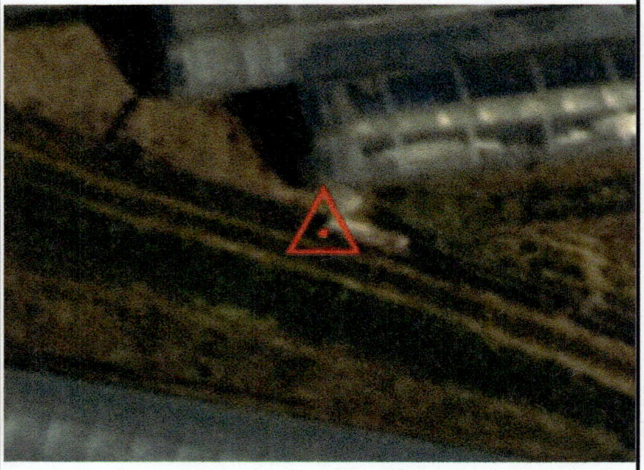

〈지상사진 원경〉 *※ 관측장비 必*

〈GCP patch〉

[별지 제5호서식] 네트워크 RTK 측량조서

네트워크 RTK 측량조서

종류	표고기준점 – 네트워크-RTK	사 업 명	00지구(2021)
경로	양지사거리에서 용인방향 횡단보도 끝에 위치	사 업 자	홍길동
37607TP001			

〈항공사진 근경〉	〈항공사진 원경〉

〈방향 1〉	〈방향 2〉

〈방향 3〉	〈방향 4〉

특이사항	

[별지 제6호서식] 성과총괄표

점번호	경위도좌표(GRS80)			투영평면좌표(TM)			분류
	위도	경도	타원체고(m)	N(X)좌표(m)	E(Y)좌표(m)	Z(H)좌표(m)	

[별지 제7호서식] 기준점 메타데이터

연번	1	2	3	4	5	6	7	8	9	10
구분	기준점식별자	기준점 종류	기준점 번호	기준점 상태	기준점 위치설명	기준점 관측일	용역수행 업체명	사업년도	도 (특시)	도엽명
컬럼명	UFID	CTRLPNT_KND	CTRLPNT_NO	CTRLPNT_STUS	CTRLPNT_COURS	CTRLPNT_OBSR_DE	DLVGBIZ_NM	MESR_BSNS_YEAR	ADMIN	5k
필수/선택	M	M	M	M	M	M	M	M	M	M

연번	11	12	13	14	15	16	17	18	19	20
구분	특이사항	평면직각 좌표 관측방법	평면직각 좌표X	평면직각 좌표Y	타원체고	표고	평면직각 좌표 투영원점	평면직각 좌표 투영방법	타원체고 관측방법	표고 측량방법
컬럼명	PARTCLR_MATTER	CTRLPNT_OBSR_MTH	PRO_CRDNT_X	PRO_CRDNT_Y	ELLIP_HGH	VERTCL_VALUE	PRJCTN_ORIGIN	PRJCTN_MTH	ELLIPSOID_HGT_OBSR_MTH	VERTCL_OBSR_MTH
필수/선택	O	O	M	M	O	M	M	O	O	O

연번	21	22	23	24	25	26	27
구분	표고 정밀도	지오이드 모델	사진경로 (지상_근경)	사진경로 (지상_원경)	사진경로 (영상_근경)	사진경로 (영상_원경)	GCP Patch 경로
컬럼명	VERTCL_PRECISE	GEOID_MDL	IMAGES_LAND_C	IMAGES_LAND_D	IMAGES_AIR_C	IMAGES_AIR_D	IMAGES_Patch
필수/선택	O	O	M	M	M	M	O

기준점 메타데이터 작성 방법
1. 기준점 식별자(PK) - 국토지리정보원에서 취합완료 후 일련번호 일괄 부여 2. 기준점 종류 - (평면점) 타원체고나 표고가 없이 평면좌표만 있는 점 - code : 1 - (표고점) 한국수직기준계에 의한 정표고만 있는 점 - code : 2 - (평면표고점) 평면좌표와 함께 표고 또는 타원체고가 있는 점 - code : 5 - (검사점) 지상기준점의 정확도 평가를 위한 점 - code : 3 3. 기준점 번호 - 측량기준점(삼각점, 수준점, 통합기준점)을 사용하는 경우 점의번호 그대로 기입 - 기준점신설시사업년도(숫자2자리)+_(언더바)+도엽번호(숫자5자리)+ 구분자(ex.T,L,TL)+일련번호(숫자3자리) 부여 - 구분 : 평면기준점(T), 표고기준점(L), 평면/표고기준점(TL), 보조점(TP), 검사점(CK) - 일련번호 : 기준점 구분 순서로 연속하여 배정 ※ 평면기준점의 표시 형식(예) : 21_37608T001 (21년 사업 37608 도엽번호 T 평면 001 일련번호) 4. 기준점 상태 - 사용가능(1), 사용불가(2), 사용보류(3) - 기존 점의 망실 등을 확인한 경우 사용불가(2) 표기 - 일시적으로 사용이 불가하거나 사용가능 여부를 확인할 수 없을 때 사용보류(3) 표기 5. 기준점 위치설명 - 기준점 위치를 찾기 위한 보조수단으로서의 경로 설명 6. 기준점 관측일 - 기준점측량의 수행일. 두가지 이상의 측량을 서로 다른 날짜에 수행한 경우 마지막 관측일 - 연도(4)+월(2)+일(2)의 6자리 숫자로 표시(예, 20190401) 7. 용역수행업체명 - 해당사업의 수행업체(컨소시엄인 경우 대표사 명) 8. 사업년도 - 당해사업 계약연도 숫자 4자리(이월사업인 경우 관측연도와 사업연도가 다를 수 있음) - 기준점 좌표 변경없이 GCP patch 등을 변경하는 경우에도 업체명과 사업년도 update 9. 도(특시) - 기준점이 위치한 (도, 광역시 단위 행정구역 명) 10. 도엽명 - 기준점이 위치한 지역의 1/5,000 도엽번호

11. 특이사항
- 해당 지상기준점의 특이사항 기록

12. 평면직각좌표 관측방법
- Static 방식 1, RTK 방식 2, Network RTK 방식 3, 영상 추출 4, 수치지형도 추출 5, 기타 6

13. 14. 평면직각좌표
- 평면직각좌표를 m단위로 소수점 3자리까지 기입(예, 514190.673)
- 단위(m)는 적지 않고 숫자만 기입

15. 타원체고
- GRS80 기준타원체면 상의 높이를 m단위로 소수점 3자리가지 기입

16. 표고
- 직접 또는 간접수준측량 방법으로 산출한 정표고 기입
- 간접수준측량한 경우 타원체고와 지오이드모델을 반드시 작성
※ 정표고 = 타원체고 - 지오이드고
- 직접수준측량한 경우 타원체고는 공란

17. 평면직각좌표 투영원점
- TM 투영의 경우 1~5 선택
- UTM-K 투영의 경우 6 선택

18. 평면직각좌표 투영방법
- TM 좌표의 경우 1 선택
- UTM-K 좌표계는 TM 투영임에도 불구하고 명확한 구분을 위해 별도코드 3 입력

19. 타원체고 관측방법
- static 1, RTK 2, Network-RTK 3 입력

20. 표고 측량방법
- 직접 수준측량 code : 1
- 간접 수준측량 code : 2

21. 표고 정밀도
- 직접수준측량은 잔차 입력, 간접수준측량은 공란

22. 지오이드모델
- 후처리에 사용하였거나 GNSS 수신기에 탑재된 지오이드 모델 코드 입력

23~27. 이미지 경로

- 이미지 파일 링크
- 파일명은 구분자(1자리)+점번호(9자리) + 확장자
- 구분 : 원경(d), 근경(c), GCP patch(p)
- 예시 : 37608T001의 지상사진근경(\images\land\C37608T001.jpg), 지상사진원경 (\images\land\D37608T001.jpg), 항공사진근경(\images\air\C37608T001.jpg), 항공사진원경 (\images\air\D37608T001.jpg), GCP patch(\images\P37608T001.jpg)
- 기준점 DB(엑셀파일)과 동일 폴더 내에 IMAGES 폴더에 이미지 저장
- GCP Patch는 항공사진 원본을 GCP 중심으로 200pixel X 200pixel 크기로 잘라 생성

[별지 제8호서식] 품질관리표

항공사진 품질관리표

결과번호		보고일	

대상사업		접수번호	
검사자		접수물량	매
검사요청		검사물량	매
검사기간		검사결과	적합(완료), 적합(보완), 부적합

□ 검사결과

연번	검사항목		검사기준	검사결과
1	촬영기록부	촬영시간	적정시간	적합 / 부적합
2	초기 외부표정요소 (GNSS/INS 데이터)	기준국위치	반경50㎞이내	적합 / 부적합
		코스유지	수평이탈 계획고도 15% 이내 수직이탈 계획고도 5% 이내 (12㎝급은 계획고도 10% 이내)	적합 / 부적합
		촬영각	φ,ρ=4.5° 이내 κ=9°이내	적합 / 부적합
		중복도	종중복 60%이상 횡중복 30%이상	적합 / 부적합
		해상도	12cm, 25cm 등	적합 / 부적합
3	사진품질	빛반사, 연무, 그림자, 명암 등	후속공정 적합여부	적합 / 부적합

20 . . .

붙임 1. 검사 위치도
2. 항공사진 검사결과 및 세부내역

항공삼각측량(AT) 품질관리표

결과번호		보고일	

대상사업		접수번호	
검사자		접수물량	블록(모델)
검사요청		검사물량	블록(모델)
검사기간		검사결과	적합(완료), 적합(보완), 부적합

□ 검사결과

<table>
<tr><th>연번</th><th colspan="2">검사항목</th><th>검사대상</th><th>검사기준</th><th>검사결과</th></tr>
<tr><td rowspan="2">1</td><td rowspan="2">선점</td><td>연결점,
결합점</td><td>블럭</td><td>배치도, 선점위치 등</td><td>적합 / 부적합</td></tr>
<tr><td>지상기준점</td><td>블럭</td><td>평면 · 표고기준점 배치 등
- 평균 5.5㎞당 1점 이상(12cm)
- 평균 11㎞당 1점 이상(25cm)</td><td>적합 / 부적합</td></tr>
<tr><td rowspan="3">2</td><td rowspan="3">항공삼
각측량
계산부</td><td>연결점,
결합점</td><td>모델</td><td rowspan="6"><table><tr><th>GSD</th><th>RMSE(m)</th><th>최대값(m)</th></tr><tr><td>12㎝이내</td><td>0.12</td><td>0.24</td></tr><tr><td>25㎝이내</td><td>0.25</td><td>0.50</td></tr></table></td><td rowspan="3">적합 / 부적합</td></tr>
<tr><td>평면기준점</td><td>점</td></tr>
<tr><td>표고기준점</td><td>점</td></tr>
<tr><td rowspan="3">3</td><td rowspan="3">최종외
부표정
요소</td><td>평면기준점</td><td>점</td><td rowspan="3">적합 / 부적합</td></tr>
<tr><td>표고기준점</td><td>점</td></tr>
<tr><td>검사점</td><td>점</td></tr>
</table>

20 . . .

붙임 1. 검사 위치도
2. 항공삼각측량 블록별 검사결과 및 세부내역

수치도화 품질관리표

결과번호		보고일	

대상사업		접수번호	
검사자		접수물량	도엽
검사요청		검사물량	도엽
검사기간		검사결과	적합(완료), 적합(보완), 부적합

□ 검사결과

<table>
<tr><th>연번</th><th colspan="2">검사항목</th><th>검사기준</th><th>검사결과</th></tr>
<tr><td>1</td><td rowspan="5">도화
원도</td><td>초과</td><td>항공사진에 없는 객체 입력여부</td><td>적합 / 부적합</td></tr>
<tr><td>2</td><td>누락</td><td>항공사진에 있는 객체 누락여부</td><td>적합 / 부적합</td></tr>
<tr><td>3</td><td>묘사오류</td><td>항공사진에 있는 객체와 같게 묘사</td><td>적합 / 부적합</td></tr>
<tr><td>4</td><td>묘사오차
(상대위치
정확도)</td><td><table>
<tr><td rowspan="2">도화
축척</td><td colspan="3">표준편차</td><td colspan="3">최대오차</td></tr>
<tr><td>평면 위치</td><td>등고선</td><td>표고점</td><td>평면 위치</td><td>등고선</td><td>표고점</td></tr>
<tr><td>1/1,000</td><td>0.2m</td><td>0.3m</td><td>0.15m</td><td>0.4m</td><td>0.6m</td><td>0.3m</td></tr>
<tr><td>1/5,000</td><td>1.0m</td><td>1.0m</td><td>0.5m</td><td>2.0m</td><td>2.0m</td><td>1.0m</td></tr>
</table></td><td>적합 / 부적합</td></tr>
<tr><td>5</td><td>3D 형식</td><td>도화원도 상 모든 객체가 3D 형식으로 제작 되었는지 여부 확인</td><td>적합 / 부적합</td></tr>
</table>

20 . . .

붙임 1. 검사 위치도
2. 수치도화 검사결과 및 세부내역

[별표 1] 해상도 분석 도형

1. 공간해상도 분석 도형

※ 공간해상도 분석 도형 설치기준

GSD 크기	직경	내부 흑백선쌍 갯수
GSD > 10cm (해상도 낮음)	4m	16개
GSD ≤ 10cm (해상도 높음)	2m	16개

2. 방사해상도 분석도형

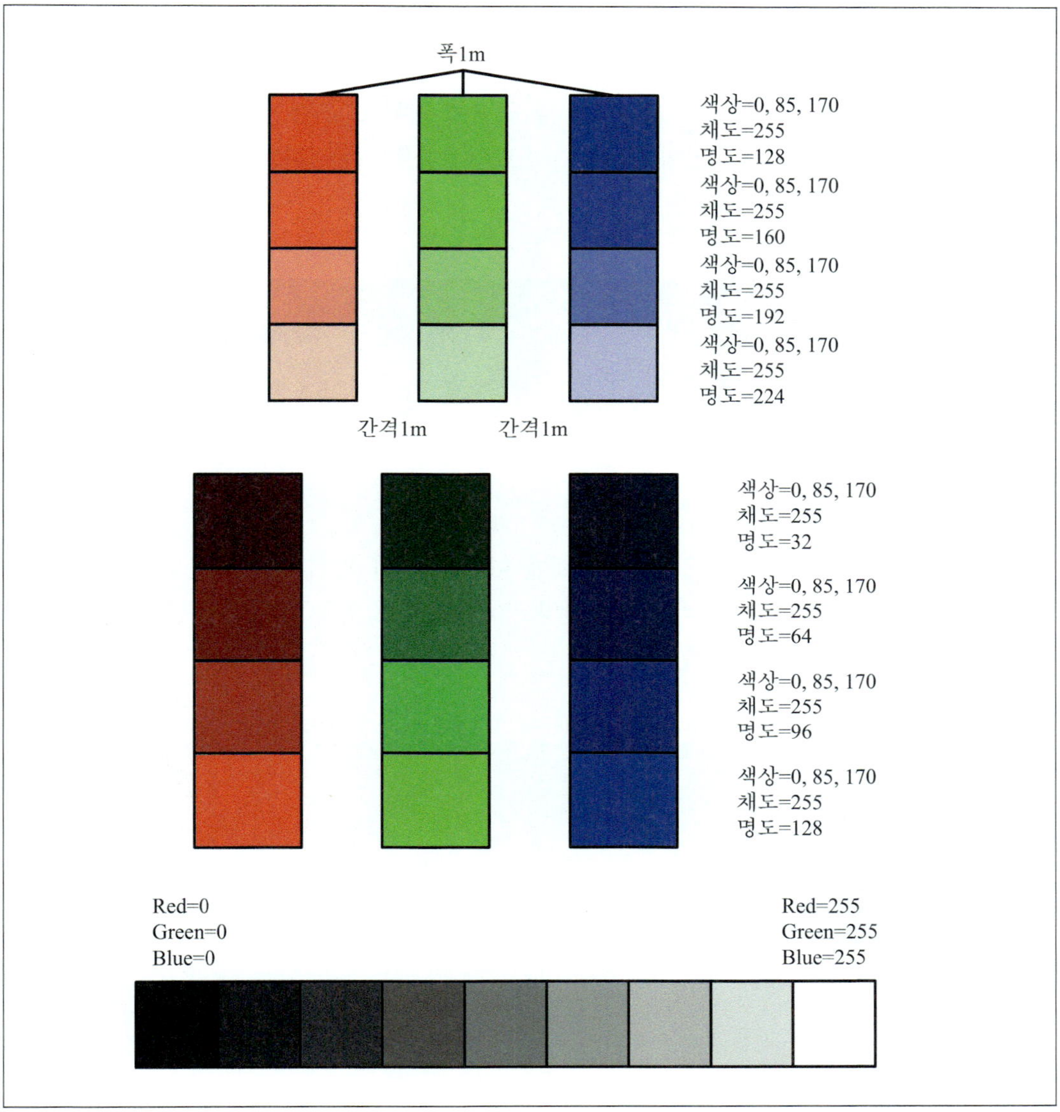

※ 방사해상도 분석 도형 설치기준

GSD 크기	1칸당 크기	색상간 이격거리
GSD] 10cm (해상도 낮음)	1m	1m
GSD ≤ 10cm (해상도 높음)	50cm	50cm

* 5pixel 기준

[별표 2] 사진주기 작성방법

1. 아날로그 항공사진의 경우

가. 주기는 촬영업체로고, 고도계, 시계 및 공란에 방위표, 회계연도, 발주기관, 촬영지역, 촬영축척, 촬영연월일, 촬영코스번호, 촬영업체명을 기록한다.

나. 주기서체는 중고딕체로 한다.

2. 디지털 항공사진의 경우

가. 주기는 디지털항공사진을 상단 여백에 아래와 같이 방위표, 회계연도, 발주기관, 촬영지역, 지상해상도, 촬영연월일, 촬영코스번호 및 촬영업체명을 기록한다.

나. 주기서체는 중고딕체로 한다.

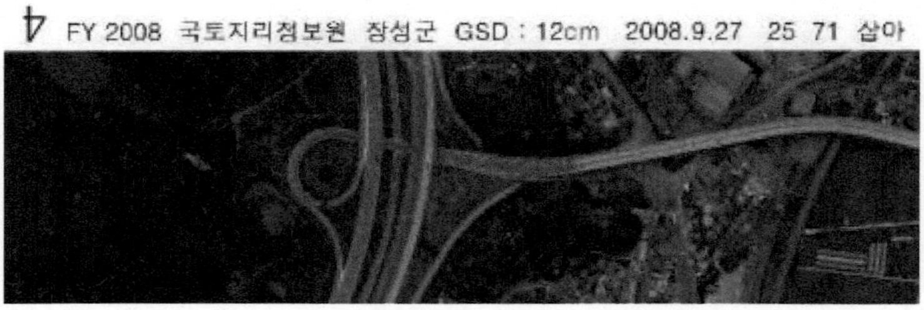

[별표 3] 지상기준점측량 선점기준

o 평면 및 표고기준점의 배치는 아래의 표를 기준으로 함.

[평면 · 표고 지상기준점 배치기준 (규정 제28조)]

<table>
<tr><th>도화축척</th><th>GSD</th><th>지상(평면, 표고)기준점 배치 간격</th></tr>
<tr><td>1/5,000</td><td>25cm</td><td>촬영진행 방향 : 평균 11.0km 간격 당 1점 이상</td></tr>
<tr><td>1/1,000</td><td>12cm</td><td>촬영진행 방향 : 평균 5.5km 간격 당 1점 이상</td></tr>
<tr><td colspan="3">□ 평면기준점
- 촬영진행방향은 블록의 외곽에 위의 지상기준점 배치간격으로 배치
- 블록의 모서리에 1점씩 배치
- 코스의 양단에 촬영직각방향으로 코스 중복부분에 2코스 간격으로 배치

□ 표고기준점
- 촬영 진행방향은 블록의 외곽에 위의 지상기준점 배치간격으로 배치
- 블록의 모서리에 1점씩 배치
- 촬영직각방향으로 코스 중복부분에 위의 지상기준점 배치간격으로 배치

* 지상기준점은 지형지물 등으로 부득이한 경우 인접모델로 이동하여 배치할 수 있다.</td></tr>
</table>

[12cm급 및 25cm급의 지상기준점 배치 예시(평면 : 적색 삼각형, 표고 : 청색 사각형)]

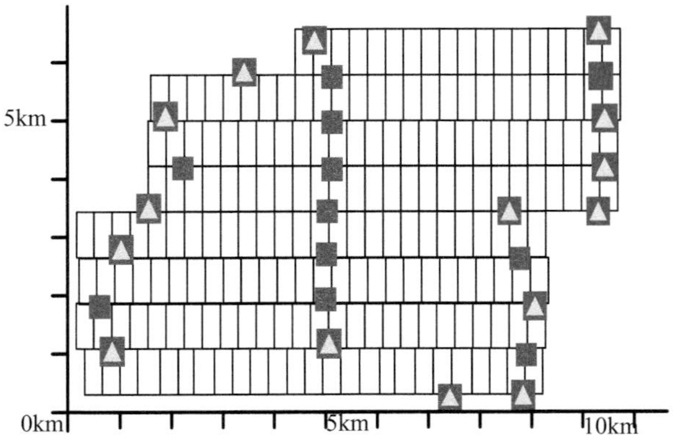

[12cm급]

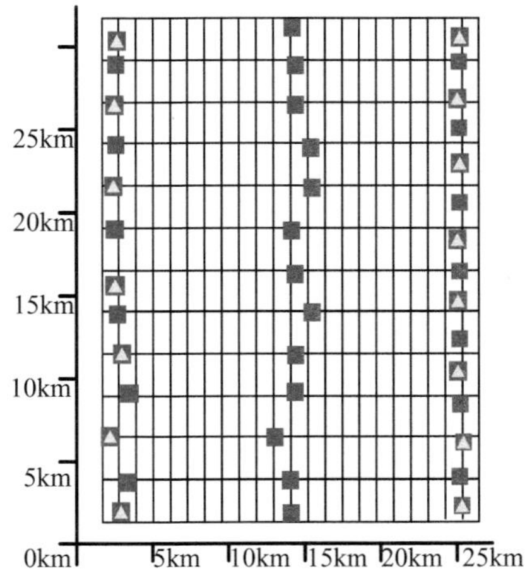

[25cm급]

o 기구축한 지상기준점을 활용할 수 있으며 지형지물의 변화, 측량지역에 적합한 지상기준점이 없는 경우 현장측량으로 보완하여 수행
o 면적이 넓은 저수지와 같이 수역과 육지가 만나는 지역은 적절한 사진기준점을 추출할 수 없으므로 수애선을 따라 평면·표고 최소 1점 이상을 배치

[해안지역의 지상기준점 배치 사례(평면 : 적색 삼각형, 표고 : 청색 사각형)]

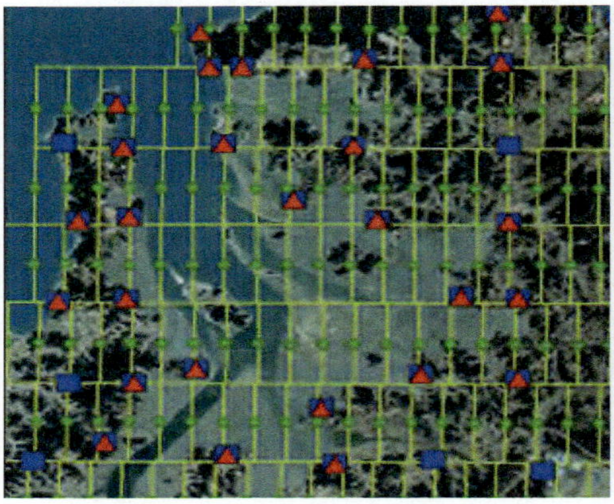

[올바른 예시]

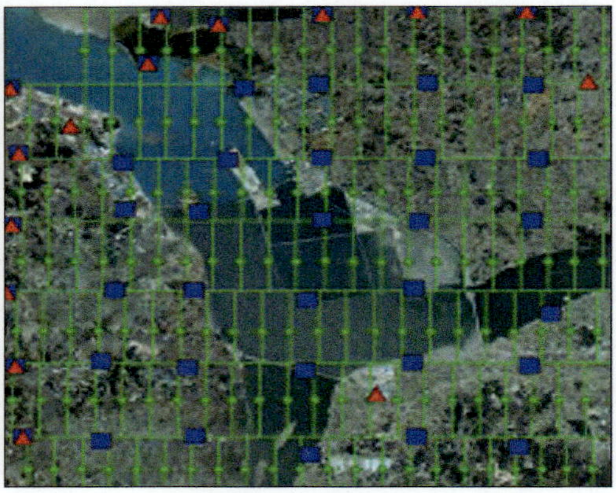

[잘못된 예시]

[별표 4] 대공표지 표준양식

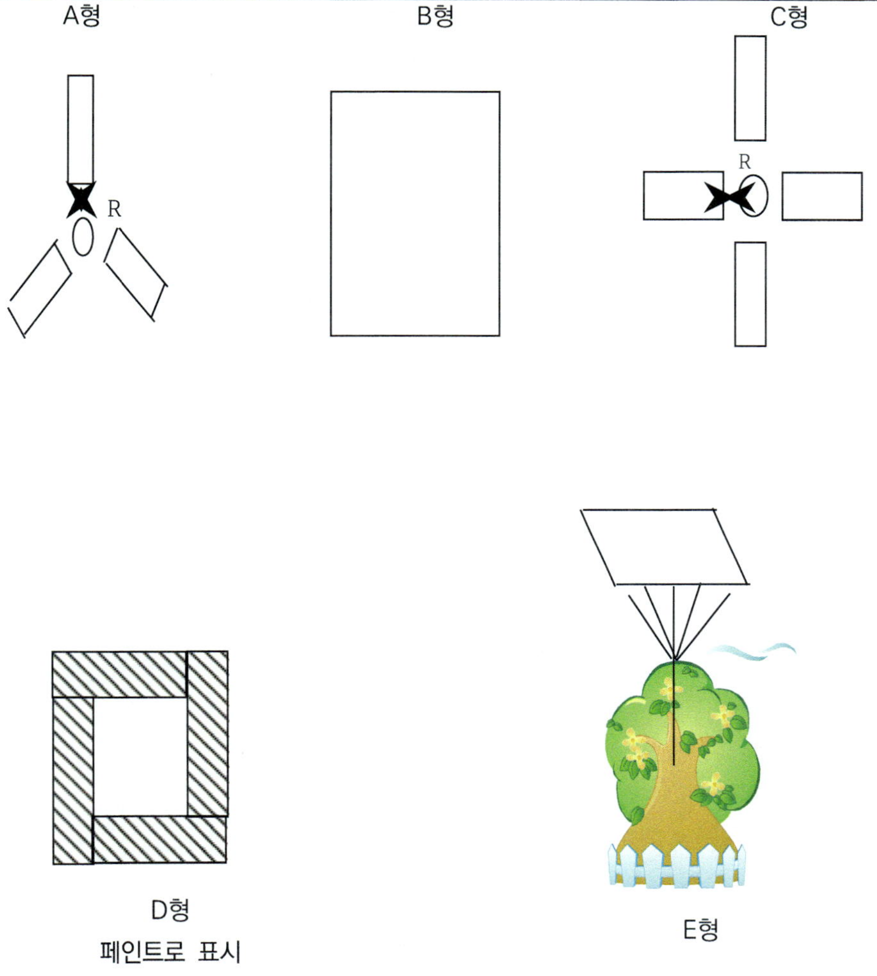

A, B, C형 : 지상 점

D형 : 지상 점 또는 옥상 점

E형 : 수목 위 설치 점

R : 촬영축척에 따라 결정

[별표 5] 품질관리기준

작업공정	대상데이터	품질요소	검증항목		검증방법		검증기준	표본추출법
			항목명	세부검증사항	구분	방법		
항공사진촬영	항공카메라검정데이터	논리적 일관성	검정여부	· 검정 보고서 적정성(검정방법, 장비S/N 등) 확인	실내	수동평가	적합 / 부적합	전수
	촬영기록부 / 코스별 검사표	시간적 품질	일자 및 시간	· (최적시간대 촬영 여부)촬영기록부 및 GNSS Time을 계산하여 촬영일 및 촬영시간 확인	실내	자동평가	적합 / 부적합	전수
	초기외부표정요소	위치정확성	기준국위치	· 기준국 반경 50㎞이내 촬영여부 확인	실내	수동평가	기준국 거리 50km (도서지역 70km)	전수
			코스유지	· 초기외부표정요소를 이용하여 촬영고도 및 촬영코스 이탈 여부를 확인	실내	자동평가	수평이탈 : 15% 수직이탈 : 5% 이내 (12cm) 10% 이내	전수
			촬영각	· 초기외부표정요소의 연직각과 편류각에 대한 기준 초과여부 확인	실내	자동평가	$\omega, \varphi = 4.5°$ $k = 9°$ 이내	전수
			중복도	· 촬영 표정도 및 초기외부표정요소의 사진간 기선길이와 코스간 길이를 계산하여 중복도 확인 · 산악지의 경우 육안검사를 병행	실내	자동평가 수동평가	종중복 : 60% 횡중복 : 30% 이상	전수
		논리적 일관성	해상도	· 초점거리, 비행고도 및 영상화소 크기를 이용하여 확인(촬영영상 확인 병행)	실내	자동평가 수동평가	12cm / 25cm	전수
	항공영상	논리적 일관성	사진상태	· 육안으로 사진상태를 확인하여 후속공정 가능여부 및 재촬영 여부 확인 (빛 반사, 연무, 구름, 그림자, 명암 등 유무)	실내	수동평가	적합 / 부적합	전수

<table>
<thead>
<tr><th rowspan="2">작업
공정</th><th rowspan="2">대상
데이터</th><th rowspan="2">품질요소</th><th colspan="2">검증항목</th><th colspan="2">검증방법</th><th rowspan="2">검증기준</th><th rowspan="2">표본
추출법</th></tr>
<tr><th>항목명</th><th>세부검증사항</th><th>구분</th><th>방법</th></tr>
</thead>
<tbody>
<tr><td rowspan="5">항공삼
각측량</td><td>측량
성과철</td><td>위치정확성</td><td>지상기준점</td><td>· 측량성과와 지상기준점 조서를 확인하여 측량성과 및 선점위치의 적정성을 확인
<table>
<tr><th>지상표본거리</th><th>평면표고 오차의 한계</th></tr>
<tr><td>8cm 이내</td><td>±0.05m 이내</td></tr>
<tr><td>12cm 이내</td><td>±0.10m 이내</td></tr>
<tr><td>25cm 이내</td><td>±0.15m 이내</td></tr>
<tr><td>42cm 이내</td><td>±0.20m 이내</td></tr>
<tr><td>65cm 이내</td><td>±0.30m 이내</td></tr>
</table></td><td>실내</td><td>수동평가</td><td>적합/부적합</td><td>전수</td></tr>
<tr><td>모델
인덱스</td><td>위치정확성</td><td>지상기준점
배치</td><td>· 진행방향 5.5km(12cm이내), 11km(25cm 이상), 직각방향 코스 중복부분 1점</td><td>실내</td><td>수동
평가</td><td>적합
/
부적합</td><td>전수</td></tr>
<tr><td rowspan="2">항공
삼각측량
계산부</td><td rowspan="2">위치정확성</td><td>연결점/
결합점</td><td>· Report상 연결점/결합점 성과의 관측교차 확인</td><td>실내</td><td>수동
평가</td><td>X, Y의
관측교차
각 0.5
pixel
이내</td><td>전수</td></tr>
<tr><td>지상기준점
잔차</td><td>· 항공삼각측량 후 Report상 지상기준점의 평면·표고의 잔차 확인
<table>
<tr><th>기준 GSD</th><th>RMSE(m)</th><th>최대값(m)</th></tr>
<tr><td>8cm</td><td>0.08</td><td>0.16</td></tr>
<tr><td>12cm</td><td>0.12</td><td>0.24</td></tr>
<tr><td>25cm</td><td>0.25</td><td>0.50</td></tr>
<tr><td>42cm</td><td>0.42</td><td>0.84</td></tr>
<tr><td>65cm</td><td>0.65</td><td>1.30</td></tr>
<tr><td>80cm</td><td>0.80</td><td>1.60</td></tr>
</table></td><td>실내</td><td>수동
평가</td><td>RMSE:1pixel
최대값:2pixel</td><td>전수</td></tr>
<tr><td>최종
외부표정
요소</td><td>위치
정확성</td><td>지상기준점
및 검사점
검사</td><td>· 수치도화기를 이용하여 지상기준점 및 검사검의 평면·표고의 잔차 확인
<table>
<tr><th>기준 GSD</th><th>RMSE(m)</th><th>최대값(m)</th></tr>
<tr><td>8cm</td><td>0.08</td><td>0.16</td></tr>
<tr><td>12cm</td><td>0.12</td><td>0.24</td></tr>
<tr><td>25cm</td><td>0.25</td><td>0.50</td></tr>
<tr><td>42cm</td><td>0.42</td><td>0.84</td></tr>
<tr><td>65cm</td><td>0.65</td><td>1.30</td></tr>
<tr><td>80cm</td><td>0.80</td><td>1.60</td></tr>
</table></td><td>실내</td><td>재측</td><td>RMSE:1pixel
최대값:2pixel</td><td>전수</td></tr>
<tr><td rowspan="5">수치
도화</td><td rowspan="5">도화원도</td><td rowspan="3">완전성</td><td>초과</td><td>· 항공사진에 없는 객체의 입력 여부 확인</td><td>실내</td><td>수동
평가</td><td>오류비율 : 10%</td><td>집락
추출(30%)</td></tr>
<tr><td>누락</td><td>· 항공사진에 있는 객체의 누락 여부 확인</td><td>실내</td><td>수동
평가</td><td>오류비율 : 10%</td><td>집락
추출(30%)</td></tr>
<tr><td>묘사오류</td><td>· 항공사진에 있는 객체와 같게 묘사되었는지 여부를 확인</td><td>실내</td><td>수동
평가</td><td>오류비율 : 10%</td><td>집락
추출(30%)</td></tr>
<tr><td>위치
정확성</td><td>묘사오차</td><td>
<table>
<tr><th rowspan="2">도화
축척</th><th colspan="3">RMSE</th><th colspan="3">최대오차</th></tr>
<tr><th>평면
위치</th><th>등고선</th><th>표고점</th><th>평면
위치</th><th>등고선</th><th>표고점</th></tr>
<tr><td>1/1,000</td><td>0.2m</td><td>0.3m</td><td>0.15m</td><td>0.4m</td><td>0.6m</td><td>0.3m</td></tr>
<tr><td>1/5,000</td><td>1.0m</td><td>1.0m</td><td>0.5m</td><td>2.0m</td><td>2.0m</td><td>1.0m</td></tr>
</table></td><td>실내</td><td>재측</td><td>RMSE
(평면):
1.00m
RMSE
(표고):
0.50m
RMSE
(등고):
1.00m</td><td>집락
추출
(30%)</td></tr>
<tr><td>논리적
일관성</td><td>3D 형식</td><td>· 도화원도 상 모든 객체가 3D 형식으로 제작되었는지 여부 확인</td><td>실내</td><td>수동
평가</td><td>오류비율 : 10%</td><td>집락
추출
(30%)</td></tr>
</tbody>
</table>

4. 무인비행장치 측량 작업규정 [국토지리정보원]

[시행 2020. 12. 30.] [국토지리정보원고시 제2020-5670호, 2020. 12. 30., 일부개정.]

제1장 총칙

제1조(목적) 이 고시는 「공간정보의 구축 및 관리 등에 관한 법률」 제12조, 제17조 및 제22조제3항, 같은 법 시행규칙 제8조에 따라 무인비행장치 측량에 필요한 사항을 정하는 것을 목적으로 한다.

제2조(용어의 정의) 이 고시에서 사용하는 용어의 정의는 다음 각 호와 같다.

1. "무인비행장치"란 「항공안전법 시행규칙」 제5조제5호에 따른 무인비행장치 중 측량용으로 사용되는 것을 말한다.
2. "무인비행장치 측량"이란 무인비행장치로 촬영된 무인비행장치항공사진 등을 이용하여 정사영상, 수치표면모델 및 수치지형도 등을 제작하는 과정을 말한다.
3. "무인비행장치항공사진"이란 무인비행장치에 탑재된 디지털카메라로부터 촬영된 항공사진을 말한다.
4. "무인비행장치항공사진 촬영"이란 무인비행장치에 탑재된 디지털카메라를 이용한 무인비행장치항공사진의 촬영을 말한다.
5. "지상기준점측량"이란 항공삼각측량 등에 필요한 기준점의 성과를 얻기 위하여 현지에서 실시하는 지상측량을 말한다.
6. "항공삼각측량"이란 지상기준점 등의 성과를 기준으로 사진좌표를 지상좌표로 전환시키는 작업을 말한다.
7. "수치도화"란 수치도화시스템으로 지형지물을 수치형식으로 측정하여 이를 컴퓨터에 수록하는 작업을 말한다.
8. "벡터화"란 좌표가 있는 영상 등으로부터 점, 선, 면의 벡터데이터를 추출하는 작업을 말한다.
9. "수치표면자료(DSD; Digital Surface Data)"란 기준좌표계에 의한 3차원 좌표 성과를 보유한 자료로서 지면 및 비지면 자료가 모두 포함된 점자료를 말한다.
10. "수치표면모델(DSM; Digital Surface Model)"이란 수치표면자료를 이용하여 격자형태로 제작한 지형모형을 말한다.
11. "수치지면자료(Digital Terrain Data)"라 함은 수치표면자료에서 인공지물 및 식생 등과 같이 표면의 높이가 지면의 높이와 다른 지표 피복물에 해당하는 점자료를 제거한 점자료를 말한다.
12. "수치표고모델(Digital Elevation Model)"이라 함은 수치지면자료(또는 불규칙삼각망자료)를 이용하여 격자형태로 제작한 지표모형을 말한다.

제3조(적용) ① 무인비행장치 측량은 이 고시를 따르는 것을 원칙으로 하며, 고시에 포함되지 않은 사항은 「항공사진측량 작업규정」, 「영상지도제작에 관한 작업규정」, 「항공레이저측량 작업규정」, 「수치지도 작성 작업규칙」, 「수치지형도 작성 작업규정」, 「공공측량 작업규정」등을 준용한다.

② 제1항의 경우에도 불구하고 측량시행자가 지시 또는 승인한 경우에는 정확도 및 양식 등 필요로 하는 내용을 수정하여 적용할 수 있다.

제4조(위치의 기준) 위치의 기준은 「공간정보의 구축 및 관리 등에 관한 법률」 제6조 및 같은 법 시행령 제7조에 의한다.

제5조(사업자 및 조종자 준수사항) 무인비행장치 측량을 수행하려는 사업자 및 조종자는 「항공안전법」 및 「항공사업법」을 준수하여야 한다.

제6조(사용장비 및 성능기준) ① 무인비행장치는 본 고시에 의한 성과품을 안전하게 취득할 수 있도록 다음의 성능을 갖추어야 한다.

1. 무인비행장치는 계획한 노선에 따른 안전한 이·착륙과 자동운항 또는 반자동 운항이 가능하여야 한다.
2. 무인비행장치는 기체의 이상 발생 등 사고의 위험이 있을 때 자동으로 귀환할 수 있어야 한다.
3. 무인비행장치는 운항 중 기체의 상태를 실시간으로 모니터링할 수 있어야 한다.

② 무인비행장치에 탑재된 디지털카메라는 최소한 다음의 성능을 갖추어야 한다.

1. 노출시간, 조리개 개방시간, ISO 감도를 촬영에 적합하도록 설정할 수 있거나, 설정되어 있어야 한다.
2. 초점거리 및 노출시간 등의 정보를 확인할 수 있어야 한다.
3. 카메라의 이미지 센서 크기와 영상의 픽셀 수를 확인할 수 있어야 한다.
4. 카메라의 렌즈는 단초점렌즈의 이용을 원칙으로 한다.

③ 수치지형도 제작을 위한 디지털 카메라는 별도의 카메라 왜곡보정(검정)을 수행한 것을 사용하는 것을 원칙으로 한다. 다만, 측량목적 달성에 지장이 없는 경우 측량시행자와 협의하여 자체검정(Self-Calibration)방법으로 산출된 보정값을 이용할 수 있다.

제7조(작업순서) 무인비행장치를 이용한 작업절차는 다음과 같으며, 측량시행자가 지시 또는 승인한 경우에는 순서를 변경하거나 일부를 생략할 수 있다.

1. 작업계획 수립
2. 대공표지의 설치 및 지상기준점 측량
3. 무인비행장치항공사진 촬영
4. 항공삼각측량

5. 수치표면모델(DSM) 생성 등
6. 정사영상 제작
7. 지형·지물의 묘사
8. 수치지형도 제작
9. 품질관리 및 정리점검

제2장 대공표지 설치 및 지상기준점측량

제8조(대공표지) 대공표지의 설치는 「항공사진측량 작업규정」을 따른다. 다만, 측량목적 달성에 지장이 없는 경우 측량시행자와 협의하여 형태 및 설치방법을 다르게 할 수 있다.

제9조(지상기준점의 배치) ① 지상기준점은 작업지역의 형태, 코스의 방향, 작업 범위 등을 고려하여 외곽 및 작업지역에 <별표 1>과 같이 가능한 고르게 배치하되, 작업지역의 각 모서리와 중앙 부분에는 지상기준점이 배치되도록 하여야 한다.

② 지상기준점의 선점은 사진과 현장에서 명확히 분별될 수 있는 지점으로 되도록 평탄한 장소를 선정한다.

③ 지상기준점의 수량은 1㎢당 9점 이상을 원칙으로 한다.

④ 제3항에도 불구하고 측량시행자가 최종성과품에 대한 충분한 정확도를 확보할 수 있다고 인정한 경우에는 기준점의 배치 수량을 변경할 수 있다. 다만, 공공측량 시 기준점의 배치 수량을 변경한 경우에는 작업계획서에 반영하여야 한다.

제10조(지상기준점 측량방법) ① 지상기준점 측량방법은 다음 각 호에 따르는 것을 원칙으로 한다.

1. 평면기준점측량은「공공측량 작업규정」의 공공삼각점측량이나 네트워크 RTK 측량 방법 또는「항공사진측량 작업규정」의 지상기준점측량 방법을 준용함을 원칙으로 한다.
2. 표고기준점측량은 「공공측량 작업규정」의 공공수준점측량 방법을 준용함을 원칙으로 한다.

② 측량시행자가 승인한 경우에는 제1항의 측량방법을 변경할 수 있다.

③ 제1항의 평면 및 표고기준점 정확도는「공공측량 작업규정」또는 「항공사진측량 작업규정」에서 정한 바에 따른다.

제11조(검사점 측량방법 등) ① 검사점의 수량은 지상기준점 수량의 최소 1/3 이상으로 하여야 하며, 작업의 난이도에 따라 충분한 수량을 확보하여야 한다. 다만, 검사점의 수량이 3점 이하인 경우에는 3점으로 한다.

② 검사점의 배치는 측량 대상지역에 고르게 분포하되, 지상기준점 인근에 배치하지 않아야 하며, 사진과 현장에서 명확히 분별될 수 있는 지점으로 한다. 정확도가 높은 지점을 선별하여 검사점을 배치해서는 안 된다.

③ 검사점 측량은 지상기준점과 동일한 방법으로 측량함을 원칙으로 한다. 다만, 필요한 경우 네트워크 RTK 측량 방법으로 평면검사점측량을 수행할 수 있다.

④ 검사점은 데이터 처리 과정에서 점검이나 조정에 사용할 수 없으며, 성과물의 정확도 검증을 위한 검사점으로만 사용되어야 한다.

⑤ 검사점 측량의 정확도는 「공공측량 작업규정」또는 「항공사진측량 작업규정」에서 정한 바에 따른다.

제12조(성과 등) 측량 결과는 다음 각 호와 같이 정리한다.

1. 관측기록부
2. 계산부(네트워크 RTK 측량은 제외)
3. 관측망도(네트워크 RTK 측량은 제외)
4. 점의조서
5. 지상기준점 및 검사점 성과표 <별표 2>
6. 관측데이터
7. 기타 필요한 성과

제3장 무인비행장치항공사진 촬영

제13조(촬영계획) ① 촬영계획은 요구 정밀도, 사용 장비, 지형 형상, 기상여건 등을 고려하여 수립한다.

② 중복도는 촬영 진행방향으로 65% 이상, 인접코스 간에는 60% 이상으로 하며, 지형의 기복이 크거나 고층 건물이 존재하는 경우에는 촬영 진행방향으로 85% 이상, 인접 코스 간에는 80% 이상으로 촬영하여야 한다.

구분	평탄한 저지대 지역	매칭점이 부족하거나 높이차가 있는 지역	높이차가 크거나, 고층건물이 있는 지역
촬영 방향 중복도	65% 이상	75% 이상	85% 이상
인접 코스 중복도	60% 이상	70% 이상	80% 이상

③ 무인비행장치항공사진의 지상표본거리(GSD)는 측량시행자와 협의하여 결정하되, 「항공사진측량 작업규정」의 축척별 지상표본거리 이내 이어야 한다.

④ 촬영대상면적, 촬영고도, 중복도, 비행코스 및 카메라의 기본정보를 무인비행장치 전용 촬영계획 프로그램에 입력하여 이론적인 지상표본거리, 촬영 소요시간, 사진 매수 등의 정보를 확인한다.

⑤ 최종성과물이나 작업 난이도에 따라 측량시행자와 협의하여 중복도를 다르게 할 수 있다. 다만, 공공측량 시 중복도를 다르게 할 경우에는 작업계획서에 반영되어야 한다.

제14조(촬영비행 및 촬영) ① 촬영비행은 다음 각 호에 의한다.

1. 촬영비행은 시계가 양호하고 구름의 그림자가 사진에 나타나지 않는 맑은 날씨에 하는 것을 원칙으로 한다.
2. 촬영비행은 계획촬영고도에서 가급적 일정한 높이로 직선이 되도록 한다.
3. 계획촬영 코스로부터의 수평 또는 수직이탈이 가능한 최소화 되도록 한다.
4. 무인비행장치는 설정된 비행계획에 따라 자동으로 비행함을 원칙으로 한다.

② 촬영은 다음 각 호에 의한다.

1. 노출시간은 촬영계절, 촬영시간대, 기상, 비행속도, 카메라의 진동 등을 감안하여 선명도가 유지되도록 설정하여야 한다.
2. 카메라는 가능한 연직방향으로 향하여 촬영함을 원칙으로 한다.
3. 매 코스의 시점과 종점에서 사진은 최소한 2매 이상 촬영지역 밖에 있어야 하며, 대상지역을 완전히 포함하도록 여유분을 두어 사진을 촬영하여야 한다.

제15조(재촬영) ① 다음 각 호에 해당하는 경우에는 재촬영하여야 한다.

1. 촬영대상지역에 제13조의 중복도로 촬영되지 않은 지역이 존재하여 측량성과의 제작에 지장을 줄 가능성이 있는 경우
2. 촬영 시 노출의 과소, 블러링(Blurring) 등으로 무인비행장치항공사진이 선명하지 못하여 후속작업에 지장이 있는 경우
3. 적설 또는 홍수로 인하여 지형을 구별할 수 없어 수치도화 또는 벡터화에 지장이 있는 경우
4. 기타 후속작업 및 정확도에 지장이 있다고 인정되는 경우

② 재촬영 범위 및 방법은 측량시행자와 협의하여 결정한다.

제16조(성과 등) 무인비행장치항공사진 촬영 결과는 다음 각 호와 같이 정리한다.

1. 무인비행장치항공사진
2. 촬영기록부 <별표 3>
3. 촬영코스별 검사표 <별표 4>
4. 그밖에 성과 확인에 필요한 자료

제4장 항공삼각측량

제17조(항공삼각측량 작업방법) ① 항공삼각측량은 자동매칭에 의한 방법으로 수행하여야 하며, 광속조정법(Bundle Adjustment) 및 이에 상당하는 기능을 갖춘 소프트웨어를 사용하여야 한다.

② 사용 소프트웨어는 다음 각 호의 기능을 갖추어야 한다.

1. 결합점의 자동선정
2. 결합점의 3차원 위치계산

3. 영상별 외부표정요소 계산

③ 지상기준점의 성과는 지상기준점이 표시된 모든 무인비행장치항공사진에 반영되어야 한다.

제18조(조정계산 및 오차의 한계) 항공삼각측량의 조정계산방법 및 오차의 한계는 다음 각 호에 의한다.

1. 각 무인비행장치항공사진의 외부표정요소 계산은 광속조정법 등의 조정방법에 의해서 결정한다.
2. 조정계산 결과의 평면위치와 표고의 정확도는 모두「항공사진측량 작업규정」기준 이내이어야 한다.
3. 결합점이 요구되는 정확도를 만족할 때까지 오류점의 재관측 및 추가 관측을 자동 및 수동으로 실시하여 재조정 계산을 실시한다.

제19조(성과 등) 항공삼각측량 결과는 다음 각 호와 같이 정리한다.

1. 항공삼각측량 성과 파일(외부표정요소)
2. 항공삼각측량 전 과정이 포함된 레포트 파일
3. 항공삼각측량 프로젝트 백업파일
4. 그 밖에 성과 확인에 필요한 자료

제5장 수치표고모델 제작

제20조(수치표면자료의 생성) ① 무인비행장치항공사진의 외부표정요소 등을 기반으로 영상매칭방법을 이용하여 고정밀 3차원 좌표를 보유한 점(이하 점자료)으로 구성된 수치표면자료를 생성한다. 다만, 라이다(Lidar)에 의한 경우는「항공레이저측량 작업규정」의 작업방법에 따라 수행할 수 있다.

② 수치표면자료의 높이는 정표고 성과로 제작하여야 한다.

③ 필요에 따라 보완측량을 실시하여 수치표면자료를 수정할 수 있다.

제21조(수치지면자료의 제작) ① 수치지면자료를 필요로 하는 경우에는 수치표면자료에서 수목, 건물 등의 지표 피복물에 해당하는 점자료를 제거하여 수치지면자료를 제작할 수 있다. 다만, 측량시행자와 협의하여 작업지역의 범위, 지표 피복물 제거 방법 및 제거 대상 등을 변경할 수 있다.

② 필요에 따라 보완측량을 실시하여 수치지면자료를 수정할 수 있다.

제22조(수치표면모델 또는 수치표고모델의 제작) 수치표면모델 또는 수치표고모델의 제작이 필요한 경우에는 다음 각 호에 따라 제작할 수 있다.

1. 수치표면모델은 수치표면자료를 이용하여 다음 각 목과 같이 격자자료로 제작되어야

한다. 다만, 측량시행자가 승인한 경우에는 격자 간격 등을 변경할 수 있다.

가. 정사영상제작에 이용하는 수치표면자료의 격자간격은 영상의 2화소 이내 크기에 해당하는 간격이어야 한다.

나. 격자자료는 사용목적 및 점밀도를 고려하여 성과물의 정확도를 확보할 수 있는 보간방법으로 제작하여야 한다.

2. 수치표고모델의 제작이 필요한 경우에는 수치지면자료를 이용하여 격자자료로 제작할 수 있으며, 격자간격 및 보간 방법은 제1호에 의한다. 다만, 필요에 따라 도로, 철도, 교통시설물, 호안, 제방 및 건물 등의 바닥면이 지형과 일치하도록 1:1,000 수치지도 또는 정사영상 등에서 불연속선(breakline)을 추출하여 수정 및 편집을 수행할 수 있다.

제23조(정확도 점검) ① 수치표면자료 또는 수치지면자료, 수치표면모델 또는 수치표고모델 등의 수직위치 정확도는 다음 각 호와 같다.

1. 정사영상 제작을 위한 수직위치 정확도는 「영상지도 제작에 관한 작업규정」을 준용한다.
2. 수치표면모델 또는 수치표고모델이 최종성과물일 경우에는 「항공레이저측량 작업규정」의 수직위치 정확도를 준용한다.

② 수치표면자료 또는 수치지면자료, 수치표면모델 또는 수치표고모델 등의 정확도 점검 방법은 「항공레이저측량 작업규정」을 따르고, 기준은 제1항을 따른다.

제24조(성과 등) 정리하여야 할 성과는 다음 각 호와 같다.

1. 수치표면모델(DSM) 또는 수치표고모델(DEM)
2. 수치표면모델(DSM) 또는 수치표고모델(DEM) 검사표 <별표 5>
3. 수치표면모델(DSM) 또는 수치표고모델(DEM) 오류 정정표 <별표 6>

제6장 정사영상 제작

제25조(정사영상 제작방법) ① 정사영상의 제작은 수치표면모델(또는 수치표면자료) 또는 수치표고모델(또는 수치지면자료)과, 무인비행장치항공사진 및 외부표정요소를 이용하여 소프트웨어에서 자동생성 방식으로 제작하는 것을 원칙으로 한다.

② 정사영상은 모델별 인접 정사영상과 밝기 값의 차이가 나지 않도록 제작하여야 한다.

제26조(영상집성) ① 인접 정사영상 간의 영상집성을 수행하기 전 과정으로 필요 시 영상 간의 밝기 값 차이를 제거하기 위한 색상보정을 실시하여야 한다.

② 중심투영에 의한 영향을 최소화 할 수 있는 범위 내에서 집성하여야 한다.

③ 영상을 집성하기 위한 접합선은 기복변위나 음영의 대조가 심하지 않은 산능선, 하천, 도로 등으로 설정하여 집성된 영상에서 접합선이 보이지 않도록 하고, 인접 영상 간 색상의 연속성을 유지하여야 한다.

④ 영상집성 후 경계부분에서 음영이나 접합선의 이격 등이 없어야 한다.

제27조(보안지역 처리) 일반인의 출입이 통제되는 국가보안시설 및 군사시설은 주변지역의 지형·지물 등을 고려하여 위장처리를 하여야 한다.

제28조(정사영상의 정확도) 정사영상의 정확도 및 점검항목은 「영상지도제작에 관한 작업규정」을 준용한다.

제29조(성과 등) 정리하여야 할 성과는 다음 각 호와 같다.

1. 정사영상 파일
2. 정사영상 검사표 <별표 7>

제7장 지형 · 지물 묘사

제30조(묘사) ① 무인비행장치항공사진 또는 수치표면모델 및 정사영상 등을 이용하여 수치도화 또는 벡터화 방법 등으로 지형지물을 묘사하며, 묘사 대상은 측량시행자와 협의하여 결정한다.

② 수치도화 방법은 무인비행장치항공사진과 항공삼각측량 성과를 기반으로 수치도화시스템에서 입체시에 의해 3차원으로 지형·지물을 묘사하는 방법이다.

③ 벡터화 방법은 연속정사영상과 수치표면모델(또는 수치표고모델) 기반의 벡터화를 통하여 2차원으로 지형·지물을 묘사하는 방법이다. 다만, 높이 정보가 필요한 경우에는 측량시행자와 협의하여 수치표면모델 또는 수치표고모델로부터 높이 정보를 추출하여 이용할 수 있다.

④ 측량시행자가 승인한 경우에는 제2항 및 제3항 이외의 방법으로 지형·지물을 묘사할 수 있다.

제31조(수치도화에 의한 지형 · 지물의 묘사) ① 수치도화방법에 의한 지형·지물의 묘사는「항공사진측량 작업규정」의 방법을 따른다.

② 제1항에도 불구하고, 측량시행자와 협의하여 묘사대상이나 묘사 방법, 표준 코드 등을 보완하여 사용할 수 있다.

제32조(벡터화에 의한 지형 · 지물의 묘사) ① 벡터화에 의한 지형·지물의 묘사 는 「수치지형도 작성 작업규정」을 따르는 것을 원칙으로 한다.

② 공간정보의 분류체계는 「수치지도 작성 작업규칙」을 따르며, 세부 지형·지물의 표준코드는 「수치지형도 작성 작업규정」을 따르는 것을 원칙으로 한다.

③ 벡터화에 의한 지형·지물의 묘사의 허용범위는 「항공사진측량 작업규정」의 평면위치에 대한 기준을 준용함을 원칙으로 한다.

④ 제1항부터 제3항에도 불구하고, 필요에 따라 측량시행자와 협의하여 묘사대상이나 묘사 방법, 표준 코드 등을 변경하여 적용할 수 있다.

제33조(성과 등) 묘사 성과는 수치도화 파일 또는 벡터화 파일로 정리하여야 한다.

제8장 수치지형도 제작

제34조(수치지형도 제작) ① 수치지형도의 제작은 「수치지형도 작성 작업규정」을 따른다.

② 측량목적에 따라 측량시행자와 협의하여 제작방법을 다르게할 수 있다. 다만, 공공측량시 제작방법을 다르게할 경우 작업계획서에 반영하여야 한다.

제9장 응용측량

제35조(노선측량의 종단측량) ① 무인비행장치를 이용한 노선의 종단측량은 수치지면자료 등을 활용하여 종단면도를 작성하는 작업을 말한다.

② 종단측량은 수치지면자료 또는 수치표고모델을 활용하는 것을 원칙으로 하며, 나대지의 경우 수치표면자료 또는 수치표면모델을 활용할 수 있다.

③ 종단면도는 제작대상 종단면 평면위치에 대한 높이값을 수치지면자료 등을 불규칙삼각망 방식으로 보간하여 작성한다.

④ 종단면도 제작대상지에 도로, 철도, 교통시설물, 호안, 제방 등 불연속면이 존재하는 경우 불연속선(breakline)을 설정하여 보간한다.

⑤ 수치표면자료 또는 수치표면모델을 활용하는 경우 식생 등에 의해 지면의 높이를 취득할 수 없는 지역에 대해서는 「공공측량 작업규정」제73조에 따라 종단측량을 병행 실시할 수 있다.

⑥ 종단면도의 축척 및 그 밖의 작성기준은 「공공측량 작업규정」제73조를 준용한다.

제36조(노선측량의 횡단측량) ① 무인비행장치를 이용한 노선의 횡단측량은 수치지면자료 등을 활용하여 횡단면도를 작성하는 작업을 말한다.

② 횡단측량은 수치지면자료 혹은 수치표고모델을 활용하는 것을 원칙으로 하며, 나대지의 경우 수치표면자료 혹은 수치표면모델을 활용할 수 있다.

③ 횡단면도는 제작대상 횡단면 평면위치에 대한 높이값을 수치지면자료 등을 불규칙삼각망방식으로 보간하여 작성한다.

④ 횡단면도 제작대상지에 도로, 철도, 교통시설물, 호안, 제방 등 불연속면이 존재하는 경우 불연속선(breakline)을 설정하여 보간한다.

⑤ 수치표면자료 혹은 수치표면모델을 활용하는 경우 식생 등에 의해 지면자료를 취득할 수 없는 지역에 대해서는 「공공측량 작업규정」제74조에 따라 횡단측량을 병행 실시할 수 있다.

⑥ 횡단면도의 축척 및 기타 작성기준은 「공공측량 작업규정」제74조를 준용한다.

제37조(토공량 계산) ① 무인비행장치를 이용한 토공량 계산은 수치지면자료 등을 활용하여 토공량을 계산하는 작업을 말한다.

② 토공량 계산은 수치지면자료 또는 수치표고모델을 활용하는 것을 원칙으로 하며, 나대지의 경우 수치표면자료 또는 수치표면모델을 활용할 수 있다.

③ 수치지면자료를 활용하는 경우 절토·성토가 이루어지기 전·후의 수치지면자료를 불규칙 삼각망, 크리깅(kriging)보간 또는 공삼차보간 등의 방법으로 보간하여 모델링하고 모델 간 동일평면위치상의 높이 변동값을 계산하여 결정한다.

④ 수치표고모델을 활용하는 경우 격자 한변의 길이는 0.5m 이하여야 하며, 절토·성토가 이루어지기 전·후의 수치표고모델 간 동일평면위치상의 높이 변동값을 계산하여 결정한다.

제10장 품질관리 및 정리점검

제38조(품질관리) ① 수치표면모델(또는 수치표면자료, 수치지면자료, 수치표고모델), 정사영상이 최종성과물인 경우 제23조, 제28조에 의한 정확도를 유지하여야 한다.

② 수치지형도에 대한 품질관리는 「수치지도 작성 작업규칙」에 의한다.

③ 종·횡단면도는 「공공측량 작업규정」제73조, 제74조에 의한 정확도를 유지하여야 한다.

제39조(정리점검) 최종성과물에 따라 납품하여야 할 성과를 정리하여야 한다.

제40조(재검토 기한) 국토지리정보원장은「훈령·예규 등의 발령 및 관리에 관한 규정」에 따라 2021년 1월 1일을 기준으로 매 3년이 되는 시점(매 3년째의 12월 31일까지를 말한다)마다 그 타당성을 검토하여 개선 등의 조치를 하여야 한다.

부칙 〈제2020-5670호, 2020. 12. 30.〉

제1조(시행일) 이 고시는 발령한 날부터 시행한다.

제2조(다른 고시의 개정) ① 「공간정보 구축 및 관리 등에 관한 법률을 적용받지 아니하는 측량」제2조 중 "무인비행장치 이용 공공측량 작업지침"을 "무인비행장치 측량 작업규정"으로 한다.

② 「공공측량 작업규정」제50조의2 중 "무인비행장치 이용 공공측량 작업지침"을 "무인비행장치 측량 작업규정"으로 한다.

[별표 1] 지상기준점의 배치

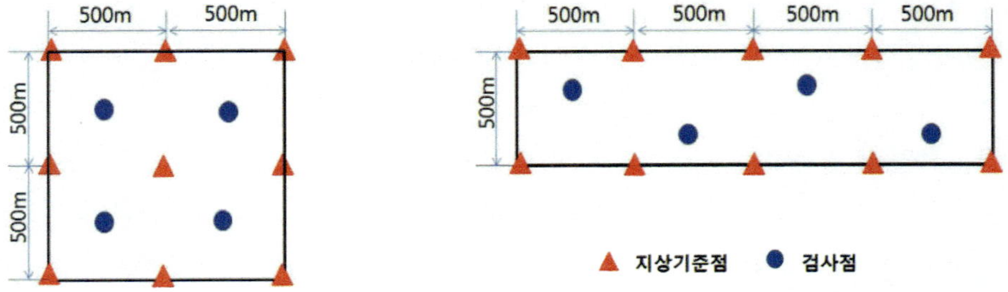

[별표 2] 지상기준점 및 검사점 성과표

점번호	X(m)	Y(m)	정표고(m)	구분

가. 구분에는 기준점 또는 검사점으로 기입한다.

[별표 3] 촬영기록부

사업명				
촬영지구				
작업지역 현황	면적 및 지형	km^2 / OO지역	기타 특징	

촬영일자	20 년 월 일	조종사	성명 (소속)	( )	이 륙	시 분
			연락처			

기체	형식		카메라	센서명		센서 크기	가로 (mm) 세로 (mm)	착 륙	시 분
	기체명			초점거리	mm	픽셀수	가로 (픽셀) 세로 (픽셀)		

고도	ft	기 상	맑음	풍향		비행시간	분
	m			풍속	m/s	비행속도	m/s

개시시간	종료시간	영상매수	비 고
:	:	매	
계			

촬영계획도

[별표 4] 촬영코스별 검사표

사업명		촬영 지구		작성자	
촬영일자	20 년 월 일	촬영 코스 수	코스	기체명		카메라	

촬영 해상도 (GSD)	계획	cm	비행 고도	계획	m
	실시	cm		실시	m

촬영 시간	시작	시 분	진행방향 중복도 (O.L)	%	촬영선 중복도 (S.L)	%
	종료	시 분				

코스 번호	코스별 영상 매수	코스별 불량 영상 매수	코스별 불량영상				
			불량영상번호	보안지역 처리	Blurring	판독 불가	기 타

[별표 5] 검사표(수치표면자료/수치표면모델, 수치지면자료/수치표고모델 등)

점이름	구분	기준점/검사점 좌표			수치표고모델 정표고(Z)	H-Z (m)
		X	Y	정표고(H)		
분 석		최대				
		최소				
		평균				
		표준편차				
		RMSE				

가. 구분에는 기준점 또는 검사점으로 기입한다.

나. 기준점 또는 검사점의 평면좌표의 높이를 수치표고모델 등에서 계산하여 수치표고모델 등의 정표고에 기입한다.

[별표 6] 오류 정정표(수치표면자료/수치표면모델, 수치지면자료/수치표고모델 등)

<table>
<tr><td>지구명</td><td></td><td>작업자</td><td></td></tr>
<tr><td>오류정정자료</td><td></td><td>작업일자</td><td></td></tr>
<tr><td>위치</td><td>X :</td><td colspan="2">Y :</td></tr>
<tr><td colspan="2">오류 내용</td><td colspan="2">조치 내용</td></tr>
<tr><td colspan="2">* 오류내용을 서술</td><td colspan="2">* 오류를 정정한 내용을 서술</td></tr>
<tr><td colspan="2">* 오류내용이 나타난 그림을 첨부</td><td colspan="2">* 정정한 후의 그림을 첨부</td></tr>
</table>

가. 필요한 경우에는 오류내용 그림 부분에 대상지역의 영상자료를 첨부하여 작성한다.

[별표 7] 정사영상 검사표

점이름	구분	기준점/검사점 좌표		정사영상 좌표		X-X' (m)	Y-Y' (m)	평면 오차
		X	Y	X'	Y'			
분 석		최대						
		최소						
		평균						
		RMSE						

5. 항공안전법 시행규칙

항공안전법 시행규칙에 따르면 드론을 활용 시 관련 항공안전법에 따라 운용해야 하며, 주요한 내용으로는 드론장치신고, 조종증명, 비행승인, 촬영 승인 등이 있다.

안전한 드론 사용을 위한 절차는 무엇이가요?

구분		최대이륙중량 기준*					담당기관
		250g 이하	250g 초과 2kg 이하	2kg 초과 7kg 이하	7kg 초과 25kg 이하	25kg 초과	
① 장치 신고	비사업	×	×	○	○	○	한국교통안전공단 ('21.1.1. 시행)
	사업	○	○	○	○	○	
② 사업등록		○	○	○	○	○	지방항공청
③ 안전성인증		×	×	×	×	○	항공안전기술원
④ 조종자증명		×	○ (4종)	○ (3종)	○ (2종)	○ (1종)	한국교통안전공단 ('21.3.1. 시행)
⑤ 비행승인**		△	△	△	△	○	지방항공청 또는 국방부
⑥ 항공촬영승인		○	○	○	○	○	국방부
⑦ 비행		조종자 준수사항에 따라 비행					

* 상기 기준은 자체중량 150kg 이하인 무인동력비행장치에 적용
** 비행제한구역 및 비행금지구역, 관제권, 고도 150m 이상 비행시에는 무게와 상관없이 비행승인 필요
최대이륙중량 25kg 초과 기체는 상시승인 필요(단, 초경량비행장치 비행공역에서는 승인 불필요)

그림 150. 드론 사용 절차

■ 드론 신고

2021년 1월 1일부터는 최대이륙 중량 2kg초과 비행장치 또는 중량에 상관없이 모든 사업용 비행장치는 한국교통안전공단(드론관리처)에 신고하며, 기체 신고필증을 교부해야 한다. 사업자는 모든 드론에 장치 신고가 필요하다.

장치신고 및 사업등록 연락처

구분	관할기관	연락처
장치신고	한국교통안전공단 드론관리처	TP : 054-459-7942~8
사업등록	서울지방항공청 안전과	TP : 032-740-2169
사업등록	부산지방항공청 안전과	TP : 051-974-2144
사업등록	제주지방항공청 안전과	TP : 064-797-1743

■ 조종증명

드론 자격증의 경우 무인동력비행장치 무게에 따라 1종~4종까지 4가지로 구분되며, 각 취득 기준은 비행경력 및 필기, 실기 등으로 나뉜다.

관련법령 : 항공안전법 시행규칙 306조(초경량비행장치의 조종자 증명 등)

구분	개정 전	개정 후
무인동력비행장치 무게 기준 (자체중량)	12kg 초과 ~ 150kg 이하	· 1종 : 25kg 초과 ~ 150kg 이하 · 2종 : 7kg 초과 ~ 25kg 이하 · 3종 : 2kg 초과 ~ 7kg 이하 ✓ 4종 : 250kg 초과 2kg 이하
자격증명 필요여부	· 사업용 – 필요 · 비상업용 – 불필요	· 사업용 – 필요 · 비상업용 – 필요

자격 취득 기준

구분	무게 기준	비행경력	필기	실기	온라인 교육
1종	25kg 초과 ~ 150kg 이하	20시간		○	
2종	7kg 초과 ~ 25kg 이하	10시간	○	○	×
3종	2kg 초과 ~ 7kg 이하	6시간		×	
4종	250kg 초과 2kg 이하	×	×	×	○

그림 151. 조종자 증명 및 자격취득 기준

■ 비행승인

최대이륙중량 25kg 이하의 무인동력비행장치는 관제권 및 비행금지 공역을 제외한 지역에서는 150m미만의 고도에서는 비행승인 없이 비행 가능하다. 그러나 해당 조건을 벗어날 경우 비행승인이 필요한데, 아래의 항목에 해당 시 비행승인을 필요로 한다.

- 비행장으로부터 반경 9.3km 이내 (관제권)
- 보안지역 (휴전선 인근, 서울 도심 상공 일부)
- 150m 이상의 고도
- 인구 밀집 지역 (예, 스포츠 경기장, 축제 장소 등)

비행장 주변 관제권 (반경 9.3km)	비행금지구역 (서울 강북지역, 휴전선 · 원전주변)	고도 150m 이상

그림 152. 비행 승인 필요 구역

비행승인 및 촬영허가 필요 여부

구분	비행금지구역 (P73, P65등)	비행제한구역 (R-75)	민간관제권 (반경 9.3km)	군관제권 (반경 9.3km)	기타 지역 (고도 150m 이하)
촬영 허가 (국방부)	○	○	○	○ (공역 승인 포함)	△
비행승인 (국방부)	○	○	X	○	X
비행승인 (국토부)	○	X	○	X	X
공통사항	① 25kg 초과 기체로 비행시 고도에 상관없이 비행승인 필요 ② 공역이 2개 이상 겹칠 경우 각 기관 허가 사항 모두 적용 ③ 비행제한구역 및 기타 지역에서 150m 이상 고도에서 비행할 경우 비행승인 필요 ④ △ : 국가/군사 시설 유무에 따라 달라질 수 있어 국방부에 문의 필요				

초경량비행장치 비행승인 관할 기관 연락처

구분	관할기관	연락처
인천, 경기 서부 (화성, 시흥, 의왕, 군포, 과천, 수원, 오산, 평택, 강화)	서울지방항공청 (항공운항과)	TP : 032-740-2157~8 FAX : 032-740-2159
서울, 경기 동부 (부천, 광명, 김포, 고양, 구리, 여주, 이천, 성남, 광주, 용인, 안성, 가평, 양평, 의정부, 남양주)	김포항공관리사무소 (안전운항과)	TP : 02-2660-5733
강원 영동지역 (고성, 속초, 양양, 강릉, 동해, 삼척, 태백)	양양공항출장소	TP : 033-670-7206
강원 영서지역 (철원, 화천, 양구, 인제, 춘천, 홍천, 원주, 횡성, 평창, 영월, 정선)	원주공항출장소	TP : 033-340-8202
충청남북도	청주공항출장소	TP : 043-210-6202
전라북도	군산공항출장소	TP : 063-471-5820
전라남도, 경상남북도, 부산, 대구, 울산, 광주 (관제권 외 지역)	부산지방항공청 (항공운항과)	TP : 051-974-2152~3 FAX : 051-971-1219
제주	제주지방항공청 (안전운항과)	TP : 064-797-1745 FAX : 064-797-1759
	정석비행장	TP : 064-780-0353

관제권 및 군 관할 구역 비행승인 관련기관 연락처

구분		관할기관	연락처
관제권	울진공항 및 관제권	울진공항출장소	TP : 054-787-8031
	울산공항 및 관제권	울산공항출장소	TP : 052-219-6211
	여수공항 및 관제권	여수공항출장소	TP : 061-689-6234
	무안공항 및 관제권	무안공항출장소	TP : 061-455-2217
군 관할 관제권 (공군)	서울	서울기지 (항공작전과 무인항공기통제팀)	TP : 031-720-3232 FAX : 031-720-4459
	수원	수원기지 (항공작전과 무인항공기통제팀)	TP : 031-220-1224 FAX : 031-220-1167
	원주	원주기지 (항공작전과 무인항공기통제팀)	(주간) 033-730-4217,4222 (야간) 033-730-4222~3 FAX : 033-747-7801
	강릉	강릉기지 (항공작전과 무인항공기통제팀)	TP : 033-649-3025 FAX : 033-747-7801
	청주	청주기지 (항공작전과 무인항공기통제팀)	TP : 043-200-3051~2 FAX : 043-200-3747
	충주	충주기지 (항공작전과 무인항공기통제팀)	TP : 043-849-3570 FAX : 043-849-5599
	해미	서산기지 (항공작전과 무인항공기통제팀)	TP : 041-689-2020,2027 FAX : 041-689-4455
	성무	성무기지 (항공작전과 무인항공기통제팀)	TP : 043-290-5510
	부산 ,김해 (관제권 내 지역)	부산기지 (항공작전과 무인항공기통제팀)	TP : 051-979-2306
	대구	대구기지 (항공작전과 무인항공기통제팀)	TP : 053-989-3203~4 FAX : 053-989-4698
	예천	예천기지 (항공작전과 무인항공기통제팀)	TP : 054-650-4722 FAX : 054-650-5757
	진주, 사천	사천기지 (항공작전과 무인항공기통제팀)	TP : 055-850-3250 FAX : 055-850-5454
	광주	광주기지 (항공작전과 무인항공기통제팀)	TP : 062-940-1313
군 관할 관제권 (해군)	포항공항 및 관제권	포항기지	TP : 054-290-6325
	목포공항 및 관제권	목포기지	TP : 061-263-4654
	진해관제권	진해기지사령부	TP : 055-549-4232
	포승	2함대사령부	TP : 031-685-4336
군 관할 관제권 (육군)	이천/논산/속초 [비행장 교통구역] 가평/양평/홍천/현리/전주/ 덕소/용인/춘천/영천/금왕/ 조치원/하남/부천	항공작전사령부 (비행정보반)	TP : 031-644-3705~6
군 관할	오산	오산기지	TP : 0505-784-4222

관제권(미군)		(美공군 운항실)	(신청 서식 안내담당) TP : 0505-784-1356 (승인 담당, 미군)
	군산	군산기지 (美공군 운항실)	TP : 063-470-4707 (문의 후 신청)
	평택	미육군 평택기지 (험프리 운항실)	TP : 0503-355-1003 (문의 후 신청) *공지사항 참조
비행금지구역	P73(서울도심)	수도방위사령부	TP : 02-524-3346
	P518(휴전선지역)	합동참모본부	TP : 02-748-3294
	P61A(고리/새울원전)	합동참모본부	TP : 02-748-3435
	P62A(월성원전)		
	P63A(한빛원전)		
	P64A(한울원전)		
	P65A(한국원자력연구원)		
	P61B(고리/새울원전)	부산지방항공청 (항공운항과)	TP : 051-974-2152~3 FAX : 051-971-1219
	P62B(월성원전)		
	P63B(한빛원전)		
	P64B(한울원전)		
	P65B(한국원자력연구원)	청주공항출장소	TP : 043-210-6202
비행제한구역	R75(수도권지역)	수도방위사령부	TP : 02-524-3346
	공군 사격장	공군작전사령부 (작전과)	TP : 031-669-3014 / 7095
	육군 사격장	육군본부 훈련과	TP : 042-550-3321
	해군 사격장	해군작전사령부	TP : 051-679-3116
주의공역	군 작전구역	공군작전사령부 (공역관리과)	TP : 061-669-7095
	위험구역		
	경계구역		

■ 영상 촬영 허가

항공사진 촬영 허가권자는 국방부 장관이며 국방정보본부 보안암호정책과에서 업무를 담당하고 있다. 촬영 4일(근무일 기준) 전에 드론 원스톱 민원서비스(https://drone.onestop.go.kr)를 통하여 국방부로 항공사진촬영 허가신청을 하면 촬영 목적과 보안상 위해성 여부 등을 검토 후 허가하고 있다.

항공촬영 승인업무 책임부대 연락처

구분	연락처
서울특별시	TP : 02-524-3345, 3346
강원도 춘천시(사북면 제외), 화천군(간동면)	TP : 033-249-6066
강원도 화천군(간동면, 사내면 제외), 철원군(원동면, 원남면)	TP : 033-440-5204
강원도 철원군(근남면, 근동면),화천군(사내면, 하남면), 춘천시(사북면)	TP : 033-440-6203
강원도 철원군(임남면)	TP : 033-480-6205
강원도 인제군, 양구군	TP : 033-460-7223
강원도 고성군(간성읍, 거진읍, 현내읍, 죽왕면, 수동면), 강원도 양양군(손양면·서면·현북면·현남면)	TP : 033-639-6216
강원도 고성군(토성면), 속초시, 양양군(양양읍·강현면)	TP : 033-671-6661
강릉시, 동해시, 삼척시	TP : 033-571-6214
강원도(원주시, 횡성군, 평창군, 홍천군, 영월군, 정선군, 태백시)	TP : 033-741-6206
강원도 철원군 갈말읍(문혜리, 토성리), 근북면 강원도 철원군 김화읍(도창리, 학사리, 생창리), 철원군 서면(자등리, 와수리)	TP : 033-450-6211
강원도 철원군 동송읍(내포리, 외촌리, 관우리, 사요리, 관전리, 중리, 월하리, 대위리, 화지리, 오덕리, 이평리, 오지리, 장흥리), 철원읍 강원도 철원군 갈말읍(상사리, 동막리, 지포리, 군탄리, 내대리) 경기도 포천시(관인면 - 사정리, 삼율리, 초과리), (영북면 - 야미리, 자일리)	TP : 031-539-6221
광주광역시, 전라남도	TP : 062-260-6204
대전광역시, 충청남도, 세종특별자치시	TP : 042-829-6205
전라북도	TP : 063-640-9222
충청북도	TP : 043-835-6218
경상남도(창원시 진해구 양산시, 거제시 중 장목면만 제외)	TP : 055-259-6205
대구광역시, 경상북도(울릉도, 독도, 경주시 양북면 제외)	TP : 053-320-6204~5
부산광역시(부산 강서구 성북동, 다덕도동 제외), 울산광역시	TP : 051-730-6205
경상남도 창원시 진해구, 거제시 장목면, 부산광역시 (강서구 성북동, 가덕도동)	TP : 055-549-4185, 4173
울릉도, 독도	TP : 033-539-4222
경기도 포천시(이동면, 일동면)	TP : 031-531-0555 → 교환 985-2217
경기도 포천시(내촌면), 남양주시(진접읍, 오남읍)	TP : 031-528-7110
경기도 포천시(영북면)	TP : 031-531-0555 → 교환 985-7623
경기도 포천시(소흘읍, 군내면, 가산면, 포천동, 선단동, 동교동)	TP : 031-530-4632
경기도 가평군 가평읍(두말리, 경반리, 마장리, 승안리, 읍내리, 하색리, 대곡리) 경기도 가평군 북면(이곡리)	TP : 031-580-6202 / 031-582-4140
경기도 파주시, 고양시 항공사진 촬영 조정 통제	TP : 02-748-1111 → 교환 981-2213
경기도 파주시(문산읍, 파주읍, 법원읍, 군내면, 장단면, 진동면, 진서면, 광탄면)	TP : 031-940-6204
경기도 고양시(관산동, 내유동, 내곡동, 대장동, 화정동, 식사동, 중산동, 정발산동,	TP : 02-748-1111 →

장항동, 마두동, 백석동, 풍동, 산황동, 사리현동, 지영동, 설문동, 문봉동, 성석동, 일산동, 주엽동, 탄현면, 대화동, 덕이동, 가좌동, 구산동, 법곳동, 주교동,토당동,강매동,행주내동,행주외동, 행신동, 화전동) 경기도 파주시(금촌동, 아동동, 검산동, 맥금동, 교하동, 야당동, 다율동, 오도동, 상지석동, 산남동, 동패동, 당하동, 문발동, 송촌동, 목동동, 하지석동, 서패동, 신촌동, 연다산동, 와동동, 금릉동, 조리읍, 월롱면, 탄현면)	교환 809-6204
경기도 파주시(파평면, 적성면)	TP : 02-748-1111 → 교환 825-6222
경기도 고양시(원당동, 신원동, 원흥동, 도내동, 성사동, 오금동, 삼송동, 동산동, 용두동, 고양동, 대자동, 현천동, 덕은동, 향동동, 관산동)	TP : 02-300-6211
경기도 고양시(벽제동, 북한동, 효자동, 지축동)	TP : 02-748-1111 → 교환 872-6203
경기도 구리시, 경기도 남양주시(진건읍, 화도읍, 와부읍, 별내면, 퇴계원면, 조안면, 양정동, 지금동, 수석동, 호평동 / 평내동 / 금곡동 / 도농동 / 별내동, 다산동, 삼패동)	TP : 031-595-0458
경기도 동두천시, 연천군(장남면, 백학면, 미산면, 왕징면, 군남면, 중면)	TP : 02-748-1111→ 교환 828-6221 일반) 031-820-6220
경기도 포천시(창수면), 연천군(전곡읍, 청산면, 신서면, 연천읍)	TP : 02-748-1111→ 교환 805-6221 일반) 031-830-6221
양주시(마전동, 광사동, 만송동, 삼숭동, 고읍동, 산북동, 율정동, 회암동)	TP : 031-530-7574
경기도 양평군(강상면, 강하면 제외한 전 지역), 가평군(설악면) 경기도 여주시(북내면, 천송동, 강천면, 대신면, 오학동, 신륵사,현암동)	TP : 033-430-6213
경기도 포천시(신북면, 영중면, 화현면, 어룡동, 신읍동) 경기도 의정부시, 양주시	TP : 031-828-6215
경기도 가평군(조종면, 상면, 청평면), 가평군 북면(백둔리, 도대리, 적목리), 가평읍(상색리, 이화리, 달전리, 금대리, 산유리, 복장리), 포천시 이동면(연곡리), 남양주시(수동면)	TP : 031-589-6212
경기도 김포시(양촌면, 대곶면, 통진읍, 월곶면, 하성면을 제외한 전 지역), 부천시 인천광역시 옹진군 영흥면,덕적면,자월면,연평면 제외), (중구 중산동 매도, 중구 무의동 제외), (서구 원창동 세어도 제외)	TP : 032-510-9215
경기도 김포시(대곶면 약암리 초지대교 ~ 운양동 용화사 이북지역만 해당), 강화도	TP : 032-454-3222
인천광역시(옹진군 자월면, 중구 중산동 매도· 운염도, 서구 원창동 세어도, 중구 무의동), 경기도 안산시(단원구 풍도동)	TP : 032-452-4213
인천광역시 옹진군 덕적면	TP : 031-685-4221
인천광역시 옹진군 백령면, 대청면, 소청면	TP : 032-837-3223
인천광역시 옹진군 연평면	TP : 032-830-3208
경기도 안양시, 화성시, 수원시, 평택시, 광명시, 시흥시, 안산시, 오산시, 군포시, 의왕시, 과천시, 인천광역시(옹진군 영흥면)	TP : 031-290-9221
경기도 용인시, 이천시, 하남시, 광주시, 성남시, 안성시, 양평군 (강상면, 강하면) 경기도 여주시(가남읍, 점동면, 능서리, 산북면, 금사면, 흥천면, 여흥동, 중앙동, 연라동, 우만동, 상거동, 월송동, 연양동, 단현동, 창동, 능현동)	TP : 031-329-6204
경북 포항시, 경주시(양북면), 감포읍, 양북면, 양남면, 강동면	TP : 054-299-3222
제주특별자치도	TP : 064-905-3212

6. 사진측량 관련 유용한 사이트

■ 국내 좌표계 관련 사이트

국토지리정보원 GNSS 공식 사이트 http://gnss.ngii.go.kr

국토지리정보원 통합 기준점 서비스 http://map.ngii.go.kr/

국토지리정보원 수직기준 연계 서비스 http://map.ngii.go.kr/ms/mesrInfo/geoidIntro.do

■ 드론 운용 관련 사이트

드론원스톱 민원 서비스 https://drone.onestop.go.kr/

항공교육훈련 포털 https://www.kaa.atims.kr/

한국교통안전공단 배움터 https://edu.kotsa.or.kr/

드론정보포탈 https://www.droneportal.or.kr/

■ 정부, 민간 기구, 학회, 학교 등

국토교통부 첨단항공과 http://www.molit.go.kr

한국드론기술협회 http://www.kodta.org

한국드론산업진흥협회 http://www.kodipa.org

(사)재난안전드론협회 https://c-dsda.or.kr

항공안전기술원 https://kiast.or.kr/

국제드론표준산업협회 http://www.idsia.co.kr/

스마트드론기술센터 https://www.smartdrone.or.kr/

■ 관련 하드웨어/소프트웨어

Correlator3D https://www.simactive.com/ko/

Pix4D https://www.pix4d.com/

Metashape https://www.agisoft.com/

DJI Terra https://www.dji.com/kr/dji-terra

Global Mapper https://www.bluemarblegeo.com/global-mapper/

Trendspek https://trendspek.com/

Nira https://nira.app/

Propeller https://www.propelleraero.com/

포토모델러 https://www.photomodeler.com/

Autodesk Recap photo https://www.autodesk.co.kr/products/recap

메쉬룸 https://alicevision.org/#meshroom
오픈드론맵 https://opendronemap.org/
캡쳐리얼리티 https://www.capturingreality.com/
Carlson PhotoCapture https://info.carlsonsw.com/photocapture
Bentely ContextCapture https://www.bentley.com/software/contextcapture/
ERDAS Imagine https://hexagon.com/products/erdas-imagine
PCI Geomatica/CATALYST https://catalyst.earth/products/catalyst-pro/
Socet GXP https://www.geospatialexploitationproducts.com/content/socet-gxp/
DroneDeploy https://www.dronedeploy.com/
Trimble Inpho https://geospatial.trimble.com/products-and-solutions/trimble-inpho
엔젤스윙 https://angelswing.io/

- 오픈소스

COLMAP https://colmap.github.io/
MicMac http://micmac.ensg.eu/
OpenMVG https://github.com/topics/openmvg
Regard3D https://www.regard3d.org/
VisualSFM http://ccwu.me/vsfm/index.html

- 기타 사이트

초경량비행장치 자격증 이론시험 및 전문교육기관 리스트
https://www.mobilerobot.co.kr/

INDEIX

찾아보기

ㅈ

ㅊ

ㅋ

ㅌ

ㅍ

ㅎ

B

C

D

▌저자 소개

오재홍

- 서울대학교 공학사, 공학석사
- 오하이오주립대 공학박사
- 한국전자통신연구원 선임연구원
- 한국측량학회 편집위원
- 대한원격탐사학회 이사
- (전) 전남대학교 토목공학과 교수
- (현) 한국해양대학교 건설공학과 교수

[수상]
2010 the Annual BAE Systems Award (ASPRS 최우수논문상)
2010~2011 The Presidential Fellowship
(The Ohio State University Graduate School)
2011 the ASPRS Robert E. Altenhofen Memorial Scholarship
2011 한국측량학회 논문상
2012 the ASPRS Talbert Abram Award (PE&RS 우수논문상)
2014 한국측량학회 논문상
2017 국토교통부 장관상
2018 한국측량학회 논문상

사진측량 제대로 이해하기 정가 20,000원

저자 : 오재홍

발행인 : 임해진
발행처 : 도서출판 구미서관

인쇄 : 2023년 1월 10일
발행 : 2023년 1월 16일

등록 : 제2014-000166호

주소 : 서울시 마포구 신촌로 2길 5-15
전화 : 02-338-9119
팩스 : 02-335-2201

ISBN 979-11-6257-240-5 (93530)